Wine Travel

쉽고 깊이 있는

와인 여행

하종명 저

(주)백산출판사

머리말

　최근 우리나라에서도 와인에 대한 관심과 소비량이 점점 증가하는 추세다. 이러한 관심과 소비의 증가에도 불구하고 여전히 와인에 대해 잘 모르겠다거나 어렵다고 말하는 소비자들이 많다. 와인은 라벨 표시가 생산국의 언어로 표기되어 있고, 포도품종과 와인 종류가 다양하기 때문에 일반인은 생소하게 느껴질 것이다.

　우리는 태어나면서부터 말을 잘한 것이 아니라 성장하면서 배우고 표현하고자 하는 내용을 자유롭게 말할 수 있게 된 것과 같이 와인도 그렇게 시작하면 될 것이다. 처음부터 포도품종이나 와인의 종류를 알고 마시는 사람이 얼마나 되겠는가. 와인을 즐기면서 마시다 보면 즐기는 것만큼 관심도가 높아지고 지식 또한 쌓이게 될 것이다.

　와인은 다른 술과 달리 감미롭고 알코올 도수의 차이도 있어서 다른 주류에 비해 입문하는 사람들도 접근하는 데 부담이 적다. 와인은 감성으로 즐길 수 있는 술이다. 와인에는 와인 양조자의 장인정신이 담겨 있으며, 와인 잔을 디자인한 디자이너의 예술과 철학이 담겨 있다. 와인을 마시면서 이들의 정신과 예술을 함께 즐기면 와인의 가치는 더욱 높아질 것이다.

　와인은 남녀노소 모두에게 잘 어울리는 알코올성 음료이다. 아름다운 색깔과 파도가 부서지는 것 같은 거품을 눈으로 즐기면서 마실 수 있는 기쁨까지 준다. 인간은 누구나 자신의 존재를 알아주길 바라는 욕구가 있다. 와인은 자신의 가치를 품위 있게 만들면서 존재의 의미를 발견하게 하는 매력이 있는 마법 같은 술이다.

수많은 예술가나 시인들이, 특히 아름다움을 추구하는 여성들의 극찬이 끊이지 않는 이유가 이를 뒷받침한다. 헤밍웨이는 『해는 또 다시 뜬다』에서 "샴페인에 건배의 말은 필요 없다. 형식을 찾는 것은 도리어 맛을 방해한다"라고 말했다. 시대와 성, 그리고 지식인을 초월해서 와인에 아낌없이 찬사를 보내는 것은 단순한 술의 가치 때문이 아니라 인간의 욕망을 비추는 거울처럼 인생의 빛과 같기 때문이 아니겠는가.

이 책은 독자의 이해를 돕기 위해 와인을 쉽게 이해할 수 있도록 집필하였다. 책장을 넘기면서 자연스럽게 아름다운 자연이나 문화유산을 즐기면서 와인을 배울 수 있게 구성하였다. 사람들에게 왜 사느냐고 물으면 '행복하려고 열심히 산다'라는 말을 가끔 듣게 된다. 학자들이 연구한 결과에서 보면 여행은 행복에 가장 높은 영향을 미치는 요소 중 하나이다. 와인을 즐기면서 행복을 담아주는 여행, 또는 여행하면서 와인을 즐기는 행복에의 유혹은 뿌리치기 어렵다.

무작정 먼길을 떠나는 여행에서 저절로 행복감에 젖어들듯이 와인과 함께하는 여행에는 달콤한 행복이 스며들 것이다. 와인과 여행이 있다면 숨어 있던 행복을 찾을 수 있지 않을까.

오감을 풍요롭게 하는 와인에는 정신적 피로감을 풀어주는 잠재된 또 다른 가치가 담겨 있다. 아름다우면서 거만하지 않고, 순수한 와인 잔은 분명 와인 마시는 사람들의 마음을 훔치기에 족할 것이다. 우리의 순수한 마음은 와인의 향미를 즐기면서 미학적 가치를 발견할 수 있지 않을까. 와인 양조자와 디자이너의 철학과 예술이 함께 어우러진 작품이 와인과 와인 잔이 아니겠는가.

이 책은 또한 와인에 대한 전문성을 요구하는 소믈리에가 무엇을 어떻게 해야 와인 전문가가 될 수 있는지를 분석하면서 와인을 쉽고 깊이있게 접근할 수 있도록 집필하였다. 또한 와인에 대한 지식을 습득함으로써 서비스요원의 역할과 직무를 원만하게 수행할 수 있도록 하였다. 서비스요원이 고객의 마음을 어떻게 사로잡을 수 있을지가 문제이다. 나침반이 항상 정북 방향을 가리키듯 서비스요원이 정북 방향에 있으면 고객도 정북 방향에 있는, 즉 고객이 항상 서비스요원을 따라다닐 수 있도록 와인 서비스 제공방법을 제시하였다.

이 책이 출판되기까지 아낌없는 격려와 배려를 해주신 모든 분께 감사드립니다. 특히 항상 나와 함께 와인을 마셔준 친구 박홍규 부부에게도 감사드립니다. 이 책을 집필하는 동안 옆에서 많은 희생을 감수하고 도와준 아내 선명화, 책의 집필에 전폭적인 지지와 정보를 준 나의 든든한 두 아들 희찬이와 태우가 큰 힘이 되었다.
마지막으로 어려운 환경에서도 출판을 허락해 주신 백산출판사 진욱상 사장님과 편집부 여러분께도 감사드립니다.

2020년
저자 하종명

· C O N T E N T S ·

PART 03 와인의 심층적 이해

WINETRAVEL

PART
01

와인의
일반적 개요

WINE TRAVEL

Chapter 01

와인의 이해

제1절 | 와인의 개념

1. 와인이란

인간은 다르게 생각할 수 있고 다르게 볼 수 있고 다르게 느낄 줄 알기 때문에 고귀하다고 할 수 있다. 와인은 와인마다 그 향미가 다르기 때문에 가치가 있다. 일반적으로 와인은 철학이나 예술과 같이 다양성을 인정하는 편이다.

미셸 푸코(Michel Foucault, 1926-1984)의 철학은 '인간'이라는 개념에 숨겨진 함정을 파헤치는 작업이라고 한다. 지금부터 와인에 숨겨진 이야기를 파헤쳐 귀족의 파티에 확고히 자리잡은 와인, 또한 사람들의 기분까지 달콤하게 만드는 와인의 본질을 파헤치려고 한다.

포도주를 국가마다 다르게 표현하는데 영어로는 와인(Wine), 프랑스어는 뱅(Vin), 이탈리어는 비노(Vino), 독일어는 바인(Wein), 스페인어는 비노(Vino), 포르투갈어는 비뉴(Vinho), 헝가리어는 보르(Bor)라고 한다.

과일류는 수확기가 되면 과일의 당이 생성되며 이 당은 효모가 술을 만들게 된다. 넓은 의미에서 와인은 단맛을 가진 과즙에 효모를 넣어 발효시켜서 만드는 것을 말한다. 즉 와인은 복분자, 사과, 복숭아, 키위 등과 같은 다른 과실로도 발효시켜 만든다.

와인은 포도의 당분이 포도 껍질의 효모에 의해 발효되어 알코올로 변해서 만들어진 과일주를 뜻하며 사과나 체리 등 다른 과일로 만들 수 있지만 대부분의 와인은 포도로 만들어진 포도주를 의미한다. 엄밀히 말하면 과실주이지만 국내에서는 이들에도 와인이라는 명칭을 쓸 수 있도록 허용하고 있다.

와인은 포도의 즙이 효모를 만나 당분이 알코올로 바뀌는 발효과정을 거쳐 만들어진다. 일반적으로 포도의 과즙으로 만들어진 것을 와인이라 한다.

좁은 의미의 와인이란 포도 속에 있는 당분이 포도 표피에 있는 효모(Yeast)에 의해 화학작용으로 알코올, 탄산가스, 에너지로 변하여 만들어진 발효주이다. 즉 포도의 당분이 효모에 의해 발효되면서 알코올과 탄산가스와 에너지를 발생시키는 발효 술이다. 술은 알코올 성분이 1% 이상 함유된 것을 말한다.

발효	미생물인 효모(Yeast)가 포도즙의 당분을 영양분으로 쓰면서 알코올과 이산화탄소를 배출하는 과정이다.

2. 와인의 구성 성분

와인은 포도의 과육과 껍질 혹은 씨에 함유된 여러 성분이 와인의 풍미에 중요한 역할을 한다.

와인을 구성하는 성분 중 수분이 가장 많은 85% 정도 포함되어 있다. 알코올이 10~15% 정도, 각종 비타민과 미네랄이 4% 정도 포함되어 있다. 그리고 유기산, 당분, 무기질 등의 성분이 함유되어 있다.

와인에는 신맛이 있는데 이는 포도 자체에서 나올 수도 있고 와인의 발효과정에서 생성되기도 한다. 와인에서의 쓴맛은 폴리페놀에 의해 생성된다.

제2절 와인의 역사

1. 와인의 기원

포도의 재배는 언제부터 누구로부터 만들어졌는지 분명하지 않다. 인류가 지구상에 출현하기 이전에 야생에서 자라는 포도를 선사시대의 인류가 발견했을 것으로 추정한다.

와인은 인간이 양조한 '술'이라는 것보다 선사시대의 인류가 생존을 위해 자연 속을 헤매고 다니면서 우연히 발견한 '술'이라고 할 수 있다. 당시 사람들이 채집하여 먹고 남은 야생포도를 보관하는 과정에서 발효된 것을 마신 것이 '와인의 역사'일 것으로 추정하기도 한다.

학자들의 추정으로는 야생의 포도가 발생한 것은 중앙아시아라고 한다. 포도로 와인을 만든 것도 이 지방 사람들일 것이다. 그 시대는 약 10,000년 전으로 거슬러 올라간다.

와인은 중앙아시아에서 만들어져 BC 8,000~7,000년경 소아시아 남부지방에서 이집트, 그리스와 지중해 연안 지방으로 퍼졌을 것이다. 그루지아(Georgia) 지역에서는 BC 8,000년경에 사용한 와인 압착기가 발견되었다. BC 7,500년경에 와인 저장실이 이집트와 메소포타미아에서 발견되기도 했다. 이후 와인과 관련된 도구나 집기 등은 지속적으로 발견되었으며 BC 4,000~3,500년에 와인을 담은 항아리가 발견되었다.

BC 3,000년경 이집트와 페니키아에서는 포도나무를 재배했으며, BC 2,000년경에는 그리스의 와인 생산기술이 널리 전파되기도 했다.

BC 1,700년경 고대 바빌로니아의 함무라비 왕이 제정한 함무라비(Hammurabi)법전에는 와인에 관한 규정이 있다. 바빌로니아의 수도 바빌론에 남아 있는 한 사원의 돌기둥(파리의 루브르 박물관 전시)에 새겨진 함무라비 법전의 비문에는 와인을 과도하게 마시는 것을 금지하는 등의 와인 상거래에 대한 내용이 성문화되어 있다.

BC 1,400년경에 이집트 왕의 무덤에서 발견된 벽화에는 포도 재배, 수확, 양조하는 모습(대영 박물관에 보존)이 그려져 있다. 이외에도 이집트에서는 와인 양조용 도구와 지하 저장고 등이 발견되었다. 이로 미루어 당시 와인 양조가 이루어졌다는 것을 알 수 있다.

와인은 그리스인과 로마인에 의해 더욱 널리 퍼졌다. 그리스나 로마를 중심으로 하여 지중해 여러 나라와 유럽 대부분의 국가들이 와인을 양조하게 되었다. BC 1,000년경부터 시칠리아에서 스페인, 포르투갈, 남부 프랑스 등에 전파되었다.

중세에는 수도원의 수사들을 통해 포도 재배와 와인제조법의 발전이 이루어졌으며 수도원을 중심으로 유럽 전역으로 전파되었다. 유럽에서는 16세기 이후 성직자에 의해 와인이 전파되었고 현재의 와인양조 및 재배기술 발전에 기본적인 틀을 세우게 되었다.

최근 미국은 캘리포니아를 중심으로 와인에 대한 집중적인 투자와 연구를 통한 현대적인 재배기술 및 와인을 양조함으로써 유럽의 와인과 대등한 수준의 와인을 생산하고 있다.

유럽은 로마시대부터 전해오는 전통적인 방식으로 와인을 생산하고 있지만, 신세계 국가들(미국, 칠레, 호주, 뉴질랜드, 남아프리카공화국 등)은 미국 중심의 현대적인 방식으로 와인 생산이나 등급체계 등을 통해 와인을 양조하고 있다.

2. 종교적 의미에서의 역사

인류는 일상생활을 하면서 나약하고 불완전한 존재라는 것을 알게 되면서부터 자신을 보호하기 위해 신앙을 갖게 되었을 것이다. 절대 '신'만이 나약하고 불완전한 자신을 보호할 수 있다고 믿었을 것이다.

절대 '신'에 대한 기원을 드릴 때는 신성시되는 물질을 바쳤을 것이다. 즉 당시 신성한 물질이었던 와인이 종교적인 행사에 등장하게 된 것으로 추측할 수 있다.

구약성서에 등장하는 포도는 노아(Noa) 시대에 포도나무를 재배하고 와인을 만들어 마셨다고 언급되어 있다. 이것으로 포도나무가 종교적인 관계가 있다는 것을 알 수 있다.

예수 그리스도는 "최후의 만찬"에서 "와인을 잔에 따르고 이것은 너희들을 위하여 흘리는 나의 피"라고 제자들에게 말했다는 일화가 있다. 와인은 그리스도의 피가 되어 기독교의 보급과 함께 널리 퍼지게 되었다.

중세 수도원에서는 포도밭을 소유하였으며 수도사들은 포도 재배나 와인양조를 연구하여 양질의 와인을 생산하였다.

3. 한국의 와인 역사

한국은 포도나무와 와인이 언제, 어디서에서 유입되었는지에 대한 자세한 기록들은 남아있지 않다. 우리나라도 유목생활에서 농경사회로 정착되면서 자연에서 자생하는 머루나 포도를 술로 만들어 마셨을 것으로 추정할 수 있다.

우리나라의 서양식 와인에 관한 최초의 기록은 중국 원나라 세조가 1285년에 고려 충렬왕에게 보냈다는 기록이 있다. 1653년 네덜란드 하멜이 제주도에 상륙하면서 지방관에게 와인을 상납했다고 하며, 이후 1866년에 고종 3년, 5년에 독일인 오페르트가 와인을 반입했다고 한다.

와인산업의 발전

1. 유럽 와인산업의 발전

1) 고대 이집트의 와인

고대 이집트에서는 BC 3,000년경부터 포도를 재배하고 와인을 만들었을 것으로 추정한다. 이집트인들은 와인을 각종 행사에서 고급술로 사용한 것으로 보인다. 이집트에 여러 신들이 있었다는 것은 이미 잘 알려진 사실이다. 이 신들 중에 와인은 태양의 신, '라(Ra)'의 땀방울로 묘사되기도 하였으며 그 밖의 여러 '신'을 상징하기도 했다.

고대 이집트에서는 와인 제조 모습이 상세히 그려진 벽화가 발굴되었다. 이집트인들은 나일강 삼각주지대의 포도원에서 생산된 와인을 왕실에 공급한 것으로 보인다. 즉 왕의 무덤에서 와인 항아리가 발굴된 것을 보면 와인은 이집트 왕이 즐겨 마셨을 것이다.

특히 고대 이집트에서는 와인을 담은 항아리의 뚜껑에 와이너리(Winery, 와인 양조장)의 위치, 와인 제조자, 빈티지 등도 기입되어 있다. 와인을 눕혀서 보관한 것이 발견되기도 했다. 현대식 방법으로 보관한 것을 보면 고대 이집트인은 와인을 맛있게 마시는 방법도 잘 알고 있었을 것이다.

2) 고대 그리스의 와인

그리스는 서구 문명의 발상지로서 와인 생산 역사는 상당히 오래된 것으로 추측하고 있다. 대략 그 시기는 BC 6,000년 전까지 거슬러 올라간다. 또한 그리스는 신화 속에서 와인의 신인 '디오니소스'를 숭배한 와인 이야기를 찾아볼 수 있다.

BC 500~400년경에 현재의 심포지움(Symposium)의 기원인 심포지아(Symposia)는 그리스 와인 문화에서 중요했던 것으로 보인다. '심포지움(symposium)'은 '함께 테이블에서 술을 마신다.'라는 의미로 와인을 마시면서 시와 역사, 그림 등에 대한 이야기와 학술적인 토론을 했다.

오늘날 와인을 알코올로 발효시킬 때 송진을 첨가하여 만든 것과 같이 고대 그리스인들은 진흙 항아리에 와인을 담고 송진으로 밀봉 처리하여 만들기도 했다. 이는 고대 그리스인들이 와인의 풍미를 풍부하게 즐길 줄 알고 마신 것으로 이해할 수 있다.

영국의 와인 평론가 잰시스 로빈슨은 "오늘날 우리가 마시는 형태의 와인은 그리스에 기원이 있다."고 했다. 이것은 그리스가 현대적인 와인 양조 및 포도 재배기술을 가지고 있었다는 것을 단적으로 표현하는 것이다.

3) 고대 로마의 와인

로마시대는 점령지의 사회적 안정을 위해 수익성 높은 농작물이 필요했다. 그 당시 포도 재배는 다른 농작물에 비교하면 수익성이 높았다. 포도나무 재배는 높은 수익성으로 점령지를 안정적으로 지배할 수 있다고 판단하여 포도나무 재배를 권장했다. 이것은 유럽 전역에 포도나무 재배를 퍼뜨리게 하였으며 와인 양조기술의 발전을 가져오게 되었다.

점령지의 포도 수확 증가는 그 지역의 경제적 가치를 높게 창출하게 만들어 점령지역 주민들의 불만을 완화할 수 있었다. 또한 포도를 통한 높은 수익으로 점령지의 정치적, 경제적, 군사적 안정을 모색할 수 있었고 와인산업의 발전에 기여한 것으로 볼 수 있다.

4) 중세시대 이후의 와인

중세에 들어와서 와인은 수도원을 중심으로 급속한 성장을 이루게 되었다. 포도나무 재배기술뿐만 아니라 와인 생산에서도 큰 진전을 가져오게 되었던 시대이다.

17세기에는 오늘날과 같은 포도 재배지역으로 확장되었으며 유리병을 발명하여 사용하기도 했다. 또한 와인의 산화를 방지하기 위해 코르크 마개를 사용하기도 했다.

유럽에서는 1864년 필록세라(Phylloxera)라는 병이 발생하여 포도밭이 완전히 괴멸되었다. 이 시기에 유럽의 포도원은 황폐해져 와인산업의 암흑기라고 할 수 있다.

20세기 접어들어 포도밭이 재건되기 시작했다. 1935년에 프랑스는 INAO(Institut National des Appellations d'Origne : 전국원산지명칭협회)를 설립하였다. 그 후

AOC(Appellations d'Origine Controlees : 원산지통제명칭)의 와인법령을 공포하여 와인관리가 시작되었다.

이미 와인산업 흥망의 맛을 본 이후인 20세기는 전 세계적으로 와인산업의 황금기로 접어들었다. 20세기는 프랑스를 중심으로 한 유럽과 미국을 중심으로 한 신세계 국가들에서 포도나무 재배 및 와인 생산기술이 급속도로 발전하게 되었다. 프랑스를 중심으로 한 와인 품질의 고급화는 모든 국가들의 고급화 열망으로 평준화를 알리는 시기가 되었다.

2. 한국 와인산업의 발전

1906년 서울 뚝섬에는 권업무범장이, 1908년 수원에는 원예모범장이 설립되어 근대식 서양포도의 효시가 되었다.

1918년 경북 포항의 미츠와 농장에서 와인을 생산했으며, 실제 1970년대부터 오늘날의 와인과 같은 와인을 만들기 시작했다.

1974년 정부는 기업들에게 와인을 생산하도록 권고했으며 해태는 '노블와인', 1977년에 동양맥주에서 국산 와인인 '마주앙'을 생산했다. 1981년 진로에서는 '샤또몽블르'를 생산했다. 1987년경에는 대선주조에서 '그랑주아'를 생산했다.

1980년대에는 한국의 와인산업이 전성기를 누렸다. '88 서울 올림픽을 계기로 소비량도 증가하게 되어 현재까지 와인의 수요는 증가하고 있다.

우리나라는 주로 생식용 포도 재배에 적합한 기후와 토질을 가지고 있다. 와인 생산에 사용하는 포도 재배는 강우량이나 계절적 요인으로 인해 부적합하다고 하겠다. 그러나 포도를 재배하는 지역에서는 국산 와인을 생산하기 위해 꾸준히 노력하고 있지만, 여전히 외국산 수입의 비중이 높다.

제4절 와인의 분류

와인은 색에 의한 분류, 당분 함유량에 의한 분류, 알코올 첨가 유무에 의한 분류, 탄산가스 유무에 의한 분류, 식사용도에 의한 분류, 저장기간에 의한 분류, 가향 유무에 의한 분류 등으로 분류할 수 있다.

1. 색에 의한 분류

와인은 색에 따라 레드 와인, 화이트 와인, 로제 와인으로 분류할 수 있다. 레드 와인은 암홍색에서 선홍색까지 있지만 로제 와인에 가까운 핑크색까지도 있다. 화이트 와인은 거의 투명한 색에서 녹색에 가까운 와인과 짙은 황금색 등 다양하게 있다. 로제 와인은 짙은 색에서 엷은 색까지 다양하다.

1) 레드 와인

레드 와인(Red Wine, Vin Rouge)은 적포도로 만든다. 수확된 포도의 과육, 껍질, 씨를 함께 넣어 잘 으깬 다음 즙을 낸 후 7~10일 정도 발효시킨다. 이때 과육뿐만 아니라 껍질이나 씨에 포함된 성분도 추출된다. 레드 와인에서 떫은맛(타닌)을 느끼게 되는 것은 포도의 껍질과 씨를 넣어 발효시키기 때문이다.

레드 와인은 병 안에서 숙성이 이루어지는데 적포도 껍질의 붉은 색소, 씨, 껍질에 많이 있는 떫은맛이 함께 추출된다. 색은 벽돌색, 자주색, 루비색, 적갈색을 띠고 포도의 붉은 껍질에서 추출되는 '안토시아닌' 색소로 인해 붉은색을 띠게 된다.

안토시아닌 색소	항암작용, 노화방지, 심장병 예방, 소화촉진 등을 돕는다.

2) 화이트 와인

화이트 와인(White Wine, Vin Blanc)은 적포도와 청포를 사용하여 만들 수 있다. 적포도는 껍질이나 씨를 제외한 오직 포도의 과육만을 사용한 포도즙으로 만든다. 적포도의 껍질이나 씨를 제거했기 때문에 떫은맛은 느끼지 못한다.

청포도의 경우 포도를 으깬 뒤 바로 압착하여 나온 주스를 발효시켜 만들기 때문에 껍질에 있는 색소 추출은 이루어지지 않는다. 화이트 와인은 포도즙(Must)을 내어 20일 이상, 16~20℃ 온도에서 발효시킨다.

화이트 와인은 저온에서 발효시켜 양조하므로 떫은맛(타닌) 성분이 적어 가볍고 상큼한 맛을 느낄 수 있다. 화이트 와인은 레드 와인에 비교하면 숙성기간이 짧으며 떫은맛이 적은 편이다. 화이트 와인의 색깔은 옅은 노란색, 연한 초록색, 볏짚색, 황금색, 호박색 등을 띤다.

3) 로제 와인

로제 와인(Rose Wine, Vin Rosé)은 레드 와인과 같은 방법으로 제조한다. 적포도의 과육, 껍질, 씨를 함께 넣어 으깬 후발효시켜 양조자가 원하는 색깔이 나오면 껍질이나 씨를 제거하여 숙성시키는 방식으로 양조한다. 또한 레드 와인과 화이트 와인을 혼합하여 적절한 색상이 되도록 제조하는 방법도 있다.

로제 와인의 맛은 가볍고 신선하여 화이트 와인에 가깝고, 색은 옅은 핑크색, 분홍빛으로 레드 와인과 화이트 와인의 중간이다. 로제 와인은 보존기간이 짧아 장기간 숙성시키지 않으며 가능한 빨리 마셔야 와인의 신선한 맛을 즐길 수 있다. 로제 와인은 대부분의 음식과도 잘 어울린다.

2. 당분 함유량에 따른 분류

와인의 맛은 매우 드라이한 스타일에서 아주 단맛까지 다양하다. 당분 함유량에 따라 나누면 크게 세 가지가 있다. 즉 드라이 와인(Dry Wine), 미디엄 드라이 와인(Medium Dry Wine), 스위트 와인(Sweet Wine)으로 분류할 수 있다.

1) 드라이 와인

드라이 와인(Dry Wine, Vin Sec)은 포도를 발효하는 과정에서 포도의 당분(포도당)이 완전히 발효되어 감미가 거의 없는 와인을 말한다. 대부분의 레드 와인은 드라이한 맛이 나며 식전 와인으로 많이 사용한다.

일반적으로 레드 와인은 짙은 색일수록 드라이하고 화이트 와인은 엷은 색일수록 드라이한 맛이 난다.

2) 미디엄 드라이 와인

미디엄 드라이 와인(Medium Dry Wine)은 드라이한 맛을 내는 범주에 속하지만, 약간 단맛(Sweet Wine)이 느껴지는 와인을 말한다. 단맛(Sweet Wine)이 있는 와인이지만, 당도가 낮아서 미디엄 드라이 와인(Medium Dry Wine), 데미 드라이(Demi Dry) 혹은 세미 드라이(Semi Dry) 와인이라고도 한다.

3) 스위트 와인

스위트 와인(Sweet Wine, Vin Doux, 감미 와인)은 포도를 발효하는 과정에서 당분을 완전히 발효시키지 않아 당분이 남아 있는 상태에서 발효를 중지시켜 단맛을 강하게 만드는 와인을 말한다. 스위트 와인은 디저트로 많이 사용하는 와인이다.

3. 알코올 첨가 유무에 따른 분류

와인을 발효하는 과정에서 알코올의 첨가 유무에 따라 주정강화 와인(Fortified Wine)과 비주정강화(Unfortified Wine) 와인으로 분류한다.

1) 주정강화 와인

주정강화 와인(Fortified Wine)은 일반 와인에 비교하면 알코올 도수가 높다. 주정 강화 와인의 알코올 함유량은 17~21% 정도로 높다. 주정강화 와인을 제조하는 과정에 브랜디(Brandy)를 첨가하여 알코올 도수를 높여 만든다. 장기간 보관이 가능하며, 또한 식전 와인은 감미가 없는 주정강화 와인을 주로 마신다.

식전 와인은 스페인의 쉐리 와인(Sherry Wine), 포르투갈의 포트 와인(Port Wine)이나 마데이라(Madeira), 이탈리아의 마르살라 와인(Marsala Wine)을 많이 마신다.

2) 비주정강화 와인

비주정강화 와인(Unfortified Wine)은 순발효에 의해 만들어진 와인으로 알코올을 첨가하지 않는 와인이다. 대부분의 와인은 알코올을 첨가하지 않는 비주정강화 와인이다. 와인에 알코올을 첨가하지 않으면 알코올 함유량이 15% 이상으로 만들기 어렵다.

4. 탄산가스 유무에 따른 분류

와인은 탄산가스 유무에 따라 발포성 와인(Sparkling Wine)과 비발포성 와인(Still Wine)으로 분류한다. 거품이 나는 와인으로 잘 알려진 프랑스 샹파뉴 지방에서 생산하는 샴페인(Champagne)이 대표적인 발포성 와인이다.

발포성 와인(Sparkling Wine)은 대부분 화이트 와인이지만 레드 와인이나 로제 와인도 있다. 맛은 드라이한 것에서 스위트한 와인까지 다양하다.

1) 발포성 와인

와인에 탄산가스가 있는 와인을 발포성(Sparkling Wine)이라고 한다. 와인 병 안에서 가스의 압력이 3~5기압 정도이다. 발포성 와인은 일반적으로 우리가 알고 있는 샴페인(Champagne)과 같은 와인이다. 일반적으로 발포성 와인을 양조하는 과정에는 두 가지 방법을 사용한다.

첫째, 포도를 발효하는 과정에서 탄산가스가 발생되는데 그 탄산가스를 있는 그대로 병입하여 병 안에서 발효시켜 발포성 와인을 양조하는 방법이다. 또한 포도의 발효가 끝난 와인에 설탕과 효모를 첨가해서 2차 발효를 병 안에서 하도록 하는 것이다.

둘째, 와인에 인위적으로 탄산가스를 주입하여 만드는 방법이 있다. 잘 숙성된 와인을 병에 담을 때 인위적으로 탄산가스를 주입시키는 방법이다. 이렇게 만든 발포성 와인은 자연적으로 발생된 발포성 와인보다는 품질이 떨어진다. 물론 이런 발포성 와인은 비교적 싼 가격에 판매된다.

┣━ 표 1-1 국가별 발포성 와인(Sparkling Wine) 명칭

프랑스	샹파뉴 지역에서 만든 경우는 샴페인
	샹파뉴 이외의 지역에서 만든 발포성 와인은 뱅 무스(Vin Mousseux) 또는 크레망(Cremant)
이탈리아	스푸만테(Spumante)
스페인	카바(Cava)
독일	젝트(Sekt)
포르투갈	에스푸만테(Espumante)
미국과 한국	스파클링 와인(Sparkling)

2) 비발포성 와인

비발포성 와인(Still Wine)은 탄산가스가 없는 모든 와인이 여기에 해당된다. 비발포성 와인은 발효가 끝난 후 병에 넣을 때 탄산가스를 완전히 증발시킨 와인을 의미한다.

5. 식사용도에 따른 분류

식사할 때 마시는 와인을 식전 와인(Apéritif Wine), 식사 중의 와인(테이블 와인), 식후 와인(Dessert Wine)으로 구분한다.

1) 식전 와인

식전 와인(Apéritif Wine)은 식사 전에 식욕을 촉진하거나 음식의 맛을 돋우기 위해 마시는 것이다. 그러므로 산뜻한 맛을 가진 와인이 적절하다. 음식에서의 전채요리와 같은 개념으로 마시는 와인이 식전 와인이다.

식전 와인은 위액의 분비를 촉진시키기 위해 신맛이 적당히 있으면서 당도와 알코올 도수는 낮은 와인이 적절하다. 주요리의 맛을 방해하지 않는 와인이 무난하다.

식전 와인은 적은 양을 마셔야 한다. 많이 마시면 취할 수 있으며 주요리의 맛을 제대로 느낄 수 없을 수도 있다.

와인의 신맛과 쓴맛이 식욕을 촉진하는 역할을 한다. 식전용 와인은 주로 주정강화 와인(Fortified Wine)이나 향취가 강한 와인(Aromatized Wine)을 마신다.

2) 식사 중의 와인

식사 중의 와인(Table Wine)은 식사하면서 마시는 와인이다. 일명 테이블 와인(Table Wine)이라고도 한다. 음식과 잘 어울리는 와인이 적절하다. 특히 주요리(Main Dish)와 잘 어울리는 와인을 마신다. 식사 중의 와인은 식욕을 증진시키거나 분위를 좋게 하는 역할을 한다.

식사 중에 마시는 와인은 개인의 식성이나 미각에 따라 선호하는 와인을 마셔도 상관없다. 그러나 오랫동안 많은 사람들이 음식을 먹으면서 와인을 마셨던 경험에 의한 것을 바탕으로 정리한 것을 보면 다음과 같다.

음식과 어울리는 적절한 와인은 화이트 와인의 경우 생선, 갑각류, 파스타 요리 등이 적합하다. 레드 와인에는 쇠고기, 돼지고기, 양고기, 칠면조 등과 같이 짙은 맛이 나는 요리는 향기가 짙은 레드 와인이 적합하다.

처음부터 끝까지 한 종류의 와인만 마시는 경우 주요리에 잘 어울리는 와인과 마시는 것이 적절하다. 알코올 도수는 10~15% 정도의 드라이한 와인을 주로 마신다.

3) 식후 와인

식후 와인(Dessert Wine)은 식사 후 입안을 개운하게 하거나 소화 촉진을 위한 와인을 말한다. 즉 디저트 와인은 단맛이 강한 와인(Sweet Wine)을 주로 마시며 알코올 도수가 높은 것이 적절하다.

식후 와인은 주로 포트 와인(Port Wine), 크림 쉐리(Cream Sherry), 마르살라(Marsala), 소테른(Sauternes), 독일의 아이스바인(Eiswein), 헝가리의 토카이(Tokaji)를 즐겨 마신다. 샴페인과 로제 와인은 식사 후에 적합하지만 식사 전 과정에도 잘 어울린다.

6. 저장기간에 따른 분류

1) 영 와인

숙성기간이 비교적 짧은 와인을 영 와인(Young Wine)이라고 한다. 발효를 거치지 않거나 단기간 숙성시킨 와인, 즉 숙성기간이 1~2년 정도 되는 와인을 영 와인이라고 한다. 대표적인 영 와인은 보졸레 지방에서 생산되는 '보졸레 누보'이다.

2) 에이지드 혹은 올드 와인

비교적 숙성기간이 긴 와인을 에이지드 혹은 올드 와인(Aged or Old Wine)이라고 한다. 즉 숙성기간이 5~15년 정도인 와인으로 대부분 고품질 와인이며 가격도 비교적 비싼 편이다.

3) 그레이트 와인

오랫동안 묵혀서 만든 와인을 그레이트 와인(Great Wine)이라고 하며 숙성기간이 보통 10~20년 정도의 와인이 이 범주에 속한다. 그러므로 대다수가 고품질 와인이며 가격도 비싼 편이다.

7. 가향 유무에 따른 분류

와인에 향의 첨가 유무에 따라 향이 첨가되지 않은 천연 와인(Natural Wine)과 향을 첨가한 가향 와인(Flavored Wine)으로 분류할 수 있다.

1) 천연 와인

천연 와인(Natural Wine)은 천연적으로 나오는 향을 제외한 어떠한 향도 첨가하지 않는 와인을 말한다. 와인은 향을 첨가하지 않아도 과일향이나 꽃향 등이 난다. 와인에는 천연적으로 발생되는 향이 있다는 것이다.

2) 가향 와인

가향 와인(Flavored Wine)은 와인의 발효가 진행 중이거나 발효가 끝난 뒤에 향이 있는 과실즙, 약초, 감미료, 허브 및 천연향 등을 첨가하여 독특한 풍미를 갖는 와인을 말한다.

향취가 강한 식전 와인으로는 버무스(Vermouth) 종류를 많이 마신다. 즉 천연향이 아닌 인위적으로 향을 첨가한 와인을 마신다.

8. 무게감에 따른 분류

무게감은 입안에서 느껴지는 와인 맛의 질감을 말한다. 와인의 바디감(Body) 정도에 따라 라이트 바디(Light Bodied), 미디엄 바디(Medium Bodied), 풀 바디(Full Bodied)로 분류한다. 즉 와인의 단맛, 신맛, 떫은맛(타닌), 바디감(Body) 등의 성분을 혀의 느낌에 따라 와인의 맛을 표현하는 것이다.

1) 라이트 바디 와인

라이트 바디(Light Bodied) 와인은 가볍고 신선한 느낌의 와인으로 약간 차게 마시는 것이 좋으며 담백한 요리와 잘 어울린다.

라이트 바디 포도품종에는 가메(Gamay), 샤블리 지역의 샤르도네(Chardonnay), 루아르 지방의 뮈스카데(Muscadet) 등이 있다. 이탈리아의 가르가네가(Garganega) 품종으로 만들어진 와인과 피노 그리지오(Pinot Grigio) 품종 등도 이 범주에 속한다.

2) 미디엄 바디 와인

미디엄 바디(Medium Bodied) 와인은 질감이나 무게가 보통 정도를 말한다. 일반적으로 레드 와인 중에는 중저가 와인들이 미디엄 바디 정도의 무게감을 가지고 있다.

미디엄 바디의 레드 와인 품종에는 피노 누아(Pinot Noir), 그르나슈(Grenache), 메를로(Merlot), 산지오베제(Sangiovese), 템프라니요(Tempranillo) 등이 있다. 화이트 와인의 품종은 리슬링(Resling), 소비뇽 블랑(Sauvignon Blanc), 슈냉 블랑(Chenin Blanc), 세미용(Semillon) 등이 있다.

3) 풀 바디 와인

풀 바디(Full Bodied) 와인은 입안에서 느껴지는 와인 맛의 질감, 무게감, 농도, 밀도 등이 있는 진하고 묵직한 와인을 말한다. 와인에서 단맛, 신맛, 떫은맛, 알코올이 풍부하게 느껴지는 와인을 풀 바디(Full Bodied)라고 표현한다.

풀 바디 와인과 잘 어울리는 음식으로 진한 소스 요리나 육류, 오래 숙성된 치즈 등이 있다. 풀 바디의 레드 와인은 보르도 메독 지역의 까베르네 소비뇽(Cabernet Sauvignon), 쉬라즈(Shiraz), 말벡(Malbec), 진판델(Zinfandel) 등이 있다. 화이트 와인은 오크통에서 오래 숙성한 샤르도네(Chardonnay)나 호주의 비오니에(Viognier) 품종의 와인이 있다.

표 1-2 와인의 분류

분류	종류
색에 의한 분류	레드 와인(Red Wine, Vin Rouge)
	화이트 와인(White Wine, Vin Blanc)
	로제 와인(Rose Wine, Vin Rosé)
당분 함유량에 따른 분류	드라이 와인(Dry Wine, Vin Sec)
	미디엄 드라이 와인(Medium Dry Wine)
	스위트 와인(Sweet Wine, Vin Doux)
알코올 첨가 유무에 따른 분류	주정강화 와인(Fortified Wine)
	비주정강화 와인(Unfortified Wine)
탄산가스 유무에 따른 분류	발포성 와인(Sparkling Wine)
	비발포성 와인(Still Wine)
식사용도에 따른 분류	식전 와인(Apéritif Wine)
	식사 중의 와인(Table Wine)
	식후 와인(Dessert Wine)
저장기간에 따른 분류	영 와인(Young Wine)
	에이지드 혹은 올드 와인(Aged or Old Wine)
	그레이트 와인(Great Wine)
가향 유무에 따른 분류	향이 첨가되지 않는 와인(Natural Wine)
	가향 와인(Flavored Wine)
무게감(Body)에 따른 분류	라이트 바디(Light Bodied) 와인
	미디엄 바디(Medium Bodied) 와인
	풀 바디(Full Bodied) 와인

$$\mathcal{C}hapter\ 02$$

W I N E T R A V E L

포도의 매력과 품종

제 **1** 절 ┊ **포도와 와인**

1. 포도의 매력

포도는 많은 과일들 중에서 당도가 높은 과일에 속한다. 당도가 높은 과일은 발효 후 알코올 도수가 높은 과일주가 된다. 포도를 제외한 대다수의 과일은 알코올이나 설탕을 첨가하지 않으면 포도처럼 알코올 도수를 높이기 어렵다.

포도는 항산화 물질이 많아 우리는 '신이 내린 과일'이라고도 한다. 포도의 껍질이나 씨에 있는 성분은 노화 방지와 항암효과가 있다. 포도의 과육은 비타민, 당분, 무기질 등으로 인해 신진대사를 활발하게 해준다. 그러나 너무 많이 먹을 경우 포도의 껍질이 위에 부담을 줄 수 있다.

포도의 씨에는 폴리페놀 성분이 있어 치매 및 충치 예방에도 도움이 된다고 한다. 포도는 우리 몸에서 노폐물과 독소를 배출시키는 등 해독작용을 하며 간에도 좋은 효과가 있다. 또한 포도의 보랏빛은 안토시아닌이 있어 눈의 망막 기능이 떨어지는 것을 막아주기도 한다.

포도가 건강에 좋지만 포도는 단맛이 높은 과일이므로 당뇨가 있는 사람들은 혈당이 높아질 수 있어 과다한 섭취는 삼가야 한다.

포도에는 건강뿐만 아니라 감성적인 이미지 차원에서 보면 매력적인 부분이 많은 과일이다. 포도는 색깔이 아름답고 친근한 색으로 순수한 마음가짐을 갖도록 하는 매혹적인 과일이다. 또한 촉감이 매우 부드러운 과일이므로 자연의 촉감마저 느끼게 한다.

항산화 물질	산화작용을 갖는 물질의 작용을 차단하거나 억제하는 물질, 즉 항산화물질은 우리 몸 안에 생기는 활성산소를 무독화함으로써 세포의 손상이나 노화를 막아줌

2. 와인의 매력

와인은 70개 이상의 국가에서 생산하며 지구상에서 가장 다양한 종류의 술, 즉 '파리 센강의 물결만큼' 많은 술이 와인이라고 할 정도이다. 와인은 감성으로 마시는 술, 즐겁게 마시는 술, 멋진 감정들로 채워가면서 마시는 것이 와인의 매력이 아닌가 싶다.

와인은 축제나 파티 및 기념일 등과 같은 날 주로 분위기를 띄울 때 사용되는 술이기도 하다. 깔끔하고 좋은 비즈니스 상황에서 대화를 부드럽게 창조하는 술이다.

와인은 마음에서 마음으로 즐기면서 사람들의 긴장을 풀어주고 서로에게 호감을 주며 생각과 대화의 묘미를 더하는 술이다. 고대 그리스인들은 와인을 마시면서 시와 역사, 그림 등의 대화의 소재로써 마신 것으로 여겨진다.

고대 그리스인들에게는 대화의 통로(마음의 창) 역할을 한 것이 와인이었다고 본다. 대화의 매체, 즉 원만하고 활발하게 이야기를 할 수 있도록 만든 것이 와인이었다고 볼 수 있다. 학자들의 연구에 의하면 "말을 많이 하는 것이 행복하다"라고 한다. 이렇게 보면 와인은 행복을 전달해 주는 전달자의 역할을 한다는 것이다. 즉 우리에게 와인은 행복을 전달해 주는 선물과 같은 매력이 있는 것이 아닌가 싶다.

와인의 매력은 우리에게 영혼이 살아 숨쉬게 하고 심적 여유와 풍요로움, 즐거운 경험, 그리고 호기심을 자극시켜 주는 물질로 보인다. 행복은 마음속에 관심의 대상이 있는 상태라고 한다. 사소한 일상 속에서 행복을 찾는 우리에게 와인이 그 역할을 하는 것이 아닐까 싶다.

와인의 매력은 눈과 코와 혀를 총동원하여 즐기는 술이다. 오감의 기능을 총동원하여 와인의 깊이를 이해하면서 마시는 술이다. 와인은 눈으로는 자연의 색상뿐만 아니라 피곤하지 않고 포근한 기포를, 코로는 상쾌한 향을, 혀로는 복합적으로 얽혀 있는 맛을 느끼게 하는 것이 매력이다. 다시 말하면, 와인은 인간이 가진 감각들을 모두 집합해서 그 맛을 즐길 수 있는 매력적인 술이다.

루이 15세의 애첩인 마담 드 퐁파두르(Madame de Pompadour)는 "샴페인은 마시고 난 후에도 여인을 아름다워 보이게 하는 유일한 술이다"라고 극찬했다. 브라질 소설가이면서 서정시인인 파울로 쿠엘류(Paulo Coelho)는 "삶이 주는 모든 것을 받아들여라. 그리고 잔을 마셔보라. 모든 와인을 맛봐야만 한다. 몇몇은 단지 맛만 봐야 하지만, 다른 것들은 병째 마셔야만 한다"고 했다.

와인은 우리 스스로가 맛을 봐야 하고 그것을 누려야 한다는 것을 일깨워주고 있다. 와인은 진정한 친구이고 미래의 삶을 잠들지 않고 깨어나게 하고 병째로 마실 권리를 주는 것이 매력이다. 또한 세련되고 섬세한 향기와 블랙베리와 같이 어우러진 미묘한 맛은 우리의 일상에 평온함까지 갖게 한다.

와인은 하늘과 땅, 인간의 노력이 빚어낸 하나의 예술이며 철학이다. 훌륭한 와인을 만들기 위해 끊임없이 노력하는 인간의 산물이면서 자연이 그려내는 작품이다.

 제**2**절 │ **와인의 포도품종**

포도는 생식용과 와인 양조용으로 구분할 수 있는데, 이들 전체의 품종은 8,000여 가지나 있다고 한다. 그러나 실제로 와인을 만들 수 있는 포도품종은 전체 품종에서 대략 3% 정도에 불과하다. 특히 세계적으로 잘 알려진 와인을 만드는 포도는 전체 포도품종들 중에서 매우 적은 약 1~2% 미만이다.

와인은 당분과 효모에 의해 알코올이 생성된다. 양조용 포도는 당도가 높아야 알코올을 높게 만들 수 있다. 또한 신맛이 강해야 상큼한 맛이나 감칠맛을 낼 수 있다. 이것은 포도품종이 와인의 향미를 결정하는 데 높은 영향을 미친다라는 것이다.

1. 레드 와인의 주요 포도품종

1) 까베르네 소비뇽

까베르네 소비뇽(Cabernet Sauvignon)은 프랑스 보르도(Bordeaux) 지방이 원산지이며 보르도 지방의 메독과 그라브에서 많이 재배하는 품종이다. 또한 까베르네 소비뇽은 전 세계적으로 많이 재배하는 품종이다. 미국・칠레・캘리포니아・뉴질랜드・호주・남아프리카공화국 등에서 많이 재배하고 있다. 레드 와인을 양조하는 대표적인 포도품종이다.

까베르네 소비뇽은 늦게 수확하는 만생종이며 장기간 숙성이 가능한 품종이다. 장기간 숙성할 경우 매우 부드러워져 고품질 와인으로 인정받기도 한다. 와인이 숙성되면서 부케는 타닌과 어울려 맛의 깊이를 증가시킨다. 마치 세련된 강인한 남성상을 연상하게 하는 와인이 된다. 타닌 성분이 풍부하여 다른 품종과 블렌딩(Blending, 여러 종류의 품종을 섞어 만드는 와인)에 사용되는 경우가 많다.

이 품종의 특징은 첫째, 떫은맛(타닌)과 신맛은 높지만, 당도는 낮은 편이다. 둘째, 진한 적색을 띠고 있다. 셋째, 입안에서 바디감(Body, 혀가 느끼는 무게감)이 느껴진다. 넷째, 아로마(Aroma, 포도에서 나는 천연 향)는 산딸기, 블랙커런트, 피망, 연기, 송로버섯, 체리향, 삼나무향 등이 난다. 다섯째, 어울리는 요리로는 육류, 양고기, 치즈 등이 있다.

까베르네 소비뇽의 대표적인 와인은 샤또 마고(Chateau Margaux), 샤또 라 뚜르(Chateau Latour)가 있다. 샤또 마고(Chateau Margaux)는 우아한 자태와 완벽한 기품 있어 '와인의 여왕'이라 불리기도 한다. 샤또 라 뚜르(Chateau Latour)는 남성적이고 화려한 맛이 난다.

블렌딩(Blending) 목적	여러 포도품종을 섞어 만들어 와인의 맛을 좋게 하기 위함과 양조자 자신만의 고유의 와인 맛을 창조하려는 목적
바디감(Body)	와인을 마실 때 입안에서 혀가 느끼는 무게감의 뜻

2) 메를로

메를로(Merlot)는 프랑스 보르도(Bordeaux) 지방이 원산지이며, 특히 생떼밀리옹(Saint-Emilion), 포므롤(Pomerol), 캘리포니아(California) 등의 지역에서 주로 많이 재배하고 있다. 메를로 품종의 대표적인 와인에는 생떼밀리옹(Saint-Emilion)과 포므롤(Pomerol)이 있다.

메를로의 특징은 첫째, 떫은맛(타닌)은 강하지 않으며 와인에서 섬세함이 느껴지고 입안에서 부드럽고 풍만함이 느껴진다. 즉 메를로는 풍성함과 여유로움이 있는 와인으로 여성이 선호하기도 하다. 둘째, 신맛이 약간 낮고 알코올 함유량과 당도가 높다. 셋째, 진한 적색이다. 넷째, 아로마(Aroma, 포도에서 나는 천연 향)는 제비꽃, 블랙베리, 블랙커런트, 감초, 커피, 송로버섯, 서양자두와 같은 과일향이 난다. 다섯째, 대부분의 요리와 잘 어울리고 회색 육류나 가금류도 좋은 조합을 이룰 수 있다.

3) 까베르네 프랑

까베르네 프랑(Cabernet Franc)은 보르도에서 주로 재배하고, 특히 생떼밀리옹, 포므롤, 루아르(Loire) 등에서 많이 재배하고 있다. 까베르네 프랑(Cabernet Franc)은 블렌딩에 많이 이용하는 포도품종이다. 블렌딩을 하면 높은 알코올과 바디감(Body)이 있고 유연하고 우아하고 섬세함을 느낄 수 있다.

까베르네 프랑의 특징은 첫째, 적절한 떫은맛(타닌)이 나며 둘째, 약간 높은 신맛이 난다. 즉 비교적 떫은맛이 적고 신맛은 높지 않아서 부드러운 맛을 느낄 수 있다. 셋째,

색상은 약간 진하며 넷째, 아로마는 산딸기(라즈베리), 검붉은 과일향, 제비꽃, 풋고추, 싱싱한 야채향, 피망향, 초콜릿 등 향이 매우 좋다. 다섯째, 알코올 도수는 보통 정도이다.

이 품종의 대표적인 와인은 루아르(Loire)와 쉬농(Chinon)이라고 할 수 있다. 쉬농(Chinon)은 장기간 숙성으로 풀 바디(Full Bodied)로도 양조되고 가벼운 바디(Light Bodied)도 만들어진다.

보르도의 생떼밀리옹 지방에서는 샤또 슈발 블랑(Chateau Cheval-Blanc)과 샤또 오존(Chateau Ausone)과 같은 특급 와인을 생산하기도 한다. 샤또 슈발 블랑(Chateau Cheval-Blanc)은 당도가 매우 낮고, 타닌·신맛·장기간 숙성된 와인은 풀 바디(Full Bodied)한 맛을 느낄 수 있고 과일향도 난다.

4) 피노 누아

피노 누아(Pinot Noir) 품종은 프랑스 부르고뉴 지방의 대표적인 적포도이며 꼬뜨 도르(Cote d'Or) 지역에서 유명하다. 샹파뉴 지방에서는 발포성 와인을 만드는 데 사용하고 있다. 피노 누아는 고상하고 기품 있는 우아함과 실크처럼 부드럽고 섬세한 품격 높은 와인을 만든다.

피노 누아의 특성은 첫째, 떫은맛이 강하지 않고 적당하다. 둘째, 신맛은 약간 강하지만 쓴맛은 조금 약하다. 셋째, 색깔은 자주색에 가까운 짙은 색이며 영 와인은 잉크색을 띤다. 넷째, 아로마는 앵두, 건자두, 붉은색 열매향, 산딸기, 체리, 딸기향이 많으며 과일향이 난다. 또한 숙성이 진행되면서 더욱더 완숙된 과일향과 버섯 등의 향기가 난다. 다섯째, 매우 부드러운 맛을 느낄 수 있다. 여섯째, 대부분의 육류요리와 잘 어울리며 붉은 살의 참치나 연어와 같은 생선요리에도 잘 어울린다. 그리고 구운 닭가슴살과도 조합이 잘 되는 와인이다. 그 유명한 명품 와인인 로마네-꽁티가 있으며 라따쉬 등도 명성이 높다.

5) 쉬라

쉬라(Syrah)는 프랑스 론 지방이나 호주의 헌트 밸리에서 많이 재배하고 있다. 호주에서는 쉬라(Syrah)를 쉬라즈(Shiraz)라고 부른다. 호주에서는 까베르네 소비뇽과 블렌딩하여 양조를 많이 한다. 프랑스 론 지방의 쉬라는 진하고 장기간 숙성이 가능하며 단일 품종으로 양조한다. 힘이 넘치고 풍성한 풀 바디감(Full Bodied, 묵직하게 무게감을 느끼는 와인)으로 우직한 남성적인 와인이라고도 한다.

이 품종의 특징은 첫째, 풍부한 타닌과 알코올 함유량이 높다. 둘째, 색상은 진한 적색 혹은 짙은 잉크색이다. 셋째, 아로마는 감초향, 제비꽃향, 후추향, 가죽향, 송로버섯향, 산딸기향, 진한 초콜릿향이 난다. 숙성이 덜 된 와인은 꽃향, 흙냄새, 풀냄새가 나고 숙성된 와인은 가죽향, 후추향, 송로버섯향이 난다. 또한 쉬라는 비교적 향기가 오래 남으며 맛이 강건하다. 넷째, 향이 강한 음식이나 매콤한 한식하고도 잘 어울린다. 다섯째, 우아하고 깊은 맛을 느낄 수 있다.

대표적인 와인은 꼬뜨 로띠(Cote Rote)와 에르미따쥐(Hermitage)가 있다. 꼬뜨 로띠(Cote Rote)는 타닌이 강한 레드 와인이다. 제비꽃향, 후추향, 송로버섯향을 느낄 수 있다. 에르미따쥐(Hermitage)는 타닌이 강한 레드 와인이며 블랙커런트향, 산딸기향, 향신료향이 난다.

6) 가메

가메(Gamay)의 원산지는 프랑스 보졸레(Beaujolais) 지방이며 일부 프랑스 남부의 아르데쉐(Ardeche) 지역과 북서부의 루아르(Loire Valley)에서도 재배하고 있다.

가메의 특징은 첫째, 떫은맛(타닌)이 적고 약간 높은 신맛을 느낄 수 있다. 높은 신맛으로 상큼하고 신선함을 느낄 수 있다. 둘째, 색상은 자주색을 띤 적색이다. 부르고뉴의 피노 누아처럼 아름다운 빛깔이 난다. 셋째, 신선한 과일향이 강하며 야생화향, 붉은 열매향, 파인애플향, 딸기향이 난다. 넷째, 가벼운 바디감(Light Bodied), 즉 경쾌한 향미를 느낄 수 있다. 다섯째, 가벼운 모든 음식과 가금요리의 흰 살코기와 잘 어울린다.

가메의 대표적인 와인은 보졸레 누보(Beaujolais Nouveau)이다. 보졸레 누보는 당해에 수확한 포도를 사용하여 1주일 정도 발효과정을 거쳐 4~6주간 숙성한 뒤 병입하여 매년 11월 셋째 주 목요일에 전 세계로 출시한다. 단기 숙성된 와인으로 과일향과 신맛이 잘 어우러져 약간 차게 마시면 더욱 좋은 맛을 느낄 수 있다.

7) 산지오베제

산지오베제(Sangiovese)는 이탈리아 중부 지방을 중심으로 재배되고 있다. 토스카나(Tuscana)는 산지오베제(Sangiovese)의 본고장이며 네비올로와 함께 이탈리아의 최고 포도품종이다.

산지오베제의 특징은 첫째, 적당한 떫은맛(타닌)과 약간 높은 신맛이 난다. 떫은맛과 신맛이 균형을 잘 이루고 있다. 둘째, 색상은 붉은빛에서 약간 검은빛을 띤 적색까지 다양하다. 또한 숙성기간에 따라 적색, 주황색, 가장자리에 오렌지 빛을 띠고 있다. 셋째, 풍부한 과일향이 난다. 장미꽃 동산에서 붉은 과일을 먹는 느낌을 갖는 와인이다. 넷째, 대부분 장기간 숙성시키지 않고 신선한 맛을 즐긴다. 다섯째, 파스타나 기름진 음식과 피자와도 잘 어울린다.

대표적인 와인은 끼안티(Chinati)이다. 끼안티(Chinati)는 새콤달콤한 맛을 지니고 있으며 가벼운 끼안티부터 묵직한 끼안티 클라시코(Chinati Classico) 등이 있다. 끼안티(Chinati)는 신맛이 상당하나 부드러운 질감을 느낄 수 있다. 토스카나의 브루넬로 디 몬탈치노는 타닌과 무게감이 있으며 향미가 강한 DOCG 와인이다. 즉 토스카나의 끼안티 클라시코(Chinati Classico)와 브루넬로 디 몬탈치노(Brunello di Montalcino)는 인지도가 높은 와인이다.

8) 네비올로

피에몬테(Piemonte) 지방은 고대 로마시대부터 와인을 생산한 오랜 역사를 지닌 곳이다. 현재도 그 포도밭의 유구한 역사는 이어지고 있어 문화적 가치가 높은 곳이다.

네비올로(Nebbiolo)는 이탈리아의 피에몬테(Piemonte) 지역이 원산지이며 최고의 와인을 만드는 포도품종이다. 와인은 붉은 과일향과 꽃향이 나며, 포도품종이 만생종이어서 늦게 수확하게 된다. 즉 익는 기간이 길어서 진한 맛과 바디감(Body, 무게감)을 느낄 수 있다.

네비올로의 특징은 첫째, 풍부한 떫은맛과 높은 산미가 있으며 감칠맛이 난다. 둘째, 높은 알코올과 당분이 있다. 셋째, 보랏빛 적색 혹은 검은색에 가까운 진한 적색이다. 넷째, 과일향, 가죽향, 제비꽃향, 장기간 숙성시킨 후에는 장미향, 체리향, 허브향, 옅은 초콜릿향 등 깊고 그윽한 향에 감탄하게 된다. 다섯째, 붉은 살 육류의 쇠고기와 양고기가 잘 어울린다.

대표적인 와인은 바롤로(Barolo)와 바르바레스코(Barbaresco)가 있다. 바롤로(Barolo)는 피에몬테 지방의 랑게(Langhe) 언덕 중턱에 위치한 와인 산지 이름이며 네비올로 품종을 재배하고 있다. 즉 바롤로는 생산지 이름을 딴 와인이다.

네비올로의 특징은 높은 타닌 성분과 함께 강렬한 아로마를 지니는 등 개성이 뚜렷하다. 네비올로로 양조된 바롤로와 바르바레스코 와인은 무겁다는 평가를 받고 있다.

바롤로(Barolo)는 떫은맛이 풍부하고 신맛이 강하며 알코올 도수도 높다. 진한 맛이 나며 메인(Main Dish) 요리와 잘 어울린다. 떫은맛과 함께 견고하고 남성적인 느낌이 강하여 흔히 '와인의 왕'이라고 한다.

바르바레스코(Barbaresco) 와인은 바롤로에 비해 타닌이 적은 편이다. 향이 부드럽고 세련되며 가볍고 섬세하고 우아하여 '와인의 여왕'이라는 별명이 붙여졌다.

이탈리아를 대표하는 4대 명품 와인을 흔히 바롤로(Barolo), 바르바레스코(Barbaresco), 끼안티 클라시코(Chinati Classico), 브루넬로 디 몬탈치노(Brunello di Montalcino)라고 한다.

9) 진판델

진판델(Zinfandel)은 원산지는 정확하게 밝혀지지 않았지만 미국 캘리포니아 지역에서 많이 재배하고 있다. 미국을 대표하는 포도품종으로 위치를 확보하고 있다. 진판델은 레드 와인, 화이트 와인, 로제 와인을 만든다.

진판델의 특징은 첫째, 풍부한 타닌 성분이 있지만 적당한 산미가 있는 품종이다. 둘째, 알코올과 당도가 모두 높다. 셋째, 장밋빛에서부터 검붉은색까지 다양하다. 또한 화려한 루비색을 띠며 화사하고 선명하다. 넷째, 아로마는 풍부한 과일향, 딸기향, 자두향, 블랙베리향, 향신료, 흙냄새 등의 향이 난다. 다섯째, 바비큐와 기름진 요리와 잘 어울린다.

진판델의 대표적인 와인은 캘리포니아 와인이다. 미국에서 진판델 품종으로 '블러시 와인(Blush Wine)'이라는 옅은 핑크색 와인을 만든다. 이 와인은 로제 와인과 화이트 와인의 중간색이다.

10) 말벡

말벡(Malbec) 품종은 보르도가 원산지이며 지롱드강 오른쪽 지역에서 주로 재배한다. 프랑스 중부지역의 루아르와 서남부 지방과 칠레, 아르헨티나 등에서 주로 재배한다. 아르헨티나의 멘도사 지역에서는 아르헨티나 국민의 와인이라 불릴 정도로 인기있는 멘도사(Mendosa)를 만든다.

말벡 품종의 특징은 첫째, 풍부한 타닌 성분이 있으며, 둘째 신맛이 약간 낮다. 셋째, 짙은 검붉은색을 띠며 넷째, 아로마는 자두향, 마늘 냄새 및 향신료향과 숙성되면서 연기향과 볏짚 냄새가 난다. 영 와인(Young Wine)은 블랙베리향이 진하게 난다. 아르헨티나에서 생산되는 말벡은 초콜릿맛, 커피맛, 자두맛, 건포도맛, 가죽향, 향긋한 흙냄새가 난다. 다섯째, 풀 바디(Full Bodied, 무게감 있는 와인)이며 진하고 거친 맛을 느낀다.

영 와인 (Young Wine)	발효 후 숙성기간을 거치지 않고 병에 담는 와인, 즉 장기간 보관이 어려운 와인으로 비교적 낮은 품질이며 저가격 와인이 많음

11) 그르나슈

그르나슈(Grenache) 품종은 스페인이 원산지이며 프랑스 남부 론 지방이나 호주에서 많이 재배하고 있다. 주로 블렌딩(Blending)하거나 주정강화하여 양조하는 경우가 많다. 로제 와인은 단독으로 양조한다.

프랑스 남부 랑그독-루시옹의 경우 천연감미 와인(VDN : Vin Doux Naturels) 제조에 사용한다. 즉 랑그독-루시옹 지방은 프랑스의 천연감미 와인의 약 80%를 생산하고 있다.

그르나슈는 매우 부드럽고 단맛이 나며 미디엄 바디감(Medium Bodied)을 느낄 수 있어서 여성적인 와인이라고도 한다.

그르나슈의 특징은 첫째, 떫은맛과 신맛이 모두 낮다. 둘째, 높은 알코올 도수와 당도가 높은 것이 특징이다. 셋째, 색상은 선홍색이다. 넷째, 아로마는 과일향, 산딸기와 딸기향, 진한 초콜릿향이 난다.

대표적인 와인으로는 꼬 뒤 론(Cote du Rhone)과 샤또 뇌 뒤 빠쁘(Chateauneuf du

Pape)가 있다. 로제 와인으로 타벨(Tavel)이 있다. 타벨은 드라이(Dry)하고 제비꽃, 말린 과일향이 난다.

샤또 뇌 뒤 빠쁘(Chateauneuf du Pape)를 일명 교황의 술이라고 한다. 즉 샤또 뇌 뒤 빠쁘는 론 지방의 아비뇽 북쪽 한 마을이며 교황의 거주지였는데 교황으로 인해 와인 제조가 발전하였다고 해서 일명 교황의 와인이라고 한다.

12) 까르메네르

까르메네르(Carmenere)는 프랑스 보르도가 원산지이며 칠레에서 이 품종을 재배하는 데 성공하였다. 오늘날에는 칠레의 주된 포도품종으로 위치를 확보하였으며, 또한 주된 와인 제조품종으로 등장하게 되었다.

까르메네르의 특징은 첫째, 약간 높은 타닌과 낮은 신맛이 난다. 둘째, 색상은 짙은 적색이다. 셋째, 완전히 익은 포도를 사용할 경우 와인은 블랙베리향, 초콜릿향, 커피향이 난다. 그러나 덜 익은 포도를 사용한 와인은 풀냄새와 떨떠름한 향이 난다. 넷째, 잘 익은 포도를 사용한 와인은 바디감(Body)을 느낀다.

13) 템프라니요

템프라니요(Tempranillo)는 원산지가 스페인이며 주요 재배지는 스페인 리오하(Rioja) 지역이며 가벼운 와인(Light Bodied)이다.

템프라니요의 특징은 첫째, 떫은맛과 신맛이 보통 정도이다. 둘째, 색상은 짙은 붉은색이다. 셋째, 아로마는 풍부한 과일향, 꽃과 같이 화려한 향, 가죽향, 딸기향, 연기 냄새가 난다. 넷째, 부드러우면서 균형잡힌 와인을 만든다. 프랑스의 피노 누아, 이탈리아의 산지오베제와 같이 우아하고 부드럽다.

템프라니요의 대표적인 와인은 마르께스 디 리스칼(Margues de Riscal), 보데가 무가(Bodegas Muga)와 보데가 도메크(Bodegas Domecq) 와인이라고 할 수 있다.

표 2-1 레드 와인 포도품종별 재배지 및 특성

품종	주요 재배지역	특성	대표 와인
까베르네 소비뇽	메독, 그라브, 칠레 · 캘리포니아 · 호주	• 떫은맛, 신맛 높음, 당도 낮음, 진한 적색, 산딸기, 송로버섯, 체리향 • 육류, 양고기, 치즈 등 어울림	샤또 마고, 샤토 라 뚜르
메를로	보르도, 생떼밀리옹, 포므롤, 캘리포니아	• 떫은맛 보통, 신맛이 약간 낮음, 알코올과 당도 높음, 진한 적색, 커피, 송로버섯, 과일향 • 모든 요리, 가금류 잘 어울림	생떼밀리옹, 포므롤
까베르네 프랑	보르도, 생떼밀리옹, 포므롤, 루아르	• 적절한 떫은맛, 약간 높은 신맛, 색상은 약간 진함, 산딸기, 제비꽃, 피망향 등	루아르, 쉬농, 샤또 슈발 블랑, 샤또 오존
피노 누아	부르고뉴, 샹파뉴	• 떫은맛 보통, 신맛 약간 강함, 짙은 색, 붉은색의 열매향, 체리, 딸기향 • 육류요리, 참치 · 연어 어울림	로마네–꽁티, 라따쉬
쉬라	론, 헌트 밸리	• 풍부한 타닌과 알코올 높음, 진한 적색, 감초, 제비꽃, 송로버섯 • 향이 강한 음식, 매콤한 한식 잘 어울림	꼬뜨 로띠, 에르미따쥐
가메	보졸레, 루아르	• 낮은 떫은맛, 높은 신맛, 적색, 붉은 열매향, 파인애플향, 딸기향 • 가벼운 모든 음식과 잘 어울림	보졸레 누보
산지오베제	토스카나	• 적당한 떫은맛, 약간 높은 신맛, 붉은빛에서 적색, 풍부한 과일향 • 파스타 · 기름진 음식과 잘 어울림	끼안티 클라시코, 브루넬로 디 몬탈치노
네비올로	피에몬테	• 높은 떫은맛, 높은 산미 · 알코올 · 당분, 진한 적색, 과일향, 제비꽃향 • 쇠고기와 양고기 잘 어울림	바롤로, 바르바레스코
진판델	캘리포니아	• 풍부한 타닌, 적당한 산미, 높은 알코올 · 당도, 풍부한 과일, 딸기, • 바비큐 · 기름진 요리와 잘 어울림	캘리포니아
말벡	보르도, 칠레, 아르헨티나	• 풍부한 타닌, 약간 낮은 신맛, 짙은 검붉은색, 자두향, 향신료향, 연기향, 볏짚 냄새, 초콜릿맛, 커피맛, 자두맛, 건포도맛	멘도사

2. 화이트 와인의 주요 포도품종

화이트 와인은 청포도나 적포도품종 모두 양조할 수 있다. 청포도는 포도가 다 익어도 녹색을 띤다. 청포도는 적포도보다 타닌이 적고 특유의 풋내 섞인 향이 강하다.

1) 샤르도네

샤르도네(Chardonnay)는 화이트 와인을 제조하는 대표적인 포도품종이며 우수한 품종이다. 프랑스 부르고뉴 지방이 원산지이며 보르도나 샹파뉴 지역에서도 많이 재배한다. 전 세계적으로 가장 많이 재배되는 품종이라 할 수 있다. 오크통에서 숙성이 잘되며 오크 숙성에 따라 다양한 스타일의 품격 있는 와인을 양조할 수 있다.

샤르도네의 특징은 첫째, 서늘한 산지에서 재배된 포도의 와인은 신맛이 높다. 또한 신맛과 감칠맛(깊은 맛)이 조화를 이룬다. 온난한 기후에서 재배된 포도의 와인은 알코올 도수가 높고 신맛은 낮고 무게감이 있다. 둘째, 당도가 매우 높은 포도품종이다. 셋째, 와인의 색은 무색에서 황금색까지 다양하다. 넷째, 아로마는 아몬드·개암·건과향, 꿀향, 사과향과 파인애플의 미묘한 향이 난다. 또한 감귤향 및 오크통에서 숙성된 와인은 바닐라향과 송로버섯향이 나며 숙성기간이 긴 편이다. 부르고뉴 지방의 샤블리 와인은 드라이하면서 과일향이 풍부하며 민트향과 파인애플향이 난다. 꼬뜨 도르 지역의 샤르도네는 개암향, 아몬드향, 아카시아향이 난다. 다섯째, 드라이화이트 와인이며 입안에서 신선하고 어우러지는 맛이다. 여섯째, 어울리는 요리로는 흰 살 육류의 치킨, 오리고기, 굴, 조개류 등이 있다. 대표적인 와인은 샤블리와 몽라쉐가 있다.

2) 소비뇽 블랑

소비뇽 블랑(Sauvignon Blanc)은 프랑스 보르도, 남서부, 루아르 지방이나 뉴질랜드, 칠레, 캘리포니아 등의 지역에서 많이 재배하고 있다. 미국에서는 퓌메 블랑(Fume Blanc)으로 불린다. 입안에 오래 남는 성질과 개성이 뚜렷한 향미가 있다. 비교적 영와인(Young Wine)일 때 마신다. 드라이한 맛이나 단맛이 나는 등의 다양한 와인을 만든다.

소비뇽 블랑의 특징은 첫째, 적당한 신맛이 난다. 둘째, 푸른색을 띤 담황색이다. 셋째, 아로마는 과일향, 피망, 향신료, 풀 향기, 허브향, 올리브향, 연기향 등 다양한 향을 느낄 수 있다. 또는 신선하고 상큼한 향을 즐길 수 있다. 영 와인(Young Wine)일수록 천연포도 향을 더 잘 느낄 수 있다.

특히 보르도, 그라브, 소테른 지역의 와인은 향이 신선하고 생동감이 있고 풀잎 향을 느낄 수 있다. 넷째, 어울리는 요리는 삼계탕, 생선요리 및 해산물 등이 있다.

3) 세미용

세미용(Semillon)은 프랑스 서남부 지역이 원산지이며 소테른(Sauternes) 지역에서는 감미 와인을 생산한다. 호주 헌터 밸리의 세미용은 고품질 와인으로 유명하다.

세미용의 특징은 첫째, 낮은 신맛과 알코올 도수가 높다. 둘째, 당도가 높고 미디엄(Medium) 혹은 풀 바디(Full Bodied) 와인을 만든다. 귀부병(포도에 곰팡이균이 발생되는 병)에 걸리기 쉽고 감미 화이트 와인을 만든다. 귀부와인은 당도가 매우 높아서 단맛을 선호하는 사람들은 귀부와인을 마시는 것도 좋을 것 같다. 셋째, 와인의 색은 황금색이다. 넷째, 아로마는 벌꿀향, 사과, 복숭아, 바닐라향, 멜론과 무화과향이 난다. 드라이한 맛은 감귤향을 느낄 수 있다. 다섯째, 드라이한 와인은 생선구이와 닭고기와 잘 어울리고 스위트 와인(Sweet Wine)은 디저트로 적합하다.

세미용(Semillon)에서 가장 스위트한 와인은 샤또 디켐(Chateau d'Yquem)이다. 이는 귀부포도(포도에 곰팡이균이 발생되는 병)만 사용하여 만든 와인이며 프랑스 최고의 고품질 와인이다.

4) 리슬링

리슬링(Riesling)은 독일의 전 지역과 프랑스의 알자스 지방에서 주로 많이 재배한다. 리슬링은 추위에 강하기 때문에 독일 전 지역에서 재배되며 원산지는 독일의 라인 강 유역이다. 독일을 대표하는 포도품종이며 드라이한 맛에서 스위트한 맛까지 다양한 유형의 와인을 만든다. 늦게 수확(만생종)하고 장기간 숙성이 가능하며 매우 섬세한 와인이다.

리슬링의 특징은 첫째, 신맛이 강하고 당도가 높다. 당도가 높아 독일의 아이스바인을 만드는 데 사용한다. 둘째, 색상은 연한 노란색이다. 셋째, 긴 숙성기간에 숙성향이 풍부하고 과일향이 난다. 또는 리슬링(Riesling)은 꽃향기와 과일향이 잘 어우러진 매혹적인 향과 부드러운 맛이 특징이다. 넷째, 아로마는 사과향, 상큼한 라임(Lime)향, 숙성이 진행되면 벌꿀향, 우아한 풀잎향이 난다. 스위스에서 양조된 와인은 귤이나 오렌지향도 느낄 수 있다. 장기간 숙성에 의한 단맛과 신맛의 균형감이 뛰어나다. 다섯째, 어울리는 요리는 훈제 생선이나 게 요리 등이다. 특히 매콤한 한식과도 잘 어울리는 편이다. 대표적인 와인은 모젤의 베른카스텔러 닥터와 라인가우의 슐로스 요하니스베르그이다.

5) 슈냉 블랑

슈냉 블랑(Chenin Blanc)은 프랑스 루아르(Loire) 지방의 앙쥬나 뚜렌느 지방에서 주로 재배하지만 남아프리카공화국에서도 많이 재배한다.

슈냉 블랑의 특징은 다음과 같다. 첫째, 루아르 지방에서 재배된 것은 신맛이 강하며 당도가 높다. 다른 지방에서 재배된 것은 알코올과 신맛이 보통 정도이다. 둘째, 매력적인 부드러운 맛을 내는 와인이다. 셋째, 섬세한 벌꿀향, 꽃향기, 연기향, 사과향, 복숭아향 등이 난다. 넷째, 드라이한 와인 및 발포성 와인을 만든다.

6) 뮈스카

뮈스카(Muscat)의 원산지는 지중해 지역이며 프랑스 알자스 지방에서는 드라이한 와인을 생산한다. 지중해의 뜨거운 태양에 의해 잘 익은 포도는 짙은 풍미가 있고 당도가 높다. 이 품종은 드라이 와인, 스위트 와인, 주정강화 와인, 발포성 와인, 로제 와인을 만드는 데 사용한다.

뮈스카의 특징은 첫째, 낮은 신맛과 풍부한 맛을 가지고 있다. 둘째, 단맛이 나는 화이트 와인이다. 당도가 높아 디저트 와인으로 많이 사용한다. 셋째, 독특한 꽃향기, 과일향, 향신료 향이 난다. 넷째, 포도 자체의 매혹적인 향이 강하고 입안에 달라붙는 느낌이다.

7) 뮈스카데

뮈스카데(Muscadet) 품종은 원래 포도품종 이름이 아니라 와인 브랜드이다. 프랑스 루아르 지방의 하류인 낭뜨(Nantes) 지역의 뮈스카데 지방에서 재배되어 뮈스카데 품종으로 불린다. 뮈스카데는 믈롱 드 부르고뉴(Melon de Bourgogne)로 잘 알려져 있다.

뮈스카데의 특징은 첫째, 신맛이 강하다. 둘째, 가볍고 드라이한 맛의 화이트 와인으로 유명하다. 셋째, 아로마는 적절한 과일향과 레몬향이 난다. 넷째, 해산물요리, 새우구이, 조개류 등이 잘 어울린다.

8) 실바너

실바너(Silvaner)의 원산지는 오스트리아이며 독일의 프랑켄(Franken)과 프랑스 알자스 등에서 많이 재배한다. 주로 드라이한 맛의 와인을 만든다.

실바너의 특징은 첫째, 적절한 신맛을 낸다. 둘째, 바디감이 있다. 리슬링이나 뮐러-투르가우보다 더 바디감(Body)을 느낀다. 셋째, 와인의 색깔은 투명에 가까운 황색이다. 넷째, 아로마는 신선하고 과일향, 레몬, 복숭아 풍미를 느낄 수 있다. 다섯째, 아스파라거스, 순한 향의 생선요리, 닭고기 등의 향이 강하지 않은 풍미있는 요리와 잘 어울린다.

9) 게뷔르츠트라미너

게뷔르츠트라미너(Gewurztraminer)는 주로 독일과 프랑스 알자스 지방에서 재배한다. 장기간 숙성이 가능하며 드라이한 맛과 단맛이 나는 포도품종이다. 적절한 단맛으로 처음 와인을 접한 사람들이 선호하는 경향이 있다.

품종의 특징은 첫째, 높은 알코올 도수와 가벼운 맛을 낸다. 둘째, 와인의 색상은 진한 황금색이다. 셋째, 아로마는 풍부한 과일향, 아카시아향, 장미와 같은 감미로운 꽃향과 계피, 후추 등의 향신료 향이 난다. 넷째, 향신료를 많이 사용한 요리와 잘 어울린다. 대표적인 와인으로 휴겔과 트림바크가 있다.

10) 모스카토

모스카토(Moscato)는 수많은 변종이 존재하는 품종이며 이탈리아의 전 지역에서 재배된다. 모스카토는 드라이한 맛(추운 지방), 스위트한 맛(따뜻한 지방), 발포성 와인(이탈리아)을 만든다.

품종의 특징은 첫째, 단맛이 매력적이다. 둘째, 낮은 신맛과 약간 맑고 시원한 느낌이다. 셋째, 풍부한 과일향, 독특한 꽃향기가 나며 향이 강한 편이다. 넷째, 변종으로 인해 색깔이 다양하다. 다섯째, 발포성 와인을 생산한다.

모스카토(Moscato) 품종은 스푸만테(Spumante), 파시토(Passito), 주정강화(Fortified Wine) 와인을 만든다.

11) 팔로미노

스페인에서 생산한 팔로미노(Palomino) 품종의 약 90%는 쉐리 와인을 만든다. 스페인의 헤레스(Jerez)와 갈리시아 지방에서 주로 재배한다.

팔로미노(Palomino)의 특징은 첫째, 신맛이 낮다. 둘째, 당도가 높다. 셋째, 노란색과 초록색을 띤다. 넷째, 생선요리, 해물탕, 조개구이 등의 요리와 잘 어울린다.

12) 뮐러-투르가우

뮐러-투르가우(Muller-Thurgau)는 독일에서 주로 재배하고 있으며 짧은 기간에 숙성이 가능하다. 독일의 남쪽 지역인 라인헤센, 팔츠, 바덴 등에서 주로 재배한다.

이 품종의 특징은 첫째, 상쾌한 단맛이 있다. 둘째, 와인의 색깔은 옅은 황색이다. 셋째, 아로마는 신선한 과일향, 꽃향, 복숭아향 등을 느낄 수 있다.

13) 트레비아노

트레비아노(Trebbiano)는 이탈리아의 토스카나 지방에서 주로 재배한다. 롬바르디아(Lombardia)와 이탈리아 전역에서 재배하고 있다. 프랑스에서는 위니 블랑(Ugni Blanc)이라 부른다.

이 품종의 특징은 첫째, 신맛이 높고 알코올 도수는 낮다. 둘째, 향이 단순하다. 셋째, 브랜디 양조용으로 좋다.

표 2-2 화이트 와인 포도품종별 재배지 및 특성

특성	주요 재배지역	특성
샤르도네	부르고뉴, 보르도, 샹파뉴 등	• 신맛이 높음, 당도가 매우 높음, 색은 무색에서 황금색까지 다양함 • 아몬드 · 건과향, 꿀향, 사과향 · 파인애플향 • 어울리는 요리는 흰 살 육류, 치킨, 오리고기, 굴 등
소비뇽 블랑	보르도, 프랑스 남서부, 루아르, 뉴질랜드, 칠레, 캘리포니아 등	• 입안에 오래 남는 성질, 드라이한 맛 · 단맛 • 적당한 신맛, 푸른색 띤 담황색, 과일향, 피망, 향신료, 풀 향기, 허브향, 올리브향, 연기향 등 • 어울리는 요리는 생선요리 및 해산물 등
세미용	프랑스 서남부, 소테른, 헌터 밸리	• 감미 와인, 드라이한 맛 • 신맛이 낮고 당도 높고 황금색 • 벌꿀향, 바닐라향, 멜론과 무화과향 • 드라이한 와인은 생선구이와 닭고기, 단맛의 와인은 디저트로 적합
리슬링	독일, 알자스	• 드라이한 맛에서 스위트한 맛까지 다양함 • 신맛이 강하고 당도 높고 매우 섬세한 와인 • 장기간 숙성, 연한 노란색, 부드러운 맛 • 꽃향기와 과일향, 라임(Lime)향, 벌꿀향, 풀잎향 • 어울리는 요리는 훈제 생선이나 게 요리, 매콤한 한식과도 잘 어울리는 편
슈냉 블랑	루아르, 남아공	• 루아르의 슈냉 블랑은 신맛 강함 · 당도 높음 • 다른 지방의 슈냉 블랑은 알코올 · 신맛이 보통 • 부드러운 맛의 화이트 와인, 섬세한 벌꿀향, 꽃향기, 연기향, 사과향, 복숭아향 등
뮈스카	알자스, 지중해 연안	• 드라이한 와인, 짙은 풍미와 단맛이 강함 • 신맛 낮음, 풍부한 맛, 단맛의 화이트 와인 생산 • 높은 당도로 디저트로 사용. 꽃향기, 과일향, 향신료향

Chapter 03

WINE TRAVEL

포도 재배의 이해

제 **1** 절 ┃ **떼루아**

1. 떼루아의 개념

사람도 건강하게 성장하려면 영양가 있는 음식을 먹어야 하는 것과 같이 포도나무도 마찬가지로 좋은 재배환경에서 잘 자란다. 포도나무의 성장에 영향을 미치는 것을 '떼루아'라고 한다.

원래 '떼루아'라는 말은 토양(Soil)을 뜻하는 프랑스어이다. 와인 맛을 결정하는 데 있어서 떼루아는 매우 중요한 요소라고 할 수 있다. 즉 포도나무의 성장 및 와인이 만들어지는 전반적인 요소들을 떼루아(Terroir)라고 한다. 떼루아(Terroir)는 포도 재배의 자연환경 요소들인 토양, 일조량, 기후, 강우량, 자연환경 등과 포도를 양조하는 사람의 정성까지를 말하는 총괄적인 의미가 있다.

와인의 품질은 떼루아(Terroir)와 포도품종에 의해 결정된다고 해도 터무니없는 말은 아닐 수 있다. 와인은 포도의 성장에 적합한 자연환경이나 포도 수확시기에 따라 와인의 품질이 다르다.

따라서 와인은 자연과 인간의 노력에 의해 탄생하는 하나의 결정체라고 할 수 있다. 즉 와인은 자연적인 조건과 양조자의 마음가짐이나 인생철학까지가 포함된 결정체가 바로 떼루아(Terroir)라고 할 수 있다.

2. 포도 재배의 적산온도

포도는 적절한 기온이나 강수량에 따라 생육상태가 다를 수 있다. 이들 외에도 토양, 기후, 포도밭의 방향 등에 의해 개화에서 성숙에 이르기까지의 조건들에 따라 적산온도가 달라진다.

적산온도는 생물의 생육 시기와 관련된 온도의 총계를 말한다. 적산온도를 계산할 때 일평균기온은 해당 작물이 활동할 수 있는 최저온도 이상의 것만을 택한다. 그 기온은 작물에 따라 다르다.

3. 지형

포도밭의 지형은 방향·밭의 경사도와 고도·배수·서리 등 포도의 품질을 결정하는 데 있어 매우 중요한 영향을 미친다. 햇볕이 강한 지역의 포도밭은 오히려 태양의 열을 적게 받는 지형에 포도를 재배하는 것이 좋다. 즉 포도가 더위에 익지 않도록 해야 양질의 포도를 수확할 수 있기 때문이다.

지형조건에 따라 포도의 품질 차이가 있고, 이것은 와인의 맛에 영향을 줄 수 있다. 포도밭의 경사지는 평지보다 일조량이 많아서 포도 재배에 적합하다. 포도밭에 일조량이 많은 지역의 포도는 당도가 비교적 높고, 그렇지 못한 지역의 경우 신맛이 많은 와인을 만들게 된다.

포도밭의 배수가 잘 되는 지형과 서리가 늦게 내리는 지형, 그리고 포도밭의 고도에 따라 와인의 맛이 달라진다. 물 빠짐이 좋은 지형은 포도나무 뿌리가 깊게 내리고, 반대의 지형에서는 포도나무의 저항력이 떨어진다. 포도밭이 고산지대에 위치한 경우 와인은 산미가 강하고 거친 맛을 느낄 수 있다.

제2절 | 포도 재배 환경

1. 재배 기후

포도나무를 재배하는 지역은 상당히 광범위하지만 포도나무 재배조건에 따라 와인의 맛은 아주 차이가 있다. 일반적으로 가장 좋은 포도밭은 언덕, 구릉지 같은 약간 경사진 지면에 위치하여 햇볕을 많이 받는 곳이다. 보통 서늘한 기온의 유럽 지역은 해발 50~450m 사이에 포도밭이 위치하며, 유럽의 남쪽이나 기온이 높은 나라에서는 해발 600~1,000m 사이에 포도밭이 주로 위치한다.

포도나무가 성장 가능한 지역의 연평균 기온은 10~20℃(최적은 14~15℃) 정도라고 할 수 있다. 여름철은 평균 기온이 최소 19℃ 이상, 겨울은 영하 1℃ 이상일 경우 비교적 재배에 적절한 기후이다.

포도 재배에 적합한 지역은 남·북반구의 위도 30~50도 사이에 위치한다. 그러나 예외적으로 독일은 북쪽 한계선에 위치한 50~51℃에 위치한 지역이지만 포도를 재배하고 있다.

포도나무는 포도가 충분히 성장할 만큼 기온이 온난하면서 온난한 기후의 기간이 길어야 잘 자란다. 포도 재배지 주변의 기후와 다른 특정한 좁은 지역의 기후를 미세기후(Micro Climate)라고 한다. 이런 지역에서 생산한 와인은 아주 독특하다.

미세 기후 (Micro Climate)	좁은 지역 내에서 기후 차이가 나는 것을 말한다. 좁은 지역 내의 포도밭일 경우 안개가 많은 지역, 바람이 강한 지역 등에 따라 와인의 맛이 다른 경우를 미세 기후의 영향이라고 한다.

2. 일조량

보통 햇볕을 받는 특별한 제약이 없는 경우 남향이 일조량이 많다. 남향 중에도 경사면인 경우가 일조량이 더 많기 때문에 과일이 잘 익어 맛이 좋다. 즉 햇볕을 받는 제약이 없는 경우 포도원의 위치가 남향이면서 경사진 곳은 다른 방향이나 평지보다 포도 재배 환경이 좋다는 뜻이다.

태양의 혜택을 많이 받은 지역의 포도를 사용하여 만든 와인이 양질의 레드 와인을 만들 수 있다. 햇볕을 적게 받은 지역의 포도로 와인을 만들 경우 신맛이 풍성한 양질의 화이트 와인을 만들 수 있다. 포도는 개화에서 수확까지의 일조량이 1,250~1,600시간 이상이어야 한다. 그리고 약 2,500시간 정도의 평균기온 10℃ 이상이 필요하다. 일조시간은 포도의 당분 축적과 포도 완숙을 위해서도 매우 중요하다.

앞에서 이야기했지만 포도는 일조량에 따라 레드 와인과 화이트 와인에 미치는 영향이 다르다. 일조량이 많은 지역의 포도는 색과 당도가 진하여 우수한 레드 와인을 생산할 수 있다. 일조량이 부족한 지역의 포도는 신맛이 강하여 상큼한 양질의 화이트 와인을 만들 수 있다.

3. 강수량

강수량도 포도의 성장이나 맛에 많은 영향을 미친다. 비가 많이 올 때의 과일은 보통 당도가 낮다. 포도를 수확할 때 강수량이 많으면 포도의 당도가 낮아진다는 것이다. 포도는 연중 강수량보다는 포도나무가 필요한 시기에 내리는 적절한 강수량이 중요하다. 즉 비가 1년간 어떻게 잘 분배되어 오는지가 중요하다는 것이다.

유럽 포도품종을 재배하는 주요 생산지의 연간 강수량은 500mm 이하이며 기본적으로 적정 강수량은 500~800mm 정도라고 할 수 있다. 그러나 겨울과 봄에 비가 내리고 여름철에는 포도나무의 성장에 필요한 정도의 강수량이 이상적이다. 강수량이 많은 지역에서는 나무만 성장하고 양질의 포도를 생산하지 못한다.

4. 토양조건

대다수의 식물들은 좋은 토양에서 자라야만 잘 성장하고 좋은 결실을 맺는다. 식용으로 사용하는 포도나무를 재배하는 경우 토양이 좋아야 우수한 포도를 수확할 수 있다. 그러나 와인용 포도 재배의 토양은 비옥한 토양보다는 비옥하지 않은 토양, 즉 척박한 토양이 더 우수한 와인을 만든다.

유럽의 토양을 보면 배수가 잘 되는 경사진 토양이나 자갈과 모래가 섞여 있는 토양에 포도나무가 심어져 있다. 대부분의 식물들이 잘 자라지 못하는 척박한 토양에 포도나무를 재배하고 있다. 이런 토양이 좋은 와인을 만들 수 있어서 척박한 토양에 포도나무를 심는다.

우수한 와인을 만드는 지역의 토양을 보면 자갈·모래·진흙·석회질·점토·규토·백악질 등의 구조를 볼 수 있다. 이런 토양에서 재배된 포도나무의 포도는 좋은 와인을 만들 수 있으며, 특히 석회질 토양은 와인에서 좋은 향이 나게 한다.

따라서 포도나무는 배수가 잘 되는 토양이 가장 이상적인 환경이다. 배수가 잘 되는 토양에는 포도나무의 뿌리가 땅속으로 깊이 내려가서 수분과 양분을 빨아올린다. 그 양분이 바로 포도로 가게 되어 양질의 와인을 만들 수 있다. 다시 말하면, 와인용 포도품종의 토양은 배수가 잘 되는 것이 비옥한 토양보다 더 좋은 재배지이다.

5. 포도 수확

포도는 수확시기에 따라 당도와 맛에 차이가 있다. 포도가 완숙되고 덜 완숙됨에 따라 타닌 함유량도 달라진다. 포도가 잘 익을 때 수확하면 타닌의 성분이 상대적으로 부드럽게 하고 와인의 질감을 좋게 한다.

Chapter 04

W I N E   T R A V E L

와인 양조법과 관리

 제**1**절 ┊ **와인 양조의 이해**

1. 와인 양조의 원리

술은 당분이 효모(Yeast)에 의해 알코올로 발효시켜 만들어진다. 술의 기본적인 원료는 당분이다. 알코올은 당분의 변화로 인한 것이다. 즉 술의 핵심적인 성분은 당분과 전분이며 이것이 발효되어 술이 된다. 발효기간은 보통 1~2주 정도인데 온도가 높고 낮음에 따라 차이가 있다. 술은 알코올이 1% 이상 함유되어야 한다.

와인 양조는 포도와 포도즙을 알코올로 발효시키는 모든 과정을 말한다. 와인은 과일에서 추출한 과일즙을 발효해서 만든 알코올이 함유된 음료이다. 천연 와인(Natural Wine)은 원산지 전통에 의해 잘 익은 신선한 포도만을 발효시켜 제조과정에서 어떠한 첨가물도 들어가지 않은 풍부한 유기산과 복잡한 풍미 등을 지닌 알코올 음료이다.

와인의 경우 주재료인 포도는 다른 과일과 달리 포도 껍질에 붙어 있는 천연효모와 포도 속에 있는 포도당이 효모의 작용으로 알코올을 생성하여 술로 만들어진 것이다.

즉 포도는 와인을 만드는 데 반드시 필요한 성분인 당분과 효모(Yeast)를 둘 다 가지고 있어서 자연발효되는 것이다.

발효	효모균(yeast)이 분비하는 효소가 촉매로 작용해 당류가 분해되어 알코올(Alcohol)과 탄산가스로 전환되는 것

2. 양조기법

술은 제법상으로 분류하면 기본적으로 양조주, 증류주, 혼성주로 나눌 수 있다.

1) 양조주

양조주는 쌀·보리 등의 곡물이나 포도·사과 등의 과일을 원료로 발효시킨 술이다. 또한 양조주에는 가끔 동물의 젖 등을 원료로 한 것도 있다. 양조주는 알코올 함유량이 보통 4~15% 정도이다.

과실을 원료로 한 양조주는 당분이 함유된 것을 이용해 단순히 발효에 의해 만들어지는 와인이나 사과주와 같은 것이다.

전분을 원료로 한 양조주는 전분을 당화시켜 주정(酒精)을 얻어내는 발효공정으로 양조된 맥주와 청주가 있다.

와인은 양조주이며 양조과정은 수확한 포도를 으깨고 즙을 내고 포도 껍질에 있는 천연효모에 의해 발효시킨 것이다. 이것을 술통에 넣어 약 15℃ 정도를 유지할 수 있는 지하 저장고에서 일정한 기간 동안 숙성시켜 병입하는 것을 말한다.

2) 증류주

증류주(Distilled Beverage)는 양조주를 다시 증류해서 만든 술이며 고농도 알코올이 함유되어 있다. 증류주는 알코올과 물을 주성분으로 하고 있다. 증류주는 알코올의 끓는 점이 78℃이고 물이 끓는 점이 100℃이다. 이를 이용하여 알코올을 증발시켜 그 증기를 냉각한 것이다.

양조주를 가열하면 끓는 점이 낮은 알코올이 먼저 증발하게 되어 증발된 증기를 모아서 냉각시키면 다시 액체로 된다. 이것은 원래의 양조주보다 알코올 도수가 높게 만들어진다.

위스키류는 맥아나 잡곡, 브랜디는 와인이나 과일, 진은 보리와 잡곡, 럼은 사탕수수 즙, 보드카는 잡곡이나 보리 등으로 만든다. 알코올 함유량은 30~60% 정도이다.

3) 혼성주

혼성주(Compounded Liqueur)는 증류주를 기본으로 하여 향료, 약초, 과일, 종자 등을 첨가하여 만든 술의 총칭이다. 혼성주는 프랑스와 유럽에서는 리큐르(Liqueur)라고 하며, 미국과 영국에서는 코디알(Cordial)이라고 한다. 혼성주는 알코올 함유량이 보통 15~70% 정도이다.

제2절 | **와인 양조법**

1. 일반적인 와인 제조

천연효모에 의해 자연발효를 일으킨 것을 여과한 원시적이고 간단한 방법이 오늘날에도 와인 양조업의 원리로 되어 있다.

적포도의 즙을 내서 껍질과 함께 발효시키면 레드 와인이 된다. 레드 와인 생산과정에서 적포도의 껍질을 빼고 즙만 발효하면 화이트 와인이 된다. 화이트 와인은 대부분 청포도를 사용하여 만든다. 그러나 적포도를 사용해서 만들기도 한다.

적포도 껍질과 함께 잠시 발효시키는 도중에 껍질을 제거시키면 로제 와인(Rose Wine)이 된다.

와인은 색깔별로 볼 때 크게 분류하면 레드(Red), 화이트(White), 로제(Rose) 와인이 있다. 포도의 품종 중에서 샤르도네(Chardonnay)와 같은 품종은 청포도품종이므로 화이트 와인을 생산하는 데 사용된다. 피노 누아(Pinot Noir)와 같은 품종은 적포도이지만 레드 와인과 화이트 와인 두 가지 색깔을 다 낼 수 있다.

와인 생산하는 과정은 포도의 즙을 짜서, 이것을 발효시켜 스틸 와인(Still Wine, 천연 와인)을 만든다. 즉 스틸 와인을 생산할 때는 1차 당분발효를 한다.

이것을 다시 발효시키는, 즉 2차 와인의 산물질 발효인 전발효, 후발효 등으로 발효기간을 가진다. 발포성 와인(Sparkling Wine)은 1, 2차 모두 당분발효를 한다.

1차 발효는 포도즙을 발효용기에 넣고 21~32℃의 환경에 놓아두면 자연 발효된다. 뚜껑이 없는 발효용기에서 2~3일 지나면 자연 발생된 효모가 당분을 분해하여 한쪽으로 에틸알코올(Ethyl Alcohol)을 발생시킨다. 다른 한쪽은 탄산가스를 발생시키는 작용을 하기 때문에 약간 소란스러운 소리가 난다.

이때 탄산가스는 공기 속으로 증발되고 알코올만 남는다. 발효할 때 포도즙의 찌꺼기가 떠오르면 밑으로 가라앉혀주어야 한다. 그냥 두면 와인에 병(病)이 생겨 와인을 망쳐버린다. 이렇게 1~2주 혹은 3~4주가 지나면 발효가 끝난다.

1차 발효가 끝난 와인은 새로운 통에 옮겨 담고 조그마한 구멍을 하나 남겨 놓는데, 이는 아직 증발되지 않은 가스를 내보내기 위해서이다. 와인이 줄어들면 가득 채워주는 작업을 반복하여 와인에 병(病)이 생기는 것을 방지한다.

이렇게 해서 와인을 걸러주고 약 6~8개월 후에 새로운 통에 옮겨 담아서 와인을 발효시키는데 이때가 2차 발효기간이다. 이후 약 6~8개월이 경과한 다음 와인을 정화시켜 병이나 술통에 담는다. 그리고 연중 내내 15℃ 정도와 습기가 있는 지하 저장실에 눕혀 놓고 겨울 동안 주석산(酒石酸)과 칼륨(Kalium)을 분리해서 침전시키는 숙성기간을 갖는다.

이때 빠른 것은 6~8개월 혹은 1~2년 만에 출시한다. 이런 와인을 영 와인(Young Wine)이라 한다. 와인은 10년 혹은 그 이상을 경과해야 숙성되는 것이 있다. 이런 와인을 에이지드 와인(Aged Wine)이라 한다.

2. 천연 스틸 와인

천연 스틸 와인(Natural Still Wine)은 가장 보편적인 와인으로 색에 따라 레드 와인, 화이트 와인, 로제 와인이 있다. 와인은 과즙이 발효되는 과정에서 탄산가스가 생성되는데 양조과정에서 탄산가스를 모두 날려버린 와인을 스틸 와인이라고 한다. 천연 스틸 와인은 포도품종이나 제조방법에 따라 색이 다르다.

천연 스틸 와인(Natural Still Wine)은 포도 그대로를 발효시킨 일반 비발포성 와인을 의미한다. 즉 천연 스틸 와인은 자연 발효과정을 거쳐서 만든 와인을 말한다.

3. 가향 와인

가향 와인(Aromatized Wine)은 스틸 와인에 여러 가지 향을 첨가하여 만든 것으로 대표적인 것으로는 버무스(Vermouth)가 있다.

4. 주정강화 와인

주정강화 와인(Fortified Wine)은 일반 와인에 알코올 함유량이 40% 이상인 브랜디(Brandy)를 첨가함으로써 효모를 살균하고 발효를 중지시켜 양조한다.

제3절 | 와인별 양조법

와인 양조는 포도를 으깨어 껍질에 있는 천연효모에 의해 자연 발효되어 걸러낸 후 통에 넣어 약 15℃ 정도의 저장실에서 숙성시켜 만든다.

1. 레드 와인의 양조법

1) 파쇄

포도 수확(포도원) ⇨ 파쇄(포도줄기 제거 · 포도 으깸) ⇨ 전발효(효모 첨가로 과즙 발효) ⇨ 압착발효(과즙 만듦) ⇨ 후발효(와인 맛 · 향을 숙성) ⇨ 앙금 분리(걸러내기) ⇨ 숙성 ⇨ 블렌딩 ⇨ 여과 ⇨ 병입 ⇨ 병 저장

레드 와인은 적포도의 과육, 과피, 과즙, 씨를 모두 파쇄하여 가볍게 으깬 다음 압착기에 넣는다. 포도를 압착한 후 포도즙(Must)을 작은 통이나 탱크에 넣어서 7~10일 정도 발효시킨다.

포도의 당분은 효모작용하여 알코올과 탄산가스가 생성된다. 과피에서 색소가 나오고 타닌도 녹아나와 그 포도의 독특한 색깔과 은근한 맛, 산미, 향이 생긴다.

이 과정에서 발생되는 부유물을 발효통이나 탱크 밑으로 가라앉게 하려고 막대기로 젓거나 탱크 밑으로 흘린다. 그것을 다시 발효통에 붓는 과정을 거쳐 부유물을 제거한다.

2) 1차 발효(전발효 또는 알코올 발효)

포도즙을 발효하는 기간은 포도의 품종이나 와인의 종류에 따라 다르다. 장기간 숙성하면 떫은맛은 실크처럼 부드럽고 고급스러운 맛이 난다. 와인 양조자의 스타일에 따라 떫은맛을 강하게 할 수도 있고 떫은맛을 좀 약하게 할 수도 있다. 이것은 발효기

간에 따라 다르다. 발효기간의 온도는 약 21~32℃ 정도로 유지하고 보통 10~20일간 발효시킨다. 발효과정에 온도가 38℃를 넘게 되면 유독성 물질이 생성될 수 있고 발효가 일찍 될 수도 있다. 발효의 온도가 낮을 경우 알코올 함유량이 낮아서 좋은 와인을 만들 수 없게 된다.

3) 압착발효

포도의 껍질, 과육, 씨와 함께 발효한 후 얻어진 포도즙은 압착하여 걸러서 숙성을 통해 부드럽게 만들고 2차 발효에 들어간다.

4) 2차 발효(후발효 또는 유산발효)

레드 와인은 유산균 혹은 젖산 발효로 포도에 있는 사과산(Malic Acid)을 젖산으로 변화시키는 것이 2차 발효이다. 이를 통해 신맛을 줄이고 와인의 맛을 좀 더 부드럽게 한다.

5) 정제

주로 레드 와인을 만들 때 일어나는 현상인데 와인을 양조하는 과정에서 침전물이 발생된다. 침전물 제거를 위해 다른 통으로 옮겨서 맑은 와인을 만드는 것을 정제라고 할 수 있다.

6) 숙성

와인의 숙성은 오크통이나 알루미늄 탱크에서 한다. 레드 와인은 주로 오크통에서 숙성시킨다. 숙성기간은 와인의 성격이나 포도품종에 따라 다르다. 숙성기간의 길고 짧음에 따라 품질이 결정되는 것은 아니다.

포도품종에 따라 장기간 숙성하면 우수한 와인이 될 수 있고, 반대로 장기간 숙성하지 않고 마시는 것이 향미가 더 좋을 수 있다. 이것은 와인의 품질을 숙성기간에 따라 평가하기 어렵다는 것을 의미한다.

레드 와인이 최고의 등급으로 만들어지려면 양질의 포도와 좋은 떼루아를 가진 생산지에서 10년 이상 숙성되어야 한다. 와인은 병입 후 6개월이 지나면 과일향은 사라진다.

와인 숙성은 와인에 있는 당, 산, 페놀류 물질 등의 복합적인 화학작용을 통해 향, 색, 질감 등이 변하는 것이다. 레드 와인은 숙성되면 대부분 검붉은색의 색소가 빠져 벽돌색으로 흐릿해진다. 화이트 와인은 숙성이 진행되면서 황금색이 되고 더 장기간 숙성하게 되면 호박색으로 변해 간다.

7) 블렌딩

블렌딩(Blending)이란 여러 생산지의 포도나 포도품종으로 빚은 포도즙을 혼합한 것을 말한다. 블렌딩(Blending)을 하는 이유는 첫째, 포도품종마다 다른 특성을 조합해서 균형적인 맛이 나게 하는 것이고 둘째, 와인의 품질을 향상시키기 위한 것이다.

8) 병입과 병 숙성

병입은 와인을 여과시킨 후 병 숙성을 하려고 하는 것이다. 보통 와인의 품질이 낮은 경우는 병입 후 바로 소비해야 더 좋은 향미를 즐길 수 있다. 병입된 레드 와인은 숙성시키면서 완성된 와인을 만들 수 있다.

병 숙성이란 병입된 와인을 병 안에서 숙성시키는 것을 말한다. 고급 와인은 병 숙성을 통해 와인의 맛을 안정시키고 거친 맛을 최소화시킨다.

2. 화이트 와인의 양조법

포도 수확(포도원) ⇨ 파쇄(포도 줄기 제거·포도 으깸) ⇨ 압착 ⇨ 여과 ⇨ 발효 ⇨ 2차 발효 ⇨ 앙금 분리(걸러내기) ⇨ 숙성 ⇨ 블렌딩 ⇨ 여과 ⇨ 병입 ⇨ 병 저장

1) 수확과 파쇄

화이트 와인은 신선한 향미가 생명이라고 할 수 있다. 청포도의 아로마는 껍질에 있으며 완숙기 이전에 풍부한 향이 나온다. 포도를 완숙기 전에 수확하게 되면 풍부한 향이 있는 와인을 양조할 수 있다. 너무 조기에 수확하면 향은 강하지만 과일의 풋내가 나고 너무 늦게 수확하면 신선도가 떨어진다.

화이트 와인의 양조과정에는 적포도와 청포도를 사용하는 경우 두 가지가 있다. 적포도로 화이트 와인을 만들 때는 포도의 줄기나 껍질과 씨를 제거하여 만든다. 즉 과육만으로는 색이 추출되지 않는다. 청포도로 화이트 와인을 만들 때는 수확한 후 포도를 줄기와 함께 분쇄기에 넣고 분쇄한다.

2) 압착 및 여과

청포도는 껍질이나 씨에서 유출되는 성분을 최소화해야 되므로 깨져서는 안 된다. 포도를 가볍게 으깨서 압착하는 것이 좋다. 화이트 와인은 포도에서 포도즙이 나오는 데까지 걸리는 시간이 단축되어야 산화를 방지할 수 있다. 따라서 압착과정이 신속하게 이루어져야 한다. 또한 포도의 과육을 압착하여 껍질과 씨를 제거하고 마지막에 나오는 포도즙은 버린다.

포도즙에 있는 찌꺼기를 분리하면 와인이 더 신선하고 깨끗한 맛이 나기 때문에 분리하는 것이 좋다.

3) 발효

포도즙은 공기에 더 민감하여 공기의 유입을 최소화하려고 신속한 처리나 이산화황을 첨가하게 된다.

화이트 와인의 발효 온도는 18℃ 전후로 유지시키고 20℃ 이상인 경우는 최상의 화이트 와인을 만들기 어렵다. 온도가 높으면 잡균에 오염되어 좋은 포도 향이 생성되지 못할 수도 있다.

4) 2차 발효(감산발효)

1차 발효가 끝난 와인의 향미를 좋게 하려고 여과하게 되며 여과를 위해 통에 넣는다. 와인에 사과산이 많으면 부드러운 맛이 덜하기 때문에 신맛을 줄이기 위해 2차 발효(감산발효)를 한다.

5) 앙금 분리(걸러내기)

발효가 끝난 와인을 다시 여과함으로써 우수한 와인을 만들 수 있다. 와인을 맑게 하기 위해 계란 흰자를 넣으면 불순물이 결합해서 가라앉게 한다.

6) 저장과 숙성

맑고 깨끗하게 여과된 와인은 새로운 숙성통으로 옮겨 숙성시키거나 병입하기 전에 오크통에 숙성시키는 경우도 있다. 나무통에서 장기간 저장하면 와인의 색이 흐려지거나 산화가 빨라질 수 있으므로 병에 담아서 10~15℃ 정도의 온도와 70% 정도의 습기를 유지할 수 있는 장소에서 숙성시킨다. 숙성기간은 와인의 타입마다 차이가 있으나 보통 오크통에서 1~2년 정도 숙성시키면 품질 좋은 와인이 된다. 고품질의 와인을 만들기 위해 10~15년 정도로 장기간 숙성시키는 경우도 있다.

3. 로제 와인의 양조법

로제 와인은 레드 와인과 같은 방법으로 양조하지만 발효가 진행되는 과정에서 양조자가 원하는 색을 띠면 껍질과 씨를 분리하여 과즙만으로 발효시킨다. 로제 와인의 품질을 결정하는 요소는 색, 아로마, 균형감의 정도에 따라 달라진다. 이것은 포도품질에 큰 영향을 미친다.

로제 와인은 레드 와인과 화이트 와인의 중간 정도의 색상을 띤 매혹적인 핑크빛이다. 로제 와인은 화이트 와인에 가까운 상큼하고 신선한 맛이 있다. 화이트 와인과 같이 떫은맛은 비교적 낮은 편이다.

4. 발포성 와인의 양조법

1) 착즙

샴페인 제조에 들어가는 포도품종은 피노 누아(Pinot Noir), 피노 뫼니에(Pinot Me-unier), 샤르도네(Chardonnay)가 있다. 수확한 포도의 과피, 줄기, 씨를 가능한 빨리 포도즙과 분리하고 발효 탱크에 넣는다.

2) 발효

포도즙을 발효 탱크통으로 옮겨 1차 발효가 이루어지며 이때 탄산가스가 발생된다. 1차 발효가 끝나면 탱크 속의 와인은 독특한 맛과 향이 난다. 1차 발효는 탱크 속에서 2차 발효는 병 속에서 이루어진다. 병에서 2차 발효가 이루어지게 되려면 당과 효모가 있어야 한다.

3) 숙성

2차 발효 후 부유물을 가라앉히려고 저장고에 눕혀서 숙성시킨다. 숙성기간은 보통 1~3년 정도이며 우수한 발포성 와인은 10년 이상 숙성하기도 한다. 숙성 저장고의 온도는 15℃ 정도로 유지되어야 한다.

4) 침전물 제거

발포성 와인에서 침전물을 제거하는 경우 탄산가스는 빠지지 않고 침전물만 빼는 과정이므로 많은 경험이 요구된다.

제**4**절 | 와인의 숙성

1. 와인 숙성의 의의

와인의 숙성은 발효가 끝난 와인을 균형잡힌 와인으로 탄생하게 하는 과정이다. 숙성은 포도의 성분이 발효에 의해 새로운 성분으로 바뀌어 기존 성분과 섞이면서 조화를 이루어가는 과정이라 할 수 있다. 포도의 기존 성분과 새로운 알코올 성분이 섞이면서 생성되는 향미의 조화가 숙성이다.

발효통에서 숙성을 위한 오크통이나 탱크로 옮겨진 와인은 아직 탁한 맛과 색을 띠고 있다. 이를테면, 탁한 것은 침전시켜서 투명하게 만들고 남아 있는 탄산가스는 발산시켜서 불필요한 효모냄새 등을 증발시킨다.

보통 품질의 와인은 6개월~1년 정도 숙성시키고, 고급 와인은 통에서 2~3년 숙성시킨다. 와인의 숙성방법은 크게 세 가지로 나눌 수 있는데, 오크통 숙성·탱크 숙성·병 숙성이 있다. 나무통의 숙성이 맛이 더 좋고 숙성이 빠르며, 스테인리스 스틸 탱크는 숙성의 개념보다 오히려 보관의 역할이 더 강하다고 해야 한다. 병 숙성은 와인을 병입한 후에도 아주 미세하게 공기가 유입되므로 와인에 미세한 변화가 일어나 숙성된다.

표 4-1 일반적인 저장관련 정보

지방	와인 종류	품질	연 수
부르고뉴	레드 와인	고품질	5~20년
부르고뉴	레드 와인	보통	3~10년
부르고뉴	화이트 와인		2~10년
보르도	레드 와인	고품질	5~30년
보르도	레드 와인	보통	3~10년
보르도	화이트 와인	드라이	2~12년
보르도	화이트 와인	스위트	3~30년

꼬뜨 드 론	레드 와인		3~12년
꼬뜨 드 론	화이트 와인		3~10년
샹파뉴			3~15년
보졸레		보통	6개월~2년
알자스			2~5년

2. 오크통 숙성

와인은 발효가 끝나면 바로 마실 수 있는 것이 아니다. 발효과정에서 생성된 냄새나 탄산가스 등으로 와인의 향미는 거칠어서 마시기 어렵다.

오크통 숙성의 이유는 첫째, 와인의 맛을 좋게 한다. 오크통은 나무가 가진 물질이 와인의 맛을 좋게 만들 수 있다. 둘째, 와인의 향을 좋게 한다. 오크통에서 나오는 나무 냄새로 부케를 형성하게 된다. 오크통의 향이 와인에 스며들어 바닐라향이나 꿀벌 향 등이 나게 한다.

3. 병 숙성

와인은 코르크를 통해 공기 유입이 전혀 없어도 병 속에 있는 공기만으로도 2~3년 혹은 그 이상 숙성할 수 있다. 와인은 병 속에서 숙성이 진행되므로 공기의 유입을 최소화해야 한다. 와인 병의 공기 유입을 막기 위해 좋은 코르크를 사용해도 막을 수는 없다.

산소가 병에 유입되면 알코올과 물이 증발할 수 있다. 와인 양이 줄어들수록 공기와 접촉하는 표면이 커지고 접촉표면이 커지면 와인은 더 빨리 산화된다.

와인이 산화되면 포도 자체의 향은 거의 없어지게 된다. 이렇게 되면 와인의 가치는 거의 없다고 해도 무방할 정도다. 특히 와인 병의 마개가 건조해지면 공기 유입이 많아지게 된다. 와인이 병 안에서 숙성할 때 공기의 유입이 많으면 와인의 미묘하고 복잡한 숙성 향은 기대할 수 없다.

　와인 병을 눕혀서 보관하는 것은 코르크가 와인을 흡수하여 팽창하게 하고 공기의 유통을 사실상 거의 차단하는 정도에 가깝게 하는 것이다. 공기가 아주 소량 유입되면 천천히 숙성하게 되어 부케를 생성한다.

제5절 | 오크통과 코르크 관리

1. 오크(Oak : 참나무)통

　와인 양조에 오크나무를 사용한 시기는 2,000년 전 로마시대로 거슬러 올라간다. 그 당시의 와인 생산자는 오크나무를 사용함으로써 보관과 운반에 편리함을 알게 되었다. 또한 오크통에 저장이나 운반하는 과정에 와인이 숙성되어 오크통 냄새로 향미가 좋은 와인을 마셨을 것이다.

　와인은 공기와 적대적인 관계이지만 공기와 접촉이 아주 미세한 소량일 경우 천천히 산화되는 동안 알코올이 오크통의 성분을 추출하게 된다. 오크통은 와인에 있는 탄산가스가 빠져 나가고 미세한 양의 산소가

오크통 숙성

들어와서 와인의 떫은맛을 부드럽게 산화시켜 줄 수 있고 와인의 향미를 밀집시켜 주는 역할도 한다.

레드 와인을 숙성시킬 경우 오크통을 사용하면 떫은맛이 줄어들어 부드러운 맛을 느낄 수 있다. 오크통에서 숙성된 화이트 와인은 투명한 색과 부드러운 맛을 느낄 수 있다. 화이트 와인은 외부의 영향이 거의 없는 탱크에서 숙성하는 경향이 많은 편이다. 오크나무의 향은 보통 카라멜, 크림, 연기, 스파이시, 바닐라 등이 난다.

2. 코르크(Cork)

코르크나무

코르크는 코르크나무의 겉껍질과 속껍질 사이에 두꺼운 껍질층이 있는데, 이것을 코르크라고 한다. 와인에는 왜 코르크 마개가 필요할까. 코르크의 조직은 세포가 치밀해서 기밀성과 탄력성이 뛰어나 기체나 액체의 침투가 어렵다. 코르크는 물에 뜨는 재질이며 가볍기 때문에 와인 병마개로 사용하기에 적절하여 코르크 마개를 사용한다.

와인을 눕혀서 보관하는 이유는 코르크가 건조해지는 것을 방지하기 위한 것이다. 천연물인 코르크는 건조해지면 탄력성의 팽창력이 서서히 떨어져서 코르크의 틈 사이로 미세한 산소가 병 속으로 유입되어 와인이 산화될 수 있다. 코르크는 보통 20~25년이 되면 코르크 마개의 역할이 어렵기 때문에 갈아야 한다.

코르크가 젖어 있으면 팽창하여 와인 병 입구를 단단히 밀봉할 수 있어 와인의 산화를 방지할 수 있다. 숙성기간이 긴 와인은 산소의 유입을 최소화하기 위해 길이가 최소한 40mm인 코르크 마개로 밀봉되어 있다. 그렇게 해야 와인이 더 천천히 숨쉬고 더 잘 숙성된다.

코르크의 기능	와인이 새지 않는 방수·보호기능
	극소량의 공기와의 접촉을 허용해 맛을 개선
	와인에 들어 있는 물질을 아로마 화합물의 형태로 바꾸어줌

자료 : 박한표(2007), 와인 아는 만큼 즐겁다, 대왕사, p.281.

WINETRAVEL

국가별
와인의 이해

$\mathscr{C}hapter\ 05$

W I N E   T R A V E L

유럽의 와인

 제 **1** 절 ┊ **프랑스의 와인**

1. 프랑스 와인의 역사

프랑스 사람들은 와인을 가장 사랑하고 즐기는 국민이라는 자부심이 강한 나라이다. 영국과 백년전쟁을 하게 된 발단도 프랑스 남부 와인 생산지인 보르도와 얽힌 것이 원인이라고 한다. 그래서 백년전쟁을 일명 와인전쟁이라고 하지 않는가.

프랑스는 기원전 9세기경부터 마르세유(Marseille) 인근지역을 중심으로 포도를 재배했다는 역사적 유물이 발견되었다. 로마 제국은 포도 재배, 수확, 양조 등 와인산업을 장려했다.

중세에는 수도원을 중심으로 발전하기 시작했으며 수도원의 수도사들이 포도나무를 재배하여 와인의 발전에 기여했다. 18세기는 유리병과 코르크 마개를 사용하여 그 이전보다 효과적으로 보관할 수 있었을 것이다. 프랑스 와인산지로 유명한 보르도는 중세에 영국령이었기 때문에 프랑스인들이 즐겼다기보다는 영국인이 더 즐겼다. 1864년에 필록세라(Phylloxera : 포도나무 뿌리 진딧물)라는 병으로 인해 황폐기를 맞게 되었다.

2. 프랑스 와인의 특성

프랑스가 와인 생산지로 유명해진 것은 지리적 혹은 기후적 조건이 영향을 미쳤다고 할 수 있다. 프랑스는 포도를 재배하기에 매우 적합한 기후, 지형, 토양 등을 가지고 있는 국가이다.

양조용 포도의 재배가 가능한 지역은 연평균 기온이 10~20℃ 정도다. 북위 30~50도, 남위 20~40도 부근이 와인 벨트(Wine Belt, 와인 생육의 적지)라고 할 수 있는데 프랑스는 이 지역에 속한다.

프랑스는 유럽의 다른 국가들보다 먼저 양질의 와인을 생산하기 위해 원산지통제명칭(Appellation d'Origine Controlee : AOC)을 사용하여 엄격하게 통제했다. 이것은 와인의 고급화 이미지를 갖게 하는 데 큰 기여를 하였다.

프랑스의 유명한 와인 생산지인 보르도는 주로 블렌딩하여 더욱 풍미 있는 고급 와인을 생산한다. 부르고뉴는 우수한 레드 와인과 화이트 와인을 생산하는 지역이다. 샹파뉴는 탄산가스가 들어간 최고의 발포성 와인을 생산하는 지역으로 잘 알려져 있다.

⊢▨ 표 5-1 ▨ 프랑스 와인 주요 생산지

생산지역명	특성
보르도(Bordeaux)	레드 와인과 화이트 와인 생산
부르고뉴(Bourgogne)	레드 와인과 화이트 와인 생산
샹파뉴(Champagne)	발포성 와인(영어식 발음 : 샴페인)
루아르(Loire)	대부분 화이트 와인 및 로제 와인 생산
알자스(Alsace)	대부분 화이트 와인 생산
론(Rhone)	대부분 레드 와인 생산

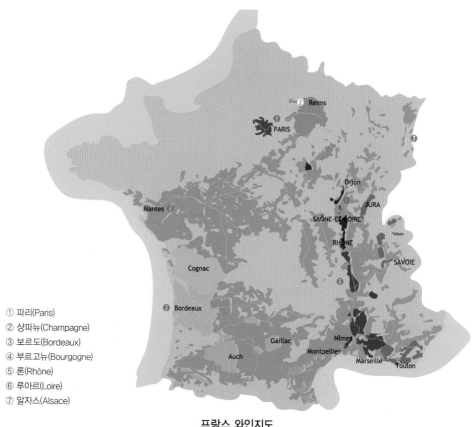

① 파리(Paris)
② 샹파뉴(Champagne)
③ 보르도(Bordeaux)
④ 부르고뉴(Bourgogne)
⑤ 론(Rhône)
⑥ 루아르(Loire)
⑦ 알자스(Alsace)

프랑스 와인지도

3. 주요 와인 생산지

1) 보르도

작은 파리로 불리는 보르도(Bordeaux)는 '물 가까이'라는 뜻으로 가론(Garonne)강과 도르도뉴(Dordogne)강이 합류하여 지롱드(Gironde)강으로 흘러들어간다. 지롱드강의 주변 일대와 대서양 연안이 와인산지이며 과거와 현재가 공존하는 도시이다.

우아한 고딕 건축물, 잔 속에서 흔들리는 와인의 모습을 형상한 독특하게 디자인한 와인 박물관, '물의 거울'이라는 별칭을 얻은 분수를 가진 광장, 지중해의 맑은 하늘, 고상한 고풍스런 와인의 도시는 여행자의 걸음을 멈추게 한다.

보르도는 지롱드(Gironde)강을 중심으로 서쪽(왼쪽)과 동쪽(오른쪽)으로 나뉘어 있어 기후의 특성도 서로 다르다. 즉 지롱드(Gironde)강을 중심으로 왼쪽의 주요 와인 생산지는 생떼스테프(Saint. Estephe), 포이약(Pauillac), 생줄리앙(Saint. Julien), 리스트락(Listrac), 뮬리(Moulis), 마고(Margaux)가 있다. 오른쪽(도르도뉴강 방향)의 주요 와인 생산지는 포므롤(Pomerol), 생떼밀리옹(Saint-Émilion)이 있다.

지롱드강의 왼쪽은 까베르네 소비뇽(Cabernet Sauvignon)을 재배하고 오른쪽은 메를로(Merlot)를 재배하는 비율이 높다.

보르도의 고급 와인에 '샤또(Chateau)'라는 말을 붙이는데, 샤또(Chateau)의 의미는 중세 때 건립된 성(城)을 뜻한다. 와인과 '샤또(Chateau)'와의 관계를 보면 중세에 성(城)에서는 포도원을 가지고 있었고 그 성(城)이 소유한 포도원을 샤또(Chateau)라고 말한다.

샤또(Chateau)는 보르도 지역에서 포도 재배, 와인 생산, 저장시설 등의 와인 생산 시설을 갖춘 포도원에서만 사용할 수 있는 이름이다. 와인 라벨에 샤또(Chateau)라고 명시되어 있는 경우 보르도 지역의 포도원에서 생산된 와인이라고 이해하면 된다.

보르도는 와인용 포도나무 재배에 매우 적합한 토양을 가진, 즉 자갈, 모래, 점토가 섞여 배수가 잘 되는 토질을 가지고 있다. 기후도 포도 재배에 매우 적합한 지역이다.

보르도는 레드 와인의 생산이 약 70%, 화이트 와인이 약 30%를 차지하고 있다. 레드 와인 포도품종은 잘 알려진 까베르네 소비뇽(Cabernet Sauvignon), 메를로(Merlot), 까베르네 프랑(Cabernet Franc), 말벡(Malbec) 등을 재배하고 있다. 화이트 와인 포도품종은 소비뇽 블랑(Sauvignon Blanc), 세미용(Semillon) 등을 재배하고 있다.

보르도는 포도원을 법으로 24개의 지구로 나누었는데 그중에 5개의 지구가 특별히 유명하다. 이들 지역은 메독(Médoc), 그라브(Graves), 포므롤(Pomerol), 생떼밀리옹(Saint-Émilion), 소테른과 바르삭(Sauternes·Barsac)이다.

(1) 메독

메독(Medoc) 지역은 지롱드(Gironde)강과 대서양 사이에 위치하고 있다. 메독은 띠 모양으로 펼쳐진 지역으로 바 메독(Bas Medoc)과 오 메독(Haut Medoc)으로 구분한다.

메독(Medoc) 지역의 하류인 바 메독(Bas Medoc, 지대가 낮음)은 대서양과 인접한 지역으로 지대가 낮고 평범한 와인을 생산한다. 상류 지역인 오 메독(Haut Medoc, 지대가 높음) 지역은 지대가 높고 고급 와인을 생산한다.

메독은 레드 와인을 많이 생산하며 장기간 숙성된 와인은 향미가 전 세계의 와인 매니아들을 매료시킨다. 화이트 와인은 극히 적고 품질도 레드 와인에 비해 떨어지는 편이다.

메독(Medoc)의 주요 적포도품종은 까베르네 소비뇽(Cabernet Sauvignon), 메를로(Merlot), 까베르네 프랑(Cabernet Franc), 말벡(Malbec) 등이 있다. 화이트 와인 품종은 세미용(Semillon)과 소비뇽 블랑(Sauvignon Blanc) 등이 있다.

메독 지역은 토질이 자갈, 모래, 석회암과 점토가 있으며 배수가 잘 되어 포도의 성장에 매우 적합하다.

메독(Medoc)에서 원산지명칭을 쓸 수 있는 작은 마을은 생떼스테프(Saint. Estephe), 포이약(Pauillac), 생줄리앙(Saint. Julien), 리스트락(Listrac), 뮬리(Moulis), 마고(Margaux)이다.

┠〰표 5-2 **보르도 지방 와인 생산지**

메독의 6대 와인산지	지역의 특성
마고(Margaux)	매혹적인 향기의 레드 와인 생산, 풍부한 알코올, 부드럽고 섬세한 맛, 우아한 과일향, 꽃향, 향신료 향
생줄리앙(Saint Julien)	레드 와인은 고품질 생산, 장기간 숙성와인은 부드럽고 힘과 밀도가 여성적인 섬세함과 우아함, 자주색 띤 진황색
포이약(Pauillac)	보르도에서 최고급 레드 와인 생산. 섬세하고 감칠맛 나며 여유 있는 풍부한 향기, 장미, 검은 체리향, 훈제향, 고밀도의 섬세한 감촉, 아름다운 색깔
생떼스테프(Saint Estephe)	타닌의 함유량 많음. 색깔은 약간 진함, 묵직한 맛, 과일향
뮬리(Moulis)	부드럽고 풍부한 향기
리스트락(Listrac)	매력적인 레드 와인 생산. 가벼운 향, 과일향

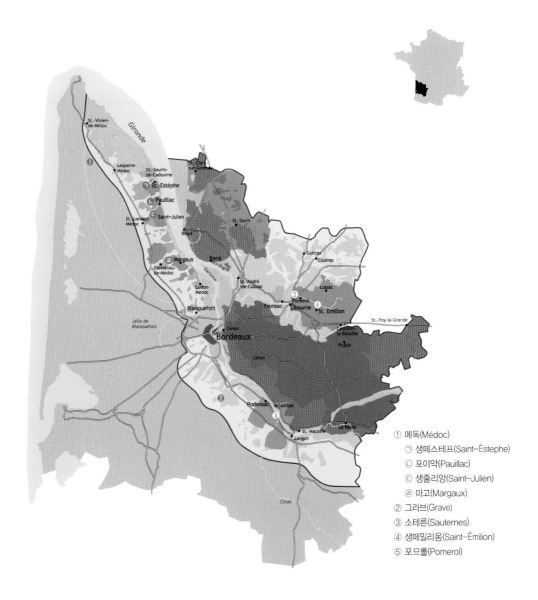

① 메독(Médoc)
  ㉠ 생떼스테프(Saint-Éstephe)
  ㉡ 포이약(Pauillac)
  ㉢ 생줄리앙(Saint-Julien)
  ㉣ 마고(Margaux)
② 그라브(Grave)
③ 소테른(Sauternes)
④ 생떼밀리옹(Saint-Émilion)
⑤ 포므롤(Pomerol)

보르도 와인지도

(2) 그라브

그라브(Graves) 지역은 가론(Garonne)강 내륙에 위치하고 있다. 그라브는 자갈, 모래, 점토로 덮여 있는데, 그라브(Graves)라는 말은 자갈이란 뜻이다. 온화한 해양성기후이며 경사지이며 배수가 잘되는 토양을 가지고 있다. 바디감(Body)을 느낄 수 있고 연기향과 향신료의 복합적인 향이 풍부한 고급 와인 생산지로 인정받고 있다.

그라브(Graves)의 레드 와인은 짙은 색을 띠며 세련된 향기가 매력적이다. 화이트 와인은 소비뇽 블랑(Sauvignon Blanc)과 세미용(Semillon) 품종으로 주로 만드는데 드라이한 맛과 약간 단맛(Medium Sweet)을 느낄 수 있다. 화이트 와인은 드라이한 것이 좋은 편이다. 화이트 와인은 섬세함과 부케가 매우 훌륭하다.

주요 적포도품종은 까베르네 소비뇽(Cabernet Sauvignon), 메를로(Merlot), 까베르네 프랑(Cabernet Franc)이며 화이트 와인 포도품종은 소비뇽 블랑(Sauvignon Blanc)과 세미용(Semillon) 등이 있다.

그라브는 까베르네 소비뇽(Cabernet Sauvignon)을 주품종으로 한 메를로(Merlot)와 블렌딩(Blending)한 와인으로 구조감이 단단하고 풍부하여 입안이 꽉 찬 느낌을 준다.

샤또 오 브리옹 (Chateau Haut Brion)	보르도 최고의 와이너리 범주에 속함
	레드 와인은 강하면서도 부드러운 맛, 우아하고 여운이 있는 와인
	진한 과일향 및 송로버섯향 등 특별한 풍미

(3) 포므롤

포므롤(Pomerol)은 도르도뉴강의 오른쪽에 위치하고 있으며 리브로스 항구의 동쪽에 있다. 1923년에 생떼밀리옹 지구에서 독립한 작은 지역이지만 유명한 와인산지로 세계에서 가장 비싼 가격에 판매되는 매혹적인 와인을 생산한다.

포므롤의 와인은 부드럽고 섬세하고 풍만감이 가득하면서 강렬함을 느낄 수 있는 맛으로 마시기 좋다. 송로버섯(영어 : Truffle 트러플)과 같은 향기가 물씬 풍긴다. 또한 향이 신선하고 풍부하며 붉은 열매 향이 난다.

보르도의 고급 와인 중에서는 비교적 숙성기간이 짧은 편이지만 인기 높은 와인이다. 세계적으로 명성을 얻고 있는 샤토 페트뤼스(Chateau Petrus)는 라투르와 라피트 와인 등과 함께 보르도의 8대 와인으로 대귀족 와인이다.

포므롤(Pomerol) 지역의 포도품종은 메를로(Merlot)와 까베르네 프랑(Cabernet Franc)을 주로 재배한다. 포므롤(Pomerol)의 지하 토양은 자갈과 철분이 함유된 충적토의 구조로 와인이 강하고 풍부함을 느낄 수 있다.

	빈티지 대부분 순수 메를로 100%, 풀 바디감(Full Bodied)
샤또 페트뤼스(Petrus)	짙은 루비색, 자주빛을 띠며 카라멜향, 바닐라향, 블랙체리향, 달콤한 과일향
	부드러운 맛과 완벽한 조화

(4) 생떼밀리옹

생떼밀리옹(Saint-Émilion)은 도르도뉴강 오른쪽 경사진 언덕에 위치하고 있다. 생떼밀리옹은 일조량이 풍부하며 해양성 기후의 영향을 받아 겨울이 온난하고 습도가 기온을 조절하는 역할을 한다.

생떼밀리옹(Saint-Émilion)의 와인은 색이 짙고 메를로만이 표현할 수 있는 맛으로 우아하고 힘차며 섬세하다. 또한 입안이 가득 차고 실크처럼 부드럽고 풍부한 향과 알코올 함유량이 있는 와인이다. 생떼밀리옹 마을 부근 언덕의 와인(Cotes 지역)은 바디감이 강하고 조기 숙성된다. 포므롤 마을 부근의 자갈 토양의 와인(그라브 생떼밀리옹 지역)은 바디감이 강하고 장기간 숙성이 가능하며 남성적인 성격의 와인이다.

생떼밀리옹의 주된 포도품종은 메를로(Merlot)이며, 메를로는 까베르네 소비뇽(Cabernet Sauvignon)과 블렌딩(Blending)할 때 주된 품종으로 사용하고 있다.

생떼밀리옹 지구의 주변 마을에서 만드는 레드 와인은 제각기 독립된 원산지통제명칭을 가지고 있다. 라벨에는 각 마을 이름 뒤에 생떼밀리옹이라고 표기하여 출하한다. 생떼밀리옹의 유명한 와인은 샤또 오존(Chateau Ausone)과 샤또 슈발 블랑(Chateau Cheval Blanc)이라고 할 수 있다.

샤또 오존 (Chateau Ausone)	로마시대의 시인 아우소니우스(프랑스식으로는 오존)의 이름을 딴 와이너리
	유명한 샤또 오존(Chateau Ausone)은 생떼밀리옹 지구에서 특급 A와인, 샤또 오존은 강하고 중후하면서도 부드러움
샤또 슈발 블랑 (Chateau Cheval Blanc)	생떼밀리옹의 특급 A 레드 와인, 섬세하고 우아하고 세련되고 부드럽고 엘레강스한 맛, 슈발 블랑은 '백마'라는 뜻, 순한 백말을 탄 왕자의 이미지와 같이 순한 맛
	빼어난 매혹적인 향기, 블루베리향이 넘쳐 백마의 미끈함을 상상하게 하는 맛

(5) 소테른과 바르삭

소테른과 바르삭(Sauternes·Barsac)은 가론(Garonne)강 왼쪽에 위치하고 있으며, 세계적인 단맛의 화이트 와인 생산지로 유명하다. 토양은 석회질의 규토와 자갈이 함유된 토질이다. 가론(Garonne)강의 수온이 오르고 시론(Ciron)강의 차가운 기온이 만나는 아침에는 안개가 자욱한 미세 기후(Micro Climate)를 이룬다. 습기가 많고 햇볕이 잘 드는 강 주변의 포도밭에는 곰팡이균이 잘 생긴다. 소테른은 귀부포도(곰팡이가 껍질을 뚫고 들어가 모양이 이상한 포도)의 유명한 생산지이다.

바르삭(Barsac)은 약간 가볍고 상쾌한 감미를 즐길 수 있는 와인을 만든다. 영 와인(Young Wine)일 때는 향기가 높고 과일 풍미를 갖고 있다.

귀부포도를 사용하여 포도즙을 농축한 귀부와인('귀하게 썩은 포도'로 만든 와인)은 꿀과 같이 단맛의 복잡하고 미묘한 맛이 난다. 세계 최고의 단맛(Sweet)을 지닌 화이트 와인은 독일의 트로켄베렌아우스레제, 헝가리의 토카이, 프랑스의 소테른(Sauternes)이라고 할 수 있다. 이들은 모두 귀부와인이다. 소테른은 힘차고 숨막힐 듯한 부드러움과 고상하고 기품이 넘치는 우아함이 있다. 신맛과 단맛의 균형감이 있어 신선함이 살아 있다. 아로마는 살구향, 꿀향, 열대 과일향, 아카시아향, 모과향, 망고향, 파인애플향 등이 난다.

소테른과 바르삭(Sauternes·Barsac)의 주된 포도품종은 세미용(Semillon)과 소비뇽 블랑(Sauvignon Blanc)이다. 포도가 충분히 익은 후에 수확하여 당분이 높아지고 천연의 단맛과 향기가 높은 와인이 된다.

샤또 디켐 (Chateau d'Yquem)	귀부포도 한 알씩 골라서 양조한 세계 최고의 순한 맛의 화이트 와인. 맛이 깊고 향기가 달콤하며 황금색
	장기간 저장한 빈티지 와인은 10년 정도 지나서 마시면 훨씬 풍미 느낌
	40~50년 정도 숙성한 와인은 짙은 엿색으로 빛남. 평균적으로 포도나무 한 그루에 한 잔의 와인 생산
	감미로운 와인으로 디저트 와인. 작은 와인 글라스로 마시는 것이 좋음. 알코올 함유량은 최소 13%

① 꼬뜨 드 뉘(Côte de Nuit)
② 꼬뜨 드 본(Côte de Beaune)

부르고뉴 와인지도

2) 부르고뉴

부르고뉴는 와인 애호가들의 성지이며 중세 마을과 로마시대의 교회, 고딕 양식과 계절이 그려내는 영롱하게 빛나는 적갈색의 포도밭은 환상 그 자체이다.

부르고뉴(Bourgogne)는 보르도와 쌍벽을 이루는 명품와인을 생산하는 지역이다. 프랑스어로 부르고뉴(Bourgogne)라고 하며 영어로는 버건디(Burgundy)라고 한다. 와인을 만든 역사는 로마시대로 거슬러 올라간다고 하지만 비약적으로 발전한 것은 12세기 시토회가 이 지역의 주요 와인 생산지가 되면서부터였다.

부르고뉴(Bourgogne) 지역은 1,100년경부터 베네딕트 수도승들이 황무지를 개간하고, 또한 수도원에 기부한 토지를 훌륭한 포도밭으로 가꾸어 갔다. 부르고뉴 지역에서 자랑하는 로마네 콩띠와 클로 드 부조가 수도원의 포도밭이었다. 프랑스 혁명(1789년) 이후 수도원에서 소유한 포도원들을 일반인들에게 나누어주었기에 포도원들의 규모가 매우 작다. 네고시앙(Negociant)이란 회사는 소규모 포도농장을 가진 사람들의 포도를 매입하여 와인을 양조하고 숙성시켜 유통시키기도 한다.

부르고뉴(Bourgogne)의 레드 와인은 부드럽고 중후하여 입안에 꽉 찬 느낌을 받을 수 있다. 주로 단일 포도품종으로 개성이 강한 뛰어난 품질의 와인을 생산한다. 색깔은 투명한 편이고 향미는 복합적이다. 화이트 와인은 강한 무게감과 신선한 과일향의 미묘한 조화를 이룬다.

부르고뉴 지역의 유명한 와인 생산지역은 샤블리(Chablis), 꼬뜨 도르(Cotes d'Or), 마코네(Maconnais), 보졸레(Beaujolais) 등의 4개 지역이 있다. 꼬뜨 도르(Cotes d'Or)에는 꼬뜨 드 뉘(Cote de Nuits)와 꼬뜨 드 본(Cote de Beaune) 지역이 있다.

(1) 샤블리

파리에서 동남쪽으로 내려오면 부르고뉴(Bourgogne)에서 가장 북쪽에 위치한 샤블리(Chablis) 마을을 만난다. 부르고뉴 중심 도시로 디종(Dijon)은 레드 와인이 유명한 곳이다.

디종(Dijon)은 2008년 '예술과 역사의 도시(Ville d'Art et d'Histoire)로 지정되었다. 특히 나폴레옹 1세가 즐겨 마셨다는 샹베르탱(Chambertin)과 세계적으로 가장 비싼 로마네 콩띠(Romanet Contie)가 유명하다.

샤블리(Chablis)는 서늘한 기후와 풍부한 일조량을 받으면서 양질의 무감미 드라이 화이트 와인을 생산한다. 샤블리는 부르고뉴의 황금의 문으로 칭송받고 있다.

샤블리에서는 샤르도네를 재배하고 있으며 와인은 섬세하고 우아한 맛의 와인으로 잘 알려져 있다. 또한 신선하고 깨끗한 맛과 신맛이 강하며 은은한 방향이 있다. 색깔은 엷은 황금색이지만 초록빛에 가깝고 오크통에서 숙성시켜 무게감이 있다.

샤르도네(Chardonnay)는 병에 담은 후 보통 2~3년 정도 숙성시키면 마시기 적당하지만 수확한 해의 포도품질에 따라서 5년 혹은 그 이상 숙성시키는 경우도 있다.

일반 샤블리 와인은 10~12℃ 정도로 차갑게 마시고 전채요리와 함께 마셔야 와인의 향미를 잘 느낄 수 있다. 어울리는 음식은 굴, 조개, 생선, 돼지고기, 닭고기, 염소

젖 치즈 등이 있다.

표 5-3 샤블리 그랑 크뤼(Chablis Grand Crus)

구분	특성
블랑쇼(Blanchot)	섬세하고 향기로우며 오크 숙성은 잘 하지 않음
프뢰즈(Les Preuses)	일조량이 많아 풀 바디 와인 생산. 상큼하고 개성이 강하고 장기간 숙성 가능한 와인
부그로(Bougros)	풍미는 그랑 크뤼 중 가장 부드러운 편이며 원만한 와인이고 미네랄이 풍부
발뮈르(Valmur)	과일 맛이 나며 균형감 있으면서 미네랄이 풍부한 와인
그르누유(Grenouilles)	꽃향, 과일맛과 미네랄이 풍부한 와인
보데지르(Vaudésir)	부케보다는 우아한 향미, 생동감, 꽃향, 스파이시한 와인
레 클로(Les Clos)	백색 진흙과 석회질 토양, 숙성이 잘 되고 미네랄이 풍부

(2) 꼬뜨 드 뉘

디종(Dijon)에서 내려가면 구릉지인 꼬뜨 도르(Cote d'Or) 지역으로 들어가게 되는데 약 65km에 걸쳐진 포도밭을 접하게 된다. 꼬뜨 도르(Cote d'Or)는 부르고뉴의 심장에 해당된다.

'꼬뜨 드 뉘(Cote de Nuits)'는 '황금의 언덕(Golden slope)'이라는 뜻이다. 이 일대가 가을이면 포도나무의 단풍이 마치 황금의 물결처럼 바뀌는 데서 유래되었다. 꼬뜨 도르(Cote d'Or) 지역을 지나가면 마치 와인 리스트 속으로 들어가는 느낌을 갖게 된다.

레드 와인은 생동감과 원숙함이 조화로우며 화이트 와인은 깊은 향과 신선함이 뛰어난 것이 특징이다.

① 꼬뜨 드 뉘 지역

꼬뜨 드 뉘(Cote de Nuits)는 위대한 명성을 얻은 고급 레드 와인 생산지이다. 세계적으로 명성을 얻고 있는 포도품종인 피노 누아의 본고장이기도 하다. 와인의 색상은 진하고 향이 풍부하며 부드러운 맛이 난다. 알코올 함유량은 비교적 높다.

피노 누아로 세계적인 명성을 얻은 로마네 꽁띠(Romanee-Conti)를 생산하고 있다. 레드 와인 품종인 피노 누아를 주로 재배하지만 화이트 와인의 최고급 품종인 샤르도네도 약간 재배하고 있다.

나폴레옹이 탐닉했다는 쥬브리 샹베르탱(Gevery Chambertin)은 힘차고 우아한 레드 와인이며 한 시대의 영웅이 좋아할 만큼의 명품 와인이다. 또한 레드 와인으로 실크처럼 부드러운 뮈지니(Musigny)나 클로 드 부조(Clos de Vougeot) 등도 명품 와인의 반열에 이름을 올린다.

② 꼬뜨 드 본 지역

꼬뜨 드 본(Cote de Beaune)은 유명한 레드 와인과 화이트 와인을 생산하는 지역이다. 화이트 와인은 충분한 감칠맛과 풍부한 숙성향을 겸비한 세계 최고의 명성을 얻고 있다.

레드 와인은 세련되고 풍부한 맛과 균형감이 있으며 바디감(Body)도 있다. 샤르도네 품종의 화이트 와인은 섬세한 과일향과 부드러우면서 드라이한 무감미 와인이며 색깔은 녹색을 띤 황금색이다.

표 5-4 꼬뜨 도르(Cote d'Or) 와인 생산지

지역 명	유명한 와인	대표적인 와인 생산지
꼬뜨 드 뉘(Cote de Nuits)	레드 와인 생산	로마네 꽁띠, 쥬브리 샹베르탱, 뮈지니, 클로 드 부조
꼬뜨 드 본(Cote de Beaune)	화이트 와인 생산	레드 와인 : 볼레, 포마르, 본, 알로스 꼬르똥
		화이트 와인 : 몽라쉐, 뫼르소, 꼬르똥 샤를마뉴

(3) 꼬뜨 샬로네즈와 마코네 지역

꼬뜨 도르(Cote d'Or)에서 남쪽으로 내려가면 꼬뜨 샬로네즈(Cote Chalonnaise)와 마코네(Moconnais) 지방을 접하게 된다. 토양은 석회질, 점토, 모래가 혼합되어 있으며 주로 피노 누아와 샤르도네 품종을 재배한다.

① 꼬뜨 샬로네즈

꼬뜨 샬로네즈(Cote Chalonnaise)는 레드 와인을 주로 생산하지만 화이트 와인도 생산한다. 화이트 와인은 마시기 좋은 드라이한 무감미 와인이 있다. 주요 재배품종은 피노 누아, 가메, 샤르도네, 알리고떼가 있다.

② 마코네

마코네(Moconnais)는 화이트 와인 생산지로 유명하며 친근감을 느끼는 레드 와인과 로제 와인을 생산한다. 레드 와인은 주로 가메 품종으로 만들고 부드러운 맛이며 2~3년 이내에 마시는 것이 좋다.

화이트 와인은 가볍고 신선하며 영 와인(Young Wine)이 마시기에 좋다. 알코올 함유량이 높은 와인은 마콩 쉬뻬리외르(Macon Superieur)가 있다. 주로 재배되는 품종은 샤르도네와 가메 등이다. 샤르도네 품종으로 만든 쌩베랑(Saint-Veran)은 아주 섬세하고 풍부한 향기와 드라이한 화이트 와인이다.

마코네의 유명한 와인은 푸이 퓌세(Pouilly Fuisse)가 있다. 마콩 빌라쥐(Macon Village)는 드라이하면서 과일향이 풍부하고 숙성을 거치지 않고 마시면 좋고 비교적 가격도 저렴하다.

푸이 퓌세 (Pouilly Fuisse)	샤르도네 품종. 녹색을 띤 은은한 황금빛
	무감미 화이트 와인. 신맛과 섬세한 꽃향기
	과일향이 풍부하고 헤이즐넛과 아몬드향

(4) 보졸레 지역

보졸레(Beaujolais) 지역은 부르고뉴의 최남단에 위치하고 있으며, 아름다운 성들과 수도원 등 르네상스 스타일의 매력이 넘치는 고장이다. 작은 시골마을인 보졸레를 전 세계적으로 알린 프랑스 와인의 황제인 '조르주 뒤뵈프(Grorges Duboeuf)'가 있었다.

레드 와인, 화이트 와인, 로제 와인을 생산한다. 보졸레의 포도품종은 가메(Gamay)가 대표적이며 보졸레 누보를 만드는 데 사용하는 품종이다. 가메는 가벼운 풍미, 신선한 과일향, 붉은 열매향, 야생화향, 사과향 등의 향기가 아주 화려하다. 알코올 함유량은 13% 이하이며 엷은 자주색을 띤 적색이다. 레드 와인이지만 화이트 와인처럼 차갑게 해서 마시는 것이 좋다.

보졸레 누보는 숙성기간이 매우 짧지만 보졸레 빌라지나 보졸레 크뤼는 2~6개월 숙성시킨 다음에 병입한다. 보졸레 빌라지(Beaujolais-Villages)는 보통의 보졸레보다 알코올 함유량이 높고 더 고급 와인이다. 보졸레 크뤼(Beaujolais Cru)는 풀 바디(Full

Bodied) 레드 와인이다.

보졸레의 와인으로 잘 알려진 보졸레 누보(Beaujolais Nouveau)가 있다. 보졸레 누보에서 '누보'는 '새로운'이라는 의미이며 보졸레 누보는 매년 9월 첫째 주에 수확한 포도로 만든 와인이다. 1주일 정도 발효과정을 거친 후 4~6주 정도 숙성을 거쳐 병입한다. 매년 11월 셋째 목요일 0시를 기해 전 세계로 동시에 출시한다. 대표적인 영 와인(Young Wine)이다. 보졸레 누보는 모두에게 새로운 행복을 만드는 와인으로 사람들이 즐겨 마신다.

보졸레 누보(Beaujolais Nouveau)는 가볍고 상큼한 맛이 나고 풍부한 과일향이 나며 보통 10~14℃ 정도로 차게 마시면 좋다. 주로 가벼운 음식, 생선류, 가금요리의 흰살코기와 잘 어울린다.

(5) 꼬뜨 드 론 지역

꼬뜨 드 론(Cotes du Rhone)은 부르고뉴 남쪽에 위치하고 있으며 론(Rhone)강을 따라 북에서 남으로 포도원이 길게 펼쳐져 있다. 론 지방의 와인은 당도와 알코올 함유량이 많으며 이는 지중해 기후의 영향을 받아 일조량이 풍부한 것이 그 원인이다.

론 지역의 레드 와인은 눈부시게 내리쬐는 남국의 태양을 한껏 받아서 태어난 와인이다. 레드 와인은 묵직하고 진한 색이며 알코올 함유량이 높고 힘차다.

론(Rhone) 지역을 북부 론과 남부 론으로 나눌 수 있다. 북부와 남부 론은 기후와 토질이 다르므로 포도 재배 품종도 다르다. 북부 론은 쉬라(Syrah), 남부 론은 그르나슈(Grenache)를 주된 품종으로 재배하고 있다. 그르나슈 품종은 주로 블렌딩(Blending) 와인으로 사용하고 있다.

북부 론은 꼬뜨 로티(Cote Rotie)와 에르미따쥐(Hermitage) 와인이 유명하다. 남부 론은 샤또 뇌프 뒤 빠쁘(Chateauneuf du Pape) 와인이 잘 알려져 있다. 남부 타벨(Tavel) 지역은 로제 와인이 유명하다.

구분	특성
꼬뜨 로티(Cote Rotie)	• 꼬뜨 로티는 '불볕의 언덕'이라는 뜻. 론 지방의 최고 와인 생산지역, 적포도의 쉬라 품종 • 자극적이고 진한 색, 제비꽃향, 장기간 저장 가능

에르미따쥐(Hermitage)	• 맛이 진하고 풍부한 타닌. 복잡미묘한 맛을 느낌. 주홍색, 산딸기, 레드베리, 블랙베리의 진한 과일 맛, 적포도의 쉬라 품종, 풍부하고 진한 향신료의 부케와 함께 부드럽고 긴 여운
샤또 뇌프 뒤 빠쁘 (Chateauneuf du Pape)	• 알코올 도수가 높고 감칠맛 나는 레드 와인. 그르나슈 품종 • 교황의 와인이라 불리는데, 14세기 론의 남부 아비뇽(Avignon)은 교황의 여름 별장이 있었던 곳에서 유래
타벨(Tavel) 로제 와인	• 고운 장밋빛 와인, 풍부한 체리, 산딸기향, 드라이하고 감칠맛, 해산물, 닭고기, 치즈, 어떤 음식과도 잘 어울림

3) 샹파뉴 지역

샹파뉴(Champagne)는 프랑스의 포도 생산지로 가장 북쪽에 위치하고 있다. 봄에서 가을까지는 강, 숲, 언덕이 어우러지는 아름다운 곳이다. 겨울은 매우 추운 지방이다. 오빌레 수도원의 수도사로 알려진 돔 페리뇽(Dom Perignon, 1668~1715)은 영혼의 무게가 느껴지는 공로에 의해 샹파뉴 지방이 샴페인의 생산지로 유명해졌다. 그는 입안에서 탄산가스가 폭발하듯 산란한 것을 보고 "나는 지금 은하수를 마시고 있습니다"라고 말한 것으로 전해지고 있다.

그 후부터 샴페인을 만들게 되어 오늘날까지 이어지고 있다. 또한 신선도를 유지하기 위해 유리그릇을 사용하여 보관하기도 했다.

(1) 샴페인의 이해

샴페인(Champagne)은 자연 발효되어 생산되는 발포성 와인(Sparkling Wine)이다. 샴페인은 샹파뉴 지방에서 생산된 발포성 와인에만 사용할 수 있는 이름이다. 프랑스에서도 샹파뉴 이외의 지방에서는 샴페인을 크레망(Cremant)이나 뱅 무스(Vin Mousse)로 부른다. 프랑스어로는 '무스(Mousse)'가 거품을 뜻한다. 샴페인은 상쾌한 맛이 나고 탄산이 포화상태에 있어 독특한 풍미를 지니고 있다.

샴페인의 적당한 음용온도는 6~8℃ 정도이며 샴페인이 넘치지 않도록 잔에 2/3 정도 따라 마시는 것이 좋다. 샴페인은 시각, 후각, 미각을 동원해서 음용하는 것이 제대로 즐기는 것이다.

샴페인은 보통 와인을 블렌드해서 만들기 때문에 빈티지 연도를 표시하지 않는다. 풍작인 해의 포도만으로 만든 경우에는 연도를 표시한다. 이것은 빈티지 샴페인이라 불리고 블렌딩한 샴페인에 비해 향기도 높고 부드럽다.

보통 샴페인은 적포도와 청포도를 혼합해서 만들지만 대부분 화이트 와인이다. 핑크색 샴페인은 붉은 포도를 약간 첨가해서 만든 것이다. 샹파뉴 지역은 라벨에 AOC 표기를 하지 않으며 지역의 토질은 백악질이다.

샴페인은 모든 음식들과 대체로 잘 어울린다. 특히 샴페인과 잘 어울리는 음식으로는 알류, 거위간 등으로 만든 것이 단연 최고의 조합이다. 그 다음으로는 굴, 연어, 유럽산 가자미, 바닷가재, 대하도 손꼽히며 육지산으로는 야생닭, 야생가재 등이 잘 어울린다.

(2) 샴페인의 포도품종

샴페인의 제조과정에서 적포도가 많이 들어가면 무거운 유형으로 만들어지고 청포도가 많이 들어가면 가벼운 유형으로 만들어진다.

표 5-5 **샴페인에 사용한 포도품종**

포도품종	특성
피노 누아(Pinot Noir)	적포도, 샴페인의 바디감과 향이 나게 하는 역할
피노 뫼니에(Pinot Meunier)	적포도, 과일향, 꽃향기, 부케와 풍부함을 주는 역할
샤르도네(Chardonnay)	청포도, 신선함 · 섬세함 · 우아함 · 경쾌한 향이 나게 하는 역할

(3) 샴페인 만드는 방법

샴페인이 미세한 발포성 와인이 되는 것은 샴페인 방식이라는 제조법 때문이다. 샴페인은 포도를 수확한 후 제1차 발효가 끝나면 와인은 각 회사별로 독자적인 블렌딩을 하게 된다. 다시 당분과 효모가 더해져 병에 넣은 다음에 제2차 발효에 들어가는데 이 단계에서 거품은 좀 더 섬세한 맛과 미세한 특징을 보인다.

이 기간 병에는 침전물이 생기기 때문에 출하 전에 특별한 방법으로 제거하고 와인과 리큐르를 보충한다. 마지막으로 리큐르를 넣은 분량에 따라 엑스트라 브뤼(Extra Brut), 브뤼(Brut), 엑스트라 드라이(Extra Dry), 섹(Sec), 드미섹(Demi Sec), 두(Doux) 등으로 나누어진다.

(4) 샴페인의 당도에 따른 분류

스파클링 와인(Sparkling Wine)은 당에 따라 여러 가지 타입으로 분류할 수 있으며 샹파뉴 지방의 와인은 AOP급이다.

표 5-6 샴페인의 당도 구분

구분	당도
엑스트라 브뤼(Extra Brut)	당분함량 0~0.6%, 드라이한 맛
브뤼(Brut)	당분함량 0.6~1%, 식사 전·식사 중에 마심, 당도 없음(매우 드라이한 맛)
엑스트라 드라이(Extra Dry)	당분함량 1~3%, 드라이한 맛
섹(Sec)	당분함량 4~6%, 약간 드라이한 맛
드미섹(Demi Sec)	당분함량 6~8%(디저트나 웨딩 케이크와 함께), 약간 단맛
두(Doux)	당분함량 8.0% 이상, 단맛

4) 알자스 지역

알자스(Alsace)는 프랑스 동북부에 위치하고 있으며 독일과 인접한 지역에 있어 끊임없는 분쟁이 있었다. 중세로 되돌아가는 듯한 로맨틱한 건축물과 성곽, 와인 투어는 알자스(Alsace)의 매력이다.

알자스는 대륙성 기후로 여름은 덥고 건조하여 일조량이 풍부하고 겨울은 춥고 일교차가 심하다. 독일에서 주로 재배하는 포도품종 및 와인 스타일을 생산한다. 알자스의 와인은 당도가 매우 높고 향의 농도가 짙고 과일향이 나며 뛰어난 감미의 와인이다.

독일 와인의 알코올 도수는 대개 8~10%이며 단맛이 강하다. 알자스의 와인은 알코올 도수가 11~12% 정도이고 전체 생산량의 95%는 드라이 와인이다. 일찍 소비하는 것이 좋으며 5년이 가장 맛있게 마실 수 있는 시기이다.

양질의 와인은 콜마르(Colmar)시를 중심으로 한 남부지방에서 생산한다. 알자스는 단일 품종으로 와인을 만들고 다른 지방과 다르게 포도품종이 와인의 이름이다. 프랑스의 다른 지방은 주로 라벨에 마을명칭이나 지역명이 표시되어 있다.

유명한 레드 와인 포도품종은 피노 누아이며 화이트 와인은 리슬링, 게뷔르츠트라미너, 토카이 피노 그리, 실바너, 뮈스카, 피노 블랑, 샤르도네 등이 있다. 유명한 스파클링 와인은 크레망 달자스(Cremant d'Alsace)가 있다.

5) 루아르 지역

루아르(Loire)는 포도를 로마시대 때부터 재배하였으며 중세 때부터 본격적으로 포도를 재배했다. 루아르는 아름다운 숲을 끼고 있는 빼어난 자연경관으로 왕과 귀족들의 휴양지로 각광받았다. 자연히 여기에 성곽과 아름다운 정원이 조성되었다.

루아르(Loire)는 파리의 서남부에 위치하며 대서양으로 흘러들어가는 약 1,070km의 긴 루아르강이 있다. 루아르강의 지류를 따라 그림처럼 화려한 중세와 르네상스 시대의 고성(古城)들이 눈에 띈다.

루아르강 주변에는 르네상스 시대의 보석으로 불릴 정도로 빼어난 아름다운 성(城)들이 많이 있다. 루아르에 왕과 귀족들이 집중되면서 정치와 권력, 예술의 중심지로 옮겨지게 되었다. 이들은 루아르의 신선하고 가벼운 와인에 감탄하였다고 한다.

루아르 지역은 루아르강 연안에 포도를 재배하고 기후는 해양성 온대이며 풍부한 일조량과 강수량이 일정하여 고품질 와인을 생산할 수 있다. 루아르강의 서쪽은 낭트(Nantes)에서 동쪽은 상세르까지 길게 펼쳐져 있다. 서쪽으로부터 낭뜨(Nantes), 앙주·소뮈르(Anjou·Saumur), 뚜렌느(Touraine), 상세르(Sancerre)의 4개 지역으로 구분된다.

주요 레드 와인 포도품종은 가메(Gamay), 까베르네 프랑(Cabernet Franc) 등이 있고 화이트 와인 품종은 슈냉(Chenin), 소비뇽 블랑(Sauvignon Blanc), 샤르도네(Chardonnay), 뮈스카데(Muscadet) 등이 주로 재배되고 있다.

루아르는 "로제 와인(Rose Wine)의 보고"라고 할 정도로 로제 와인이 유명하다. 로제 와인은 로제 당주(Rose d'Anjou), 까베르네 당주(Cabernet d'Anjou)가 유명하다. 또한 스파클링도 생산하여 루아르는 모든 와인을 생산하는 지역이다.

가벼운 레드 와인인 쉬농(Chinon)은 명주로 알려져 있는데 주로 까베르네 프랑(Cabernet franc) 품종으로 만든다. 이는 처음에는 꽃, 특히 제비꽃향이 많이 나지만 시간이 지날수록 딸기향으로 변해 간다.

(1) 낭뜨 지역의 와인

낭뜨(Nantes)의 와인은 가볍고 과일 향미가 나는 뮈스카데(Muscadet) 품종의 와인이 유명하다. 주로 산도가 높고 신선함을 즐기는 드라이 화이트 와인을 생산한다. 이는 2~3년 이내에 마시는 것이 좋다. 뮈스카데(Muscadet)는 와인산지 이름이며 포도품종이고 또한 와인 브랜드이다. 뮈스카데(Muscadet)의 정식 명칭은 믈롱 드 부르고뉴(Melon de Bourgogne)이다. 이는 해산물, 굴, 조개 요리와 잘 어울린다.

(2) 앙주 지역의 와인

앙주(Anjou)는 온화한 대서양 기후이며 다양한 종류의 와인을 생산한다. 우리에게 잘 알려진 로제 와인으로 로제 당주(Rose d'Anjou), 까베르네 당주(Cabernet d'Anjou), 로제 드 루아르(Rose de Loire) 등이 있다. 앙주 지역의 와인은 섬세하며 꽃향기, 모과와 벌꿀 맛을 띠며 장기간 숙성이 가능하다.

(3) 소뮈르 지역의 와인

소뮈르(Saumur)는 앙주(Anjou)의 남부에 위치하고 있으며 소뮈르를 중심으로 한 일대에 포도밭이 펼쳐져 있다. 소뮈르 지역은 레드 와인과 가볍고 드라이한 맛에서 중간 정도 단맛(Medium Sweet)의 화이트 와인과 로제 와인을 생산한다. 와인 생산량은 적지만 까베르네 소비뇽으로 양조한 와인은 빼어나다.

발포성 와인은 까베르네 소비뇽과 까베르네 프랑 포도품종을 병 내에서 2차 발효하여 만든다. 소뮈르 와인은 중간 감미(Medium Sweet) 정도로 마시기에 좋으며 토양은 석회질이다.

(4) 뚜렌느 지역의 와인

뚜렌느(Touraine)는 루아르의 가장 중류에 위치하고 있으며 아름다운 경관을 자랑하는 지역이다. 거대한 성 주변에는 완만한 경사의 포도밭이 펼쳐진다. 이곳에서 루아르 최고 양질의 레드 와인이 생산된다.

레드 와인, 화이트 와인, 로제 와인, 발포성 와인 등 다양한 와인을 생산하는 지역이다. 뚜렌느(Touraine)는 발포성이 있는 고품질의 레드 와인과 화이트 와인을 생산한다. 가볍고 섬세하고 과일 향미를 느낄 수 있다. 토양은 백악질, 규토, 점토 성분이 함유되어 있다. 잘 어울리는 음식은 과일과 치즈 등이다.

(5) 푸이 퓌메 지역의 와인

푸이 퓌메(Pouilly Fume)에서는 유명한 화이트 와인을 생산한다. 화이트 와인은 독특하고 신선한 맛에 신맛이 강하며 바디감(Body)과 드라이 와인을 만든다. 주요 재배 품종은 소비뇽 블랑(Sauvignin Blanc)이 있으며 인지도가 높은 편이다.

푸이 퓌메(Pouilly Fume)는 연록색을 띤 밝은 빛깔의 드라이 와인이다. 어울리는 요리는 훈제연어, 닭고기, 송아지 고기 등이 있다. 푸이 퓌메(Pouilly Fume)는 루이 16세의 왕비 마리 앙뜨와네뜨가 좋아한 와인으로 전해지고 있다.

(6) 상세르 지역의 와인

상세르(Sancerre)는 중세의 성벽이 남아 있는 차분한 작은 마을이다. 포도밭은 높다란 언덕 위에 있다. 피노 누아로 만든 레드 와인과 로제 와인, 소비뇽 블랑(Sauvignon Blanc)으로 만든 드라이 화이트 와인이 있다.

소비뇽 블랑(Sauvignon Blanc)은 아주 유명한 화이트 와인을 만들며 풍부한 과일향과 톡 쏘는 맛이 나며 헤밍웨이도 좋아했다고 한다. 주로 생선, 굴, 조개류나 치즈와 잘 어울린다.

┣━ 표 5-7 ┃ 루아르 지방 와인 생산지역

생산지역	특성
낭뜨 지역	• 가볍고 과일 향미. 신선한 드라이 화이트 와인 유명 • 해산물, 굴, 조개 요리와 잘 어울림
앙주 지역	• 로제 당주, 까베르네 당주, 로제 드 루아르 유명 • 섬세하고 꽃향기. 모과와 벌꿀 맛
소뮈르 지역	• 레드 와인, 가볍고 드라이한 맛에서 중간 정도 단맛의 화이트 와인, 로제 와인 생산
뚜렌느 지역	• 가볍고 섬세하고 과일 향미. 과일과 치즈 잘 어울림
푸이 퓌메 지역	• 신맛이 강함. 바디감(Body)과 드라이 와인 생산 • 어울리는 요리는 훈제연어, 닭고기, 송아지 고기 등
상세르 지역	• 과일향과 톡 쏘는 맛. 주로 조개류나 치즈와 잘 어울림

6) 랑그독 루시옹

프랑스 남부 랑그독 루시옹(Languedoc-Roussillon)은 지중해 연안 지역에 있다. 주로 레드 와인을 생산하지만 다양한 와인을 만든다. 레드 와인은 진하면서 떫은맛이 적고 화이트 와인은 향이 좋고 약간 달콤해서 여성들이 선호한다. 대중적인 와인을 생산하여 인기가 높으며 로제 와인이 유명하다. 랑그독 루시옹은 포도의 천연당분이 남아 있도록 만든 와인으로 달콤한 맛이 난다. 디저트 와인으로 좋으며 거위 간과 잘 어울린다.

4. 와인의 등급체계

프랑스의 와인은 엄격하게 법률의 제정으로 품질을 관리하여 왔다. 일반 와인에서 고급 와인까지 명확한 생산 기준을 설정하였다. 이 기준에 부합하는지 여부를 오드비 전국원산지명칭협회(INAO)에서 감독하고 프랑스 지방정부의 법률에 따라 엄격한 규제와 통제를 통해 고급 와인의 명성을 유지하고 있다.

1) AOC 규정

프랑스는 우수한 와인 생산지의 보호와 품질관리를 위해 1935년에 원산지통제(Appellation d'Origine Controlee)보호법을 제정하고 전국원산지명칭협회(INAO)가 정한 공인된 생산조건을 충족하도록 했다.

AOC(Appellation d'Origine Controlee, 원산지통제명칭) 규정은 이 법에 따라 만들어진 최고급 와인이다. AOC(Appellation d'Origine Controlee, 원산지통제명칭)의 주요 규제는 첫째, 그 지역에서 생산된 포도만을 사용할 것 둘째, 포도품종이 일정할 것 셋째, 최저 알코올 함유량을 설정할 것 넷째, 생산량의 과잉에 의한 품질 저하를 막기 위해 생산을 제한할 것 다섯째, 재배법 등에 관한 규정 여섯째, 원료 포도의 당분 함유량 규제 일곱째, 양조법 규정 여덟째, 저장기간 등의 규정이 있다.

원산지명칭은 지방, 지구, 마을, 포도밭 단위로 좁혀져 가는데 구획이 작아질수록 규제 내용이 엄격해진다. 이는 와인의 품질 향상 결과를 가져오게 된 것이다.

프랑스는 와인 라벨에 'Appellation Bordeaux Controlee'와 같이 아페라숑과 콘트롤레 사이에 원산지 이름을 넣어 표시할 수 있도록 했다. 이는 소비자가 자연스럽게 와인의 등급을 알 수 있게 한 것이다.

따라서 프랑스는 와인 등급체계별 규정에 따라 원산지통제를 적용하는 기준에 대한 규정이 다르다. AOC는 원산지통제에서 가장 엄격한 품질관리 조건을 충족해야 받을 수 있는 등급이다. 즉 프랑스 정부가 와인의 품질을 보증하는 최고의 품질이다.

2) VDQS

VDQS는 AOC규제보다 한 단계 낮은 등급으로 AOC에 비해 약간 덜 엄격하다. VDQS(Vin Delimite de Qualite Superieur, 뱅 델리미테 드 쿠알리트 쉬뻬리에)는 고급 와인으로 전국원산지통제명칭(INAO)의 규제와 통제를 받는다.

VDQS는 1949년에 제정된 품질통제에 의해 생산된 고급 와인으로 생산지역, 포도 품종, 최저 알코올 함유량, 생산량, 재배방법, 양조방법 등의 규제 항목이 있다.

라벨에는 VDQS의 지정지역명을 표시하고 VDQS 보증 마크가 붙어 있다. 고급 품질의 VDQS는 평가를 통해 AOC등급으로 올라갈 수 있다. 라벨에 와인 분석 전문가로 구성된 공인위원회의 시음에서 합격하면 와인 재배조합이 상표를 발행해 준다.

3) 뱅 드 페이(Vin de Pays)

뱅 드 페이(Vin de Pays)는 VDQS등급의 와인보다 한 단계 낮은 와인이다. 생산지명을 표시할 수 있는 지방 특산와인이라 할 수 있다. 뱅 드 페이는 한정된 프랑스 자국 내의 산지에서 만들어지는 와인이다. 라벨에 뱅 드 페이(Vin de Pays)로 표기하거나 포도품종을 표기하는 경우도 있다. 일정 수준 이상의 품질이 되어야 하므로 분석시험과 시음검사의 기준을 통과해야 한다.

4) 뱅 드 따블(Vin de Table)

뱅 드 따블(Vin de Table) 와인은 특정한 법률에 통제받지 않는다. 원산지 표시와 포도품종과 수확연도 등을 표시할 수 없으며 생산방법에 따라 품질이 다른 맛을 지닌다. 주로 자국 내에서 소비되고 유럽 내의 여러 원산지에서 생산된 와인을 블렌딩(Blending)하여 상품화한 와인이다.

5. 변경 후 와인 등급체계

2009년 8월 1일 유럽이 통합하게 되면서 각국의 공통된 와인 등급체계를 제정하게 되었다. 유럽연합이 제정한 와인 등급체계에서 국가별로 자율적으로 설정하도록 했다. 프랑스도 기존의 AOC 등급체계에서 AOP의 등급체계로 변경하게 되었다.

프랑스는 소비자들의 혼란을 피하기 위해 과거의 용어를 당분간 계속 사용할 수 있도록 했다. 그리고 2012년부터 새로운 등급체계를 따르도록 명시하였다. 프랑스의 변경된 등급체계를 보면 다음과 같다.

⊩ 표 5-8 변경 후 와인 등급체계

등급체계	규정
① 아팔레시옹 도리진 프로테지(AOP : Appellation d'Origine Protegee)	• 변경된 와인 등급은 기존의 고급 와인 등급인 AOC와 VDQS 합쳐 AOP 등급으로 변경 • AOP는 기존 AOC보다 더욱 강화된 생산조건으로 변경 • 생산지, 포도품종, 토양, 재배법과 수확량, 양조법, 숙성법 등에 대해 더욱 강화된 조건으로 변경 • AOP는 프랑스 최고 등급기준을 준수하도록 규정 제정
② 엥디카시옹 지오그라피크 프로테지 (IGP : Indication Geographique Protegee)	• AOP와 같은 기본 규정법의 의무와 생산조건 강화 • 15%의 다른 수확연도 와인 · 다른 품종과 블렌딩 허용
③ 뱅 드 프랑스 (VdF : Vin de France)	• 기존의 뱅 드 따블(VdT : Vin de Table) 정도 규정 제한 · 프랑스의 최하위 와인 등급 • 포도의 품종, 재배법, 수확량을 제한하지 않음. 15%의 다른 수확연도의 와인과 다른 품종의 블렌딩 허용

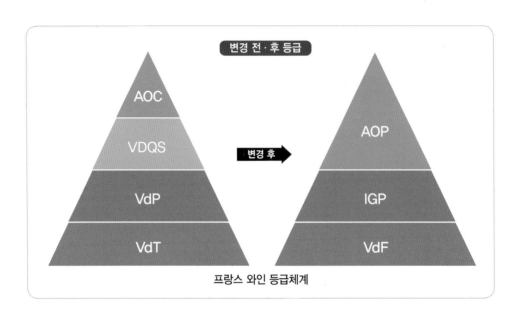

프랑스 와인 등급체계

제 **2** 절 **독일의 와인**

1. 독일 와인의 역사

독일 와인 문화의 여명은 기원전 2세기경에 고대 로마시대로 거슬러 올라간다. 당시 로마인들이 라인강과 모젤 지역에서 포도를 재배하기 시작했다. 독일은 8세기부터 19세기 초에 걸쳐 수도승들에 의해 와인의 문화가 꽃피었다고 하겠다.

18세기 중엽에 들어서면서 독일 와인은 양에서 질의 시대로 변하게 되었다. 남서부의 와인산지를 중심으로 포도 재배 및 와인 생산이 정착되고 경제적으로 안정적인 가치를 창출하게 되었다.

이 시기부터 와인의 가치를 높이려고 포도 재배지가 엄선되었고 강을 낀 경사면에 포도 재배에 알맞은 품종을 선별하여 심었다. 이를 통해 와인의 고급화가 이루어졌으며 생산자들의 협회를 구성하는 등의 체계적인 관리나 발전의 기반을 다졌다.

　나폴레옹은 라인 지역을 점령하면서 1803년 교회가 소유한 포도원을 개인 소유주와 각 주(지방 자치)에 판매하여 나누었다. 이것이 지금까지 발전해 오면서 그 명성을 유지하고 있다.

　20세기에 제1, 2차 세계대전으로 인해 포도 재배 면적은 대폭 줄었다. 전후 와인산업의 부흥을 위해 지속적인 노력으로 와인 양조기술을 발전시켜 오늘날과 같이 고품질 와인을 생산하게 되었다.

2. 독일 와인의 특성

　독일은 유럽의 와인 생산국으로 가장 북쪽에 위치해 있다. 날씨가 춥고 일조량이 부족한 환경을 극복하기 위해 가파른 언덕에 청포도품종을 재배하게 되었다.

　일조량의 부족은 낮은 당분 함유량과 높은 신맛이 나게 한다. 이것은 와인 양조과정에 포도 주스에 설탕을 보충하여 발효하거나 발효 후 포도주스를 넣어 당도를 높이고 신선한 맛이 나게 만든 것이다.

　화이트 와인은 드라이한 맛부터 스위트한 맛까지 다양한 와인을 생산하며 가볍고 섬세한 화이트 와인을 만든다. 라인 강변이 본고장인 리슬링(Riesling)은 독일이 가장 자랑하는 화이트 와인 품종이다.

　늦게 수확하여 서리를 맞은 포도는 얼고 곰팡이균의 발생으로 와인 양조가 어려워서 그 당시에서는 버려져야 했다. 그러나 늦게 수확한 포도로 와인을 양조하면 단맛이 난다는 것을 알게 되었다. 이것이 단맛의 와인을 생산하는 강국으로 만들었다. 또한 포도알맹이 품질의 정도에 따라 선별하여 만든 와인으로 세계적인 고급품질의 와인을 만들었다.

　와인 생산지역들의 토양은 주로 현무암이나 점판암으로 형성되어 있다. 이는 토질의 보온성의 효과로 낮은 기온에서 포도를 재배할 수 있게 한 것이다.

　독일의 포도 총재배면적이 전 세계에서 차지하는 비율은 겨우 1%에도 미치지 못한다. 그런데도 와인 하면 프랑스와 독일의 이름이 거론되는 것은 바로 와인의 품질 때문이다. 고품질과 풍미의 깊이, 우아하고 고상하고 기품 있는(엘레강스, Elegance) 신맛과 단맛, 그리고 신맛과 단맛의 절묘한 균형감에 힘입은 것이다.

화이트 와인의 특징	독특한 맛과 신선함으로 단맛과 신맛의 조화
	알코올 함유량 낮음(평균 7~11%)
	절묘한 균형감 · 미묘한 감각적인 맛, 매혹적이고 섬세함

3. 주요 와인 생산지

라인과 모젤 지역을 중심으로 와인을 생산하고 있으며 다양한 와인 및 맛의 미묘함을 느끼게 한다. 독일의 와인 생산지는 크게 세 지역으로 구분할 수 있다. 첫째, 모젤 지역이 있고 둘째, 라인 지역이 있다. 셋째, 모젤과 라인 지역을 제외한 기타 지역으로 구분할 수 있다.

표 5-9 독일의 대표적인 와인 생산지역

생산지역	생산 세부 지역
모젤 지역	아르, 미텔라인, 모젤-자르-루버
라인 지역	라인가우, 라인헤센, 나헤, 라인팔츠
기타 지역	프랑켄, 뷔르템베르크, 바덴, 헤시셰 베르크슈트라세, 잘레-운스트루트, 작센 등

1) 모젤 지역 와인

모젤(Mosel)강은 독일의 트리어(Trier)를 거쳐 코블렌츠(Koblenz)에서 라인강과 합류한다. 모젤강 주변의 포도밭은 매우 가파른 언덕에 있다. 모젤(Mosel)강 유역과 그 지류인 자르강과 루베어강 유역이 모젤의 와인 생산지이다.

모젤 지역은 포도밭에 석판(Slate)을 깔아서 재배하는 것이 특징이다. 석판을 깔아서 포도밭을 경작하는 이유는 토양에 습기를 유지하고, 여름철 낮의 뜨거운 태양열로

① 모젤-자르-루버(MOSEL-SAAR-RUWER)
② 라인가우(RHEINGAU)
③ 라인헤센(RHEINHESSEN)

독일 와인지도

부터 보호하기 위한 것이다. 또한 밤에 떨어지는 온도를 막을 수 있고 발열할 수 있는 기능이 있기 때문에 석판을 깔아서 포도를 재배하는 것이 특징이다.

모젤 지역은 독일 전체 와인 생산량의 약 15%를 차지하고 있다. 모젤 와인은 부드럽고 섬세하고 산도가 높아 산뜻한 맛이 난다. 또한 알코올 함유량이 10%를 넘지 않으며 신선한 과일향과 꽃향기가 풍부하다. 와인 병목은 길고 짙은 초록색이다.

(1) 아르 지역 와인

아르(Ahr)는 독일의 와인 생산지에서 거의 가장 북쪽에 위치하고 있어 추운 곳이다. 아르는 포도밭의 방향이 남쪽으로 열려 있어서 독일의 다른 지역과 달리 적포도품종을 약 80% 정도 재배한다.

토양이 점판암으로 구성되어 낮에 열을 저장해서 밤에 온도가 떨어지는 것을 막아주는 역할을 한다. 독일에서 '레드 와인의 천국'이라 불리는 이곳은 가볍고 독특한 과일 맛의 와인을 만든다.

레드 와인 품종은 슈페트부르군더(Spatburgunder)와 포르투기저(Portugieser)를 주로 재배하며 부드러운 벨벳 같은 촉감과 힘찬 맛을 낸다. 화이트 와인의 품종은 뮐러-투르가우(Muller-Thurgau), 리슬링(Riesling) 등이 있다.

슈페트부르군더(Spatburgunder)는 입안을 가득 채우는 풍성함과 약간 달콤한 과일 향이 나면서 실크같이 부드러운 와인이다. 그리고 육류 요리와 잘 어울린다. 또한 포르투기저(Portugieser)는 신맛이 낮고 약간 낮은 베리향과 같은 숙성향이 나며 연한 붉은색이다. 찬 소시지나 치즈에 아주 잘 어울린다.

(2) 미텔라인 지역 와인

미텔라인(Mittel Rhein)은 '라인 골짜기'로 불리는 로맨틱한 라인강의 모습을 보여주는 독일 최고의 관광지이다. 로렐라이(Loreley)를 필두로 하여 빙겐(Bingen)에서 본(Bonn)에 걸친 약 100km 사이에 무려 30개나 되는 고성(古城)이 운치를 더해준다. 라인 협곡에 있는 와인산지는 예술가와 와인 메이커들이 영감을 얻기 위해 찾는 곳으로 유명하다.

미텔라인(Mittel Rhein)은 미세 기후(Micro Climate)이며 좁고 가파른 협곡에 지난 2,000년간 포도를 재배하였다. 생동감 있는 상큼한 와인을 만들며 신맛이 강하고 짙은 향기와 신선한 맛이 난다.

주로 청포도품종은 리슬링(Riesling)과 뮐러-투르가우(Muller-Thurgau)를 재배하고 있다. 특히 리슬링은 산뜻하고 향긋한 향이 난다.

(3) 모젤-자르-루버 지역 와인

모젤강으로 흘러들어가는 지류의 수는 많다. 그중에서도 트리어(Trier)시의 상류에서 합류하는 자르강, 트리어 하류의 루버 마을에서 흘러들어 오는 루버강을 따라서 유명한 와인의 고향이 펼쳐진다. 이 지역을 모젤(Mosel)-자르(Saar)-루버(Ruwer)라고 부른다.

독일에서 만난 로마의 도시인 트리어(Trier)는 15세기에 와인과 소금이 거래된 도시였다. 고대에서 중세에 이르는 수많은 유적들을 가장 잘 보존하고 있는 도시 트리어(Trier)가 있다.

아름다운 모젤강의 풍경과 산자락에 펼쳐진 포도밭의 결과물인 와인 맛은 여행의 묘미를 더해준다. 모젤강 양쪽 마치 솟아오르듯 즐비한 포도밭들의 로맨틱한 광경은 여행자에게 볼거리를 제공한다. 고대 로마인들이 포도를 재배한 이후 오늘날에 이르기까지 끊임없이 재배된 포도는 모젤강의 남쪽 경사면에 있다.

모젤-자르-루버 와인은 신맛이 강하며 향기가 매우 짙고 신선한 과일향이 난다. 와인은 엷은 색에서 짙은 황금색이 있다. 가볍고 섬세하며 향긋한 맛을 즐기려면 생산한 지 1~2년 이내에 마시는 것이 좋다.

자르 와인은 섬세하고 우아하고 고풍스러운 품위의 와인이지만 루버 와인은 남성적이고 복잡 미묘한 맛을 느낄 수 있어 두 지역이 차이가 있다. 토양은 점토질이며 주로 리슬링(Riesling)과 뮐러-투르가우 등을 재배하고 있다.

2) 라인 지역 와인

라인(Rhein) 와인은 라인강변에서 재배하는 포도로 만들어지며 생산지는 강변을 따라 4개 지역, 즉 라인가우(Rheingau), 라인헤센(Rheinhessen), 나헤(Nahe), 라인팔츠(Rheinpfalz) 지역이 있다.

라인 지역의 화이트 와인은 맛이 강하고 장기간 숙성하면 좋은 맛을 내는 것이 특징이다. 모젤보다 알코올 도수가 높고 원숙한 맛을 낸다. 라인 지역은 독일 전체 와인의 3%를 생산한다. 와인 병 색깔은 갈색이며 마을 이름 끝에 하임(Heim)을 붙인다.

(1) 라인가우 지역 와인

라인가우(Rheingau) 지역은 라인강이 동쪽에서 서쪽을 향해 흐르고 있다. 강을 접한 지역은 모두 남향이다. 이것은 충분한 태양의 혜택을 받고 있다는 것을 뜻한다. 기후는 지중해성으로 독일의 포도 재배지역에서 비교적 일조량이 많아서 풍부한 향을 가진 우아한 와인들을 생산한다.

라인가우의 와인은 독특한 섬세함과 중후한 풍미 속에 숨어 있는 우아함이나 깊고 높게 풍기는 향기가 특징이다. 또한 복숭아나 사과향 등 과일향이 풍부하고 상큼하다. 화이트 와인은 풀 바디(Full Bodied)하며 넉넉한 와인이다.

라인가우(Rheingau)는 리슬링 품종의 원산지이며 약 80%를 재배한다. 피노 누아 12%, 슈페트부르군더(Spatburgunder)는 8% 정도 재배하고 있다. 토양은 점토로 이루어져 있다.

(2) 라인헤센 지역 와인

라인헤센(Rheinhessen)은 서쪽은 나헤(Nahe), 남쪽은 팔츠(Pfalz)에서 포도를 재배하는 경계선이 그어진다. 또한 나헤(Nahe)강과 라인(Rhein)강을 경계로 한 구릉지 깊은 계곡 안에 위치한 아름다운 와인의 고장이다.

독일의 전체 포도 재배 면적의 25%를 차지하고 있다. 미세 기후로 인해 섬세한 향기와 미디엄 바디(Medium Bodied)의 와인을 생산한다. 토양은 이회토와 석회토가 함유되어 있다.

라인헤센은 잉겔하임 지역을 중심으로 한 적포도품종으로 포르투기저와 슈페트부르군더를 재배하고 청포도품종은 뮐러−투르가우, 리슬링, 실바너를 주로 재배하고 있다.

라인헤센(Rheinhessen) 지역의 립프라우밀히(Liebfraumilch)는 독일에서 화이트 와인으로 인기 있으며 주로 영국과 미국으로 수출하고 있다. 립프라우밀히는 '성모의 모유 혹은 사랑받은 여인의 젖'이라는 뜻으로 성모 교회 소유의 포도원에서 만들어진 와인이라는 의미로 붙여졌다. 립프라우밀히(Liebfraumilch) 와인의 특성은 성모 마리아 모유의 이미지를 갖도록 하려고 단맛을 의무화하고 있다. 그 포근한 감미는 꼭 우유 맛이다. 또한 라인헤센(Rheinhessen)의 와인을 흔히 여성의 와인(damen 다멘, 여성)이라 부르듯 그 맛은 부드럽고 산미가 온화하다.

(3) 나헤 지역 와인

온천을 중심으로 펼쳐지는 나헤(Nahe)는 다양성(Variety, 버라이어티)이 매우 풍부한 와인을 만든다. 독일 전체 지역에서 재배하는 포도품종이 모두 모여 있다고 해도 좋을 정도로 다양한 포도품종을 재배하고 있다. 그래서 사람들은 나헤는 독일 와인의 시음장이라 부르기도 한다.

나헤(Nahe) 지역은 라인강 지류인 나헤(Nahe)강이 흐르는 지역에 위치하고 있다. 독일에서 가장 경치가 좋은 곳으로 훌륭한 와인 품질과 폭넓은 스타일을 생산하는 것으로 유명하다. 온화한 온도와 풍부한 일조량으로 포도 재배에 매우 좋은 환경이 조성되어 있다.

약간 매운 듯한 복잡 미묘하고 생기있는 과일 맛이 난다. 독일의 다른 지역에서 보기 어려운 독특한 향미가 있으며 부드럽고 청량감이 있는 맛이다. 모젤 와인과 비교하면 가벼운 느낌이 들며 풋풋한 사과와 같은 향과 흰 들꽃향이 난다.

주로 재배되는 포도품종은 리슬링, 뮐러-투르가우, 실바너 품종이 있다. 독일 와인 전체 생산의 4.4%를 차지하고 있으며 토양은 점판암, 사암, 황토로 이루어졌다.

(4) 라인팔츠 지역 와인

라인팔츠(Rheinpfalz)는 라인헤센 지역과 프랑스 국경의 접점에 있는 그림 같은 아름다운 자연과 풍요로운 포도원을 자랑하는 지역이다. 따뜻하고 풍부한 일조량으로 포도 재배에 좋은 환경을 가지고 있다.

와인의 특징은 부드럽고 풍부한 향기, 풀 바디감(Full Bodied) 있는 와인을 만들며 레드 와인은 과일 맛이 난다. 라인팔츠에서는 대중이 즐겨 마실 수 있는 가벼운 와인으로 립프라우밀히(Liebfraumilch)를 주로 생산한다. 일부 마을에서는 엘레강스한 맛을 가진 고품질 와인을 만들기도 한다. 토양은 석회암, 점토, 황토가 함유되어 있다.

화이트 와인 포도품종을 주로 재배하고 있는데 그 품종들은 뮐러-투르가우, 리슬링, 케르너, 실바너 등이 있다. 레드 와인 품종인 포르투기저(Portugieser)로 만든 와인은 부담 없고 마시기 편하다.

3) 기타 지역 와인

(1) 프랑켄 지역의 와인

독일에서 가장 동쪽 끝에 위치하고 있는 프랑켄(Franken)은 마인(Main)강을 따라 포도밭이 형성되어 있다. 대부분의 포도원은 계곡 경사면에 있어 아름다운 와인산지이다. 기후는 다소 대륙식 기후로 서리의 영향을 받는다.

프랑켄(Franken) 와인은 독일 와인 중에서 가장 남성적이며 드라이한 와인이라고 한다. 그러나 남성적인 힘이 느껴지면서 부드럽고 드라이한 스타일의 와인 생산지이다.

프랑켄은 와인의 역사도 길지만 와인 병 모양이 특이하게 배꼽같이 생겼다. 이 또한 긴 역사를 가지고 있으며 병에 담긴 와인이 복스보이텔(Bocksbeutel)인데 문호 괴테도 즐겨 마셨다고 한다.

프랑켄(Franken)의 고품질 와인으로 알려진 슈타인와인(Steinwein)을 생산하는 지역이다. 주로 화이트 와인을 생산하는데 포도품종은 실바너(Silvaner), 피노 블랑, 뮐러-투르가우(Muller-Thurgau), 바쿠스(Bacchus), 케르너(Kerner), 리슬링, 피노 누아 등을 재배한다.

(2) 뷔르템베르크 지역의 와인

뷔르템베르크(Wurtemberg) 지역은 바덴에 인접하고 프랑켄 지역 남쪽에 위치하고 있다. 아주 시골풍이 넘치는 와인산지이며 구릉지를 이룬 전원지역이다. 레드 와인은 과일 맛이 강하고 화이트 와인은 힘이 있는 풍부한 맛을 느낄 수 있으며 레드 와인을 더 많이 생산하고 있다.

적포도의 품종으로 트롤링거(Trollinger), 렘베르거(Lemberger), 슈페트부르군더(Spatburgunder) 등이 있다. 화이트 와인 품종은 리슬링(Riesling), 케르너(Kerner), 뮐러-투르가우(Muller-Thurgau) 등이 있다.

리슬링(Riesling)은 전체 포도 생산량 가운데 약 20%를 차지하고 있다. 가장 훌륭한 화이트 와인의 품질이며 질감이 풍부하고 기분 좋은 신맛을 느낄 수 있다.

(3) 바덴 지역의 와인

바덴(Baden)은 독일의 포도생산지 중에서 최남단에 위치하고 있다. 날씨는 온화하며 일조량이 풍부한 지역이다. 햇볕의 혜택을 잘 받아 '태양의 키스를 받는 지역'이라 불릴 정도로 포도 재배에 좋은 조건을 가지고 있다.

바덴(Baden)은 라인헤센, 라인팔츠에 이어 독일에서 세 번째로 포도를 많이 재배하는 지역이다. 바덴은 레드 와인, 화이트 와인 및 매혹적인 로제 와인까지 다양한 스타일의 와인을 생산한다. 토양은 자갈, 석회암, 진흙, 화산석 등으로 섞여 있다. 바덴은 다양한 토양에서 다양한 향기를 가진 와인을 만들고 있다.

화산석은 레드 와인의 슈페트부르군더(Spatburgunder, 프랑스 부르고뉴의 피노 누아)를 다른 지역에서 맛볼 수 없는 풀 바디(Full Bodied)를 느낄 수 있다.

화이트 와인 품종은 뮐러-투르가우(Muller-Thurgau), 리슬링, 실바너 등을 재배하고 있다. 레드 와인 품종은 슈페트부르군더(Spatburgunder, 부르고뉴의 피노 누아) 등을 재배한다.

(4) 헤시셰 베르크슈트라세

헤시셰 베르크슈트라세(Hessische-Bergstrasse)는 프랑크푸르트 남쪽의 오덴발트(Odenwald) 숲의 작은 구릉지를 따라 라인강과 평행으로 이뤄져 있다. 많은 관광객이 방문하는 하이델베르크가 남쪽에 자리 잡고 있다. '독일의 봄의 정원(Germany's Spring Garden)이라 불리는 와인산지이다. 베르크슈트라세의 봄이 특히 아름다운 데서 유래되었다고 한다.

주된 레드 와인 품종은 슈페트부르군더가 있으며 화이트 와인 품종은 리슬링이 약 50%를 차지하고 있고 뮐러-투르가우, 그라우부르군더(Grauburgunder), 실바너(Silvaner) 등이 있다. 와인은 특히 향이 짙고 질감이 풍부하며 신맛이 강하다.

(5) 잘레 운스트루트

잘레 운스트루트(Saale-Unstrut)는 독일 와인 생산지 중 최북단에 위치하고 있다. 포도는 언덕에 주로 재배하고 있으며 토양은 석회암으로 형성되어 있다.

은은한 스파이스 향이 감도는 부케가 특징적이며 드라이한 와인을 주로 생산한다. 주된 재배품종은 바이스부르군더와 실바너 등이다.

표 5-10 독일의 대표적인 화이트 와인 포도품종

품종	특성
리슬링(Riesling)	• 만생종, 향기롭고 우아함. 상쾌한 신맛, 사과, 복숭아 등 과일향과 꽃향, 여러 음식과 잘 어울림
뮐러-투르가우 (Muller-Thurgau)	• 독일에서 가장 폭넓게 재배 • 와인은 꽃향기, 적당한 산미가 있는 조기에 익은 와인
실바너(Silvaner)	• 약간 바디(Body), 향기가 덜 강함, 중간 정도 신맛 • 순한 향의 생선요리, 닭고기, 송아지 고기와 가벼운 소스가 있는 돼지고기 요리와 잘 어울림
케르너(Kerner)	• 리슬링보다 풍미가 강함. 상쾌한 신맛, 연한 복숭아향 • 소시지, 돼지고기 및 햄과 잘 어울림
쇼이레베(Scheurebe)	• 과일 맛이 강. 산뜻한 리슬링보다는 풀 바디(Full Bodied). 모든 음식과 잘 어울림

표 5-11 독일의 대표적인 레드 와인 포도품종

품종	특성
슈페트부르군더 (Spatburgunder)	• 산도와 바디감이 있으며 가볍고 상쾌한 맛이 나며 여러 음식과 잘 어울림
포르투기저(Portugieser)	• 가벼운 스타일의 단기 숙성, 포도 맛이 강한 와인 • 부드러운 맛의 소시지, 돼지고기, 가벼운 소스가 곁들여진 송아지요리, 부드러운 맛의 치즈류와 잘 어울림
트롤링거(Trollinger)	• 산뜻하고 신선한 과일향이 있는 풍미 • 순한 소고기 요리나 양고기 요리와 어울림
렘베르버거(Lemberger)	• 적당한 산미와 중간 정도의 타닌, 포도 맛이 강한 중간 바디감. 과일향이 풍부하며 가벼운 와인 생산 • 닭고기 구이, 소고기 요리와 송아지 요리에 잘 어울림

4. 와인의 등급체계

유럽의 다른 국가는 포도의 품질을 등급결정에 중요한 기준으로 삼고 있다. 그러나 독일은 포도의 숙성 정도와 당분 함유량 정도를 기준으로 하고 있다.

독일 와인의 등급은 타펠바인(Tafelwein), 란트바인(Landwein), QbA, QmP로 나눈다. QmP는 2007년 8월 1일부터 프레디카츠바인(Pradikatswein)으로 등급 명칭을 변경하였다. 독일의 변경 전의 등급에서 QbA와 QmP를 고급으로 여겼다.

1) 프레디카츠바인

QmP(Qualitatswein mit Pradikat, 특별 품질 표기의 고급 와인)에서 프레디카츠바인(Pradikatswein)으로 2007년에 명칭이 변경되었다. 즉 독일 최상급의 와인등급이다. 독일 전체 와인의 약 30%를 차지하며 당의 함유량을 높이기 위해 늦게 수확한다.

QmP는 라벨에 품질 성숙도에 따라 6개의 품질등급이 표시되어 있었다. 즉 포도의 자연당도의 함유량에 따라 등급을 결정하는 것이 특징이다. 와인에 설탕이나 다른 첨가물을 허용하지 않는 등급이다. 최상의 등급인 QmP에서 천연당도 함유량에 따라 다시 6개 등급으로 세분화하여 라벨에 품질(Pradikat) 등급을 표기하고 있다.

표 5-12 독일의 와인 등급

독일 QmP 등급명칭	특성
카비넷(Kabinett)	• 충분히 익은 포도에서 생산되는 부드럽고 우아한 와인 • 단맛과 알코올 함량 낮은 고급 와인
슈페트레제(Spatlese)	• 늦게 수확해서 충분히 익은 포도에서 생산 • 가볍고 풍부한 과일향과 단맛의 와인, 균형감 있는 맛
아우스레제(Auslese)	• 조금 더 늦게 수확한 포도에서 잘 익은 포도송이만을 선별해서 만든 와인 • 당도가 높고 아름다운 향기가 풍부한 복합적인 맛의 와인
베렌아우스레제 (Beerenauslese, BA)	• 늦게 수확하여 최고의 완숙한 상태의 포도에서 충분히 잘 익은 포도송이에서 가장 좋은 포도 알맹이만 골라 만든 와인 • 완숙한 과일 맛과 다양한 향과 단맛의 고급 와인. 매년 만들어지지는 않음
아이스바인(Eiswein)	• 포도 알맹이가 동결된 상태에서 수확하고 얼어 있는 상태로 압착해서 만든 와인 • 고귀한 감미와 신맛, 최고의 향을 가진 최고급 와인
트로켄베렌아우스레제 (Trockenbeerenauslese, TBA)	• 귀부 병에 걸려 건포도 상태의 포도 알맹이를 수확하여 만든 와인 • 진한 색, 벌꿀과 같은 단맛과 깊은 향을 가진 최고 와인

2) QbA(Qualitatswein bestimmter Anbaugebiete)

QbA(Qualitatswein bestimmter Anbaugebiete) 등급은 QmP의 바로 아래 단계의 와인으로 고품질 와인이다. 특정 지역에서 생산한 포도만을 사용하여 만든다. 와인 생산지, 포도품종, 알코올 농도 등이 규정된 일정수준 이상일 경우 라벨에 표시할 수 있다. QbA는 다른 와인과 블렌딩하는 것은 허용하지 않고 동일 지역에서 생산한 것만 블렌딩할 수 있다. 알코올 농도를 높이기 위해 설탕의 첨가는 허용한다. 독일 와인의 약 60% 정도를 차지한다.

3) 란트바인

란트바인(Landwein)은 타펠바인(Tafelwein) 등급보다 높은 수준이며 독일 전체의 와인에서 약 5% 정도를 차지한다. 포도를 타펠바인(Tafelwein)보다 더 늦게 수확하여 알코올 도수가 더 높다. 또한 각 지역의 특성을 나타낸 개성 있는 드라이 와인이다. 프랑스의 뱅 드 페이(Vin de Pays)와 동일한 등급이다.

4) 타펠바인

타펠바인(Tafelwein)은 독일에서 가장 낮은 프랑스의 테이블 등급 정도의 와인이다. 대부분 독일 자국에서 생산하고 소비한다. 독일의 와인에서 약 5% 정도를 차지하고 있으며 라벨에 포도품종을 명시할 수 없다.

프랑스 뱅 드 따블(Vin de Table) 정도의 수준인 평범한 와인이다. 독일에서 재배된 포도로 만든 와인은 타펠바인 등급을 받을 수 있다.

독일 와인 등급체계

이탈리아의 와인

1. 이탈리아 와인의 역사

이탈리아는 수세기 동안 전 국토에서 포도를 재배하여 와인을 생산하고 있다. 남부 지중해 최대의 섬으로 영어로는 시실리(Sicily)섬에서 와인이 최초로 보급되었다. 시실리의 섬에서는 과일·올리브·와인 등이 주산물이다. 그리스인들이 이주해 오면서 새로운 포도 재배 방법과 양조법을 전했다. 이들은 동시에 와인의 품질 개선에 큰 도움을 주었다.

르네상스 시대 이후 15세기 중반에 포도나무나 토지에 관한 정보를 얻게 된 것이 와인 생산에 크게 기여했다. 17세기에는 유리병의 등장으로 품질 보존에 획기적으로

① 트렌토(Trento)　　　② 발레 다오스타(Valle d'Aosta)
③ 롬바르디아(Lombardia)　　④ 베네토(Veneto)
⑤ 프리울리(Friuli)　　　⑥ 피에몬테(Piemonte)
⑦ 에밀리아 로마냐(Emilia Romagna)　⑧ 리구리아(Liguria)
⑨ 토스카나(Toscana)　　⑩ 마르께(Marche)
⑪ 움브리아(Umbria)　　　⑫ 라찌오(Lazio)
⑬ 아브루쪼(Abruzzo)　　⑭ 몰리제(Molise)
⑮ 캄파니아(Campania)　　⑯ 풀리아(Puglia)
⑰ 바실리카타(Basilicata)　⑱ 칼라브리아(Calabria)
⑲ 시칠리아(Sicilia)　　　⑳ 사르데냐(Sardegna)

이탈리아 와인지도

기여했다. 또한 유통과정을 한층 더 발전시키게 되었다.

이탈리아는 남과 북의 기후 차이 등으로 같은 포도품종이지만 와인의 성분은 큰 차이가 있다. 이탈리아는 전 지역에서 포도를 재배할 수 있는 세계 최대 생산국가들 중에 하나이다. 레드 와인을 많이 생산하며 자국 내에서 주로 소비하는 편이다. 그리고 각 지방마다 개성과 특색 있는 와인을 생산하고 있어 다양한 와인을 맛볼 수 있다.

2. 이탈리아 와인의 특성

이탈리아는 온화한 기후, 풍부한 일조량, 적절한 강수량으로 포도 재배에 최적의 환경을 갖추고 있다. 즉 포도 재배에 적합한 구릉지와 경사지를 갖고 있다. 토양은 대부분 자갈과 석회질 성분들로 되어 있다.

이탈리아는 기후의 차이로 지역별로 독특한 특징이 있는 와인을 만든다. 북부의 와인 생산지로는 피에몬테(Piemonte)가 있다. 이 지역에서는 세계적으로 명성 있는 와인, 즉 바롤로(Barolo)와 바르바레스코(Barbaresco) 와인을 생산한다.

중부는 토스카나(Toscana) 지역이 유명한 와인 생산지이다. 끼안티 클라시코(Chianti Classco)나 브루넬로 디 몬탈치노(Brunello di Montalcino) 등의 와인은 이미 세계적으로 잘 알려진 와인이다.

남부의 캄파니아(Campania)와 풀리아(Puglia) 지역은 더운 날씨로 와인 생산에 어려움을 겪고 있지만 다양한 방법으로 와인을 생산하고 있다. 풀리아(Puglia)는 이탈리아에서 베네토(Veneto) 다음으로 많은 와인을 생산하는 지역이다.

3. 주요 와인 생산지

1) 피에몬테

피에몬테(Piemonte)는 프랑스·스위스와 인접한 국경지역에 있으며 알프스와 아펜니노산맥으로 둘러싸여 있다. 이탈리아의 최고급 와인을 즐기면서 달콤한 와이너리 여행지로 유명한 곳이다. 피에몬테는 와인과 곁들일 수 있는 치즈와 햄 등의 먹거리 유혹에서 벗어나기가 쉽지 않은 지역이다.

피에몬테(Piemonte)는 이탈리아의 3대 와인 생산지이다. 즉 피에몬테(Piemonte), 토스카나(Toscana), 베네토(Veneto) 지역들 중에 북부를 대표하는 와인 생산지이다. 피에몬테는 구릉지가 있는 곳에 포도 재배를 많이 하고 있다. 알프스산의 영향을 많이 받아서 여름은 덥고 겨울은 춥고 가을은 안개가 끼는 기후조건을 가지고 있다.

피에몬테는 레드 와인 생산지이며 명성 있는 와인은 바롤로(Barolo), 바르바레스코(Barbaresco), 돌체토(Dolcetto) 등이 있다. 지방명과 포도명을 와인 명칭으로 사용하고 있다.

주요 레드 와인 품종은 네비올로(Nebbiolo), 바르베라(Barbera), 돌체토(Dolcetto) 등이 있다. 화이트 와인 품종은 모스카토(Moscato) 등이 있다.

피에몬테(Piemonte)의 와인으로 인지도가 높은, 바롤로(Barolo), 바르바레스코(Barbaresco), 돌체토(Dolcetto), 모스카토(Moscato), 가비 와인(Gavi Wine), 아스티 스푸만테(Asti Spumante), 버무스(Vermouth) 와인 등이 있다.

(1) 바롤로

바롤로(Barolo)는 피에몬테의 남동부에 있는 랑게(Langhe) 언덕에 위치한 그림과 같이 아름다운 산지 이름이다. 이 지역에서 네비올로 포도품종을 재배하고 있다. 네비올로는 강한 타닌 성분으로 인해 남성적인 와인이라고 한다.

바롤로는 바디감 있는 와인으로 알코올 도수는 13~15℃ 정도이다. 감칠맛과 산미, 떫은맛, 쓴맛의 균형감이 있는 우수한 와인이다. 아로마는 산딸기, 버섯, 바카향, 감초향, 오디향, 연기향이 난다. 숙성이 진행되면서 낙엽이 어우러진 듯한 복잡하고 미묘한 향기를 풍긴다. 바롤로는 이탈리아에서 가장 좋은 아로마를 가지고 있다는 평가를 받는다.

바롤로는 오크통에서 3년 숙성시키고 병 속에서 3년 정도 숙성시킨다. 고급품질 와인은 병 속에서 15년 정도 숙성시키는 경우도 있다. 바롤로는 DOCG 등급의 와인이며 '와인의 왕'이라고 칭한다. 바롤로의 토양은 석회질의 이회토를 많이 포함하고 있다.

바롤로	네비올로 품종, 바디감, 최소한 알코올 도수 13~15℃ 정도
	감칠맛과 산미, 떫은맛, 쓴맛의 균형감
	낙엽이 어우러진 듯한 복잡하고 미묘한 향기

(2) 바르바레스코

바르바레스코(Barbaresco)는 바롤로에서 동북쪽으로 떨어진 곳에 위치한 와인산지이다. 네비올로 포도품종을 재배하고 있다. 레드 와인은 타닌 성분이 강하고 향이 강하며 숙성이 잘 되는 DOCG 등급의 와인이다. 바르바레스코는 2년 정도 숙성시키고 리저브(Reserve)급은 4년 정도 숙성시킨다.

바롤로(Barolo)에 비해 부드럽고 세련되며 바디감(Body)이 가볍고 우아한 특징으로 여성적이라고 알려져 있다. 바르바레스코는 '와인의 여왕'이라는 수식어가 붙어 있다. 토양은 석회암과 이회암이 함유되어 있다.

바르바레스코	네비올로 품종, 바디감, 알코올 도수 12.5℃ 이상
	바롤로보다 부드럽고 세련되고 우아하며 바닐라향, 약간 스파이시한 향

2) 토스카나

이탈리아 중부에 위치한 토스카나주는 피렌체, 시에나, 피사의 3개 고도(古都)를 연결한 삼각형 속의 구릉지이다. 토스카나는 르네상스의 탄생지로 역사, 예술, 문화, 건축, 음식, 와인, 자연풍광 등 무엇 하나 빠지는 것 없는 최고의 관광지이다. 이곳이 유명한 끼안티를 비롯한 레드 와인이나 화이트 와인을 생산한다.

(1) 끼안티

이탈리아는 "끼안티(Chianti)와 스파게티의 나라"라고 불릴 만큼 끼안티는 유명하다. 끼안티는 숙성을 거치지 않거나 짧은 숙성으로 마시면 신선하고 가벼운 맛을 느낄 수 있다.

토스카나(Toscana)는 주로 레드 와인을 생산하지만 화이트 와인을 생산하기도 한다. 끼안티는 피아스코(Fiasco)라는 와인 병을 밀짚으로 둘러싼 와인으로 우리에게 잘 알려져 있다. 끼안티는 보통 품질의 끼안티와 고급의 끼안티 클라시코(Chianti Classico)가 있다.

끼안티 클라시코는 와인 병목에 붙어 있는 라벨에 검은 수탉 모양의 그림이 그려져 있다. 이것은 생산자 조합에서 품질을 보증하고 있다. 특히 끼안티 클라시코 리제르바(Chianti Classico Riserva)는 우아하고 탁월한 향을 갖고 있으며 오크통에서 1년 이상을 포함한 3년 이상 숙성한 최고급 끼안티 와인이다. 끼안티는 이탈리아 대부분의 음식과 잘 어울린다.

끼안티 클라시코	미디엄 바디감, 드라이한 맛
	꽃향기, 맑은 루비색
	심볼 마크로 와인 병목에 수탉 그림이 있음

(2) 브루넬로 디 몬탈치노

브루넬로 디 몬탈치노(Brunello di Montalcino)는 드라이한 맛, 또한 타닌 함유량이 많아 묵직한 바디감과 힘차면서 섬세함이 있는 레드 와인이다. 이는 블랙체리향, 라즈베리향, 초콜릿향, 풍부한 블랙베리향과 긴 여운을 느낄 수 있다.

브루넬로 디 몬탈치노 와인은 4년간 숙성하는 동안에 최소 2년간 오크통에서 숙성시켜야 한다. 브루넬로 디 몬탈치노 리제르바는 5년간 숙성하는 동안에 최소 2년 6개월은 오크통에서 숙성시켜야 한다. 포도품종은 산지오베제의 변종인 브루넬로 품종으로 생산한다.

토스카나 와인지도

(3) 비노 노빌레 디 몬테풀치아노

비노 노빌레 디 몬테풀치아노(Vino Nobile di Montepulciano) 와인은 토스카나 몬테풀치아노(Montepulciano) 마을에서 생산하며 은은함을 느낄 수 있다. 향은 끼안티 클라스코와 비슷한 스타일이다. 이는 귀족의 식탁에 와인을 공급했다는 뜻으로 노빌레(Nobile)라는 단어가 붙었다. 보통 2년 이상 숙성시키고 리제르바는 3년 이상 숙성시킨다.

3) 베네토

베네토(Veneto)는 너무나 잘 알려진 물의 도시인 베네치아, 역사적인 상징성과 문화유산 등이 남아 있는 세계적인 관광지이다. 베네토는 로미오와 줄리엣의 거리로 유명한 베로나(Verona) 주변에 대량의 와인 생산지 및 이야깃거리가 풍부한 곳이기도 하다.

레드 와인은 알코올 도수와 감칠맛 나는 발폴리첼라, 부드럽고 산뜻하고 일찍 숙성되는 바르돌리노가 좋은 평가를 받고 있다. 화이트 와인은 뒷맛이 개운한 쓴맛 스타일의 소아베가 유명하다.

베네토의 주요 재배품종은 소아베(Soave), 발폴리첼라(Valpolicella), 바르돌리노(Bardolino)가 있다.

(1) 감벨라라 지역

감벨라라(Gambellara) 지역은 소아베(Soave) 동쪽에 위치하고 있다. 청포도품종인 가르가네가(Garganega)를 주로 재배한다. 이는 배수가 잘 되고 일조량이 풍부한 환경에서 잘 자란다. 감벨라라 지역은 드라이 화이트, 스위트, 스파클링 와인을 생산한다.

가르가네가(Garganega)는 드라이 화이트 와인이며 미디엄 바디(Medium Bodied), 균형잡힌 신맛, 전체적으로 조화로운 감칠맛이 난다. 가르가네가(Garganega)는 아름다운 노란색을 띠고 레몬, 사과, 복숭아, 아몬드, 멜론, 오렌지향이 난다.

(2) 소아베 지역

소아베(Soave)는 2개의 DOCG 구역이 있는데, 레치오토 디 소아베(Reciotto di Soave)와 소아베 슈페리오레(Soave Superiore) 구역이다. 소아베 와인은 가르가네가(Garganega)를 기본적인 품종으로 소아베 와인을 만들 때 약 70% 정도 비율을 섞고 나머지 30%는 트레비아노(Trebbiano)나 샤르도네와 블렌딩(Blending)하기도 한다.

소아베(Soave)는 드라이 화이트 와인으로 유명하다. 섬세하고 균형감이 있으며 옅은 짚색이며 주로 생선요리에 곁들여 마신다.

(3) 발폴리첼라 지역

발폴리첼라(Valpolicella)는 적포도품종으로 신맛과 풍부한 과일향, 체리향과 쌉쌀한 아몬드향이 난다. 또한 가벼운 느낌을 주며 약간 드라이한 맛으로 마시기 쉽다.

베네토의 유명한 와인인 아마로네(Amarone)는 이탈리아에서 가장 비싸고 복합미가 좋은 고급 와인으로 잘 알려져 있다. 즉 아마로네 델라 발폴리첼라(Amarone della Valpolicella)와 레치오토 델라 발폴리첼라(Recioto della Valpolicella)가 고급 와인으로 인정받고 있다. 레치오토 델라 발폴리첼라는 매우 달콤한 스위트 와인이다.

발폴리첼라 와인은 주로 코르비나(Corvina), 론디넬라(Rondinella), 몰리나라(Molinara) 등의 포도품종과 블렌딩하여 만들며 풍부한 신맛과 과일 맛이 난다.

(4) 바르돌리노 지역

바르돌리노(Bardolino)는 북부 이탈리아 세 지방에 걸쳐 분포하는 드넓은 호수 가르다의 호반마을이다. 바르돌리노(Bardolino) 와인은 코르비나를 중심으로 론디넬라, 몰리나라와 같은 적포도품종을 혼합하여 만든다.

바르돌리노는 가볍고 부드럽고 상쾌한 맛과 맑고 싱싱한 딸기와 산딸기 맛, 체리와 같은 붉은 과일 맛 및 계피 맛이 난다. 향은 약하지만 스파이시한 향이 나고 색깔은 투명하고 부드럽다. 바르돌리노는 장기간 숙성을 거치지 않고 출시된 후 몇 년 이내에 마시는 것이 좋다.

4) 롬바르디아 지역

스위스와 인접한 롬바르디아(Lombardia)는 이탈리아의 북부지방에 위치하며 알프스의 설경과 호수들로 아름다운 경관을 자랑하는 지역이다. 미세 기후지역도 있지만 대부분 기후가 서늘하다. 롬바르디아(Lombardia)의 주요 재배품종은 네비올로이다. 네비올로와 다른 품종 2~3가지를 블렌딩한 키아벤나스카(Chiavennasca) 와인이 있다.

발포성 와인은 프란차코르타(Franciacorta)가 최고의 와인이며 북부의 발텔리나(Valtellina)는 최고의 레드 와인 생산지이다.

5) 트렌티노-알토 아디제 지역

트렌티노-알토 아디제(Trentino-Alto Adige) 지역은 오스트리아와 스위스 국경을 접하고 있는 주이다. 이곳은 눈 덮인 산, 넓은 계곡, 호수, 숲 등의 자연경관과 고대 성곽 및 중세풍의 마을을 볼 수 있는 관광지이다.

이탈리아어로 '알토 아디제'는 '아디제강 상류'라는 뜻이며 일조량이 풍부한 지형이다. 가벼운 것에서 약간 무게감 있고 깊은 향미를 가진 스타일의 와인을 생산한다. 레드 와인은 밝은색이며 과일향이 나는 우아하고 섬세한 스타일을 생산한다. 화이트 와인이 유명하지만 전통적인 방식으로 생산하는 스파클링이나 레드 와인도 인지도가 높다.

토착포도인 라그레인(Lagrein)은 깊은 과일향이 있는 라그레인 크레처(Lagrein Kretzer) 로제 와인과 색이 진한 라그레인 둥켈(Lagrein Dunkel) 등을 만든다. 모스카토 로제(Moscato Rosa)는 품위 있는 꽃향기의 와인으로 인지도가 높다. 라그레인 와인은 진한 붉은색을 띠고 있으며 드라이한 풀 바디감(Full Bodied)을 느낄 수 있다.

화이트 와인 품종으로 실바너, 게뷔르츠트라미너, 뮐러-투르가우, 샤르도네, 소비뇽 블랑, 리슬링, 피노 블랑, 피노 그리지오 등을 주로 재배하고 있다.

6) 프리울리-베네치아-줄리아 지역

프리울리-베네치아-줄리아(Friuli-Venezia Giulia)는 포도밭이 알프스산맥의 산 중턱과 평지에 있다. 풍부한 일조량으로 포도가 잘 익어 바디감이 있고 개성이 강한 화이트 와인을 생산한다.

화이트 와인은 마시기에 청량감과 깨끗함과 상큼한 맛, 즉 '절제된 아름다움'과 같은 느낌을 갖는다. 이탈리아어로 콜리(Colli)는 '언덕'이란 뜻이며 콜리 오리엔탈리는 언덕에서 포도를 재배하고 있다.

(1) 콜리 그라베 지역

콜리 그라베(Friuli Grave)는 평평하고 자갈이 많은 토양이며 포도밭은 언덕에 있다. 주로 청포도를 재배하여 화이트 와인을 생산한다. 레드 와인은 보르도 품종과 블렌딩(Blending)하며 가볍고 과일향이 나는 와인으로 만든다.

콜리 그라베 지역의 와인은 타닌이 강하지만 숙성하면 부드러운 자두 맛이 나며 쓴 초콜릿의 풍미를 느낄 수 있다. 신맛이 있으며 붉은 과일향이 난다.

(2) 꼴리 오리엔탈리 델 프리울리 지역

콜리 오리엔탈리 델 프리울리(Colli Orientali del Friuli)는 대륙성 기후가 뚜렷하고 기온은 서늘하다. 또한 계단식 언덕이 많아 포도 재배에는 좋은 환경을 가진 곳이다. 토양은 이회토의 퇴적물과 사암으로 되어 있다.

콜리 오리엔탈리 델 프리울리에서 재배하는 적포도품종은 까르메네르와 메를로 등이 있고 청포도품종은 소비뇽 블랑, 피노 그리지오, 피노 비앙코 등이 있다.

(3) 프리울리 콜리 고리찌아노 지역

프리울리 콜리 고리찌아노(Friuli Collio Goriziano)는 프리울리-베네치아-줄리아에서 가장 동쪽에 위치하고 있어서 온화한 기후와 경사가 심한 언덕에서 포도를 재배하고 있다. 이런 환경에서 재배하는 포도는 최고급 화이트 와인을 생산하게 된다.

7) 에밀리아-로마냐 지역

중부 이탈리아의 북쪽에 위치하고 있으며 아드리아해 연안은 따스한 기후 지대이며 산악지역은 비가 많이 내리다. 에밀리아-로마냐(Emilia-Romagna) 지역의 볼로냐(Bologna), 팔마, 모데나 등은 미식가의 도시이다.

에밀리아-로마냐(Emilia-Romagna)는 람브루스코 포도품종을 재배하고 람브루스코(Lambrusco) 와인을 생산한다. 람브루스코는 약간 발포성이 있고 약한 감미가 있다. 여름철에는 차게 마시고 코르크 마개보다는 스크루 캡을 많이 사용한다.

로마냐 지역에서는 주로 산지오베제(Sangiovese) 품종으로 레드 와인을 생산한다. 이는 비교적 가벼운 맛과 향기가 좋다. 로마냐 지역은 청포도품종인 알바나(Albana)와 트레비아노(Trebbiano)를 재배하여 화이트 와인을 만든다. 알바나 디 로마냐(Albana di Romagna) 지역에서 생산한 화이트 와인이 이탈리아 최초의 DOCG 등급을 받았다. 또한 알바나 포도품종으로 발포성 와인을 만든다.

8) 발레 다오스타 지역

발레 다오스타(Valle d'Aosta)는 이탈리아 서북쪽 끝 지역으로 서쪽은 프랑스, 북쪽은 스위스와 국경을 접하고 있다. 알프스 고산지역에 위치하고 있는 산악지형이고 남쪽과 동쪽에는 피에몬테주가 있다. 대륙성 기후로 여름은 덥고 건조하며 포도밭은 강의 계곡으로 이어지는 가파른 경사지에 있다.

발레 다오스타는 드라이하고 신맛이 강한 레드 와인을 만들며, 또한 화이트 와인과 로제 와인도 생산한다. 주요 재배품종은 피노 누아와 가메 등이 있다.

9) 리구리아 지역

리구리아(Liguria)는 이탈리아 서북부에 위치하고 있다. 지중해 해안지역과 알프스 산맥으로 이어지는 산악지형 및 내륙의 피에몬테와 분리되어 있는 지역이다. 기후는 온화하고 경치가 아름다워 세계적인 휴양지로 각광받고 있다.

DOC급 와인은 칭퀘 테레(Cinque Terre)가 있는데 청포도인 보스코(Dosco) 품종을 중심으로 만든다. 짙은 향과 가볍고 섬세한 맛의 드라이 화이트 와인이다. 초록빛이 감도는 옅은 황색이다.

10) 캄파니아 지역

나폴리가 주도인 캄파니아(Campania)주는 전설로 유명한 라크리마 크리스티 (Lacryma Christi)의 와인산지가 있다. 약 100여 토종품종이 있어 다른 지역에서 마실 수 없는 와인을 생산하고 있다. 드라이하면서 부드러운 바디감(Body) 있는 레드 와인 과 드라이 화이트 와인을 생산한다. 화이트 와인은 진한 황금색에서 깔끔한 맛이 난다.

11) 시칠리아

시칠리아(Sicilia)는 이탈리아의 남부 지중해에 있는 가장 큰 섬이다. 최근에 시칠리 아(Sicilia)는 지중해의 뜨거운 태양이 빚은 맛의 와인을 만들면서 국제적인 관심을 받 고 있다.

시칠리아는 주정강화 와인으로 DOC등급인 마르살라(Marsala)와 디저트로 마시는 주코(Zucco) 와인이 유명하다. 주코(Zucco)는 드라이 황금색이며 알코올 도수가 높다. 마르살라의 모든 와인이 스위트한 와인은 아니다.

시라쿠사(Siracusa)의 모스카토(Moscato)는 15%의 천연 알코올이 함유되어 있다. 이 는 달콤함으로 잘 알려져 있으며 약간 짙은 감이 있는 디저트 와인으로 유명하다. 시 칠리아는 레드 와인보다 화이트 와인을 주로 마신다. 또한 해산물이 풍부해 해산물 요 리와 잘 어울리는 와인들이 많다.

토착 포도품종인 카타라토 비앙코(Catarratto Bianco)는 시칠리아 해변가 지역에서 생산되는데 알코올 도수가 적당하다. 이는 진한 색깔에 바디감(Body)이 있다. 향은 부 드럽고 열대 과일향이 풍부하며 신선하고 상쾌해서 가벼운 소스, 파스타, 생선, 닭고 기와 같이 향신료가 가미된 음식과 잘 어울린다.

시칠리아의 샤르도네(Chardonnay)는 드라이한 것에서 단맛 나는 것까지 다양한 하 고 특색 있는 와인이 있다. 토착 적포도품종인 네로 다볼라(Nero d'Avola)는 시칠리아 를 대표하는 레드 와인용 포도품종이다. 드라이하고 섬세한 맛과 짙은 색을 띠고 있으며 알코올 도수가 높다. 블랙베리향과 후추향 같은 매운 향기가 나는 것이 특징이다. 육류 요리나 소스가 강한 음식 등과 잘 어울린다. 네로 다볼라는 까베르네 소비뇽과 메를로 등과 같은 포도품종과 블렌딩(Blending)하기도 한다.

표 5-13 피에몬테(Piemonte)의 와인 특성

와인명	특성
돌체토(Dolcetto)	돌체토 포도품종은 대부분 피에몬테 지방에서 재배
	이탈리어로는 '약간 단 것'이라는 뜻. 당도 높음
	포도가 익을수록 신맛 낮고, 타닌과 과일향 강함
	블랙체리, 감초, 말린 자두와 같은 과실향, 짙은 색
	2~3년 안에 마시는 것이 제대로 맛을 느낌
모스카토(Moscato)	피에몬테 지방에서 재배하는 포도품종
	복숭아, 살구, 오렌지 꽃 등과 같은 과일향
	신선한 신맛과 달콤한 맛
	모스카토 다스티(Moscato d'Asti)는 달콤한 향과 맛, 약한 탄산가스 발생, 디저트 와인
	알코올 도수 4~4.5%
	모스카토 다스티(Moscato d'Asti)와 아스티 스푸만테 와인(Spumante Wine) 생산. 가볍고 달콤(Sweet)한 맛을 가진 약발포성 와인
가비 와인 (Gavi Wine)	드라이 화이트 와인, 복숭아, 감귤향, 흰 들꽃, 파인애플 향기
	숙성 향으로 말린 흰색 꽃, 바닐라, 아카시아 꿀향이 나는 등 복합적인 향미
	잘 어울리는 음식은 생선튀김, 야채가 주가 되는 전채요리, 파스타 등
아스티 스푸만테 (Asti Spumante)	발포성 와인을 '스푸만테(Spumante)'라고 부름. 아스티 스푸만테(Asti Spumante)는 뮈스카(Muscat) 포도품종으로 만듦
	피에몬테 지역의 아스티(Asti)는 달콤하면서 풍부한 과일향
	알코올은 6~8% 정도
	단맛과 복숭아와 살구향
버무스(Vermouth)	유명한 가향 와인
	식전, 디저트 와인, 알코올 도수는 17~20% 정도

4. 와인의 등급체계

이탈리아 정부는 와인의 인지도를 높이기 위해 1963년에 프랑스의 AOC등급과 같은 와인의 원산지관리법인 DOC(Denominazione Di Origine Controllata)를 제정하여 시행해 오고 있다. 와인의 수준에 따른 4등급을 DOCG, DOC, IGT, VdT로 구분하였다.

이탈리아도 2010년 유럽연합의 와인등급 명칭을 변경할 때 표 5-14와 같이 변경하였다. 즉 VINI DOP(Denominazione di Origine Protetta, 원산지명칭)는 기존의 DOCG와 DOC등급을 포함하고 있다. 또한 VINI IGP(Indicazione Geografica Protetta, 지리적인 표시)는 기존 IGT 등급의 범주에 속한다. 비니 바리에탈리(Vini Varietali), 비니(VINI) 등급으로 변경되었다. 비니(VINI)는 VdT(Vino da tavola) 등급과 같은 수준이다. 소비자들의 혼란을 막기 위해 기존 명칭도 당분간 사용한다.

┠〜 표 5-14 이탈리아 와인 등급체계

등급체계	규정
① VINI DOP(Denominazione di Origine Protetta, 원산지명칭)	• 기존의 DOCG와 DOC를 포함하고 있음 • 엄격한 품질 테스트를 거친 이탈리아의 최고 등급 • 기존의 DOC 와인으로 5년 이상 일정 수준 유지하여 심사 후 DOCG로 승급되는 것처럼 VINI IGP 와인의 품질을 유지해야 승급
② VINI IGP(Indicazione Geografica Protetta)	• 지리적인 표시로 기존 IGT 등급의 범주에 속한 것
③ 비니 바리에탈리(VINI Varietali)	• 유럽연합 지역 내에서 생산된 포도로 만든 와인으로 포도품종 및 빈티지는 라벨에 표시 • 지리적 원산지는 표시할 수 없음
④ 비니(VINI)	• 유럽연합 지역 내에서 생산된 포도를 사용해서 만든 와인으로 포도 품종, 지리적 원산지, 빈티지 등을 라벨에 표시할 수 없음 • 단지 색상(레드 · 화이트 · 로제)만 표시할 수 있음

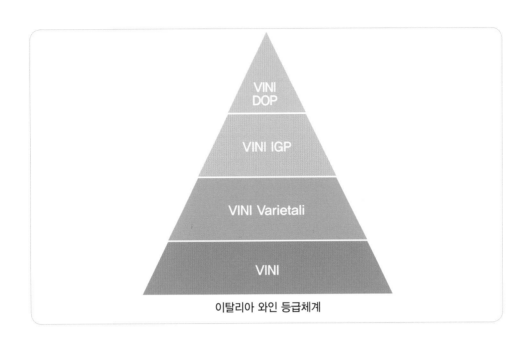

이탈리아 와인 등급체계

제**4**절 ┊ **스페인의 와인**

1. 스페인 와인의 역사

스페인의 포도 재배는 로마시대 이전부터 시작되었다고 한다. 포도 재배 면적이 세계에서 가장 넓으며 세계 3번째 와인생산국이다. 스페인은 1950년대 후반부터 리오하(Rioja)를 중심으로 품질향상을 위해 노력하였다. 1970년에 개정된 D.O라는 원산지통제명칭제도를 만들었다. 새로운 품종을 도입하여 과학적인 관리방법으로 우수한 와인생산에 노력하고 있다.

2. 스페인 와인의 특성

스페인의 지형이나 토양은 포도 재배에 적합하고 기후 조건도 알맞기 때문에 레드 와인과 로제 와인은 스페인 전역에서 생산한다. 대부분 서늘한 고원지대에 포도원이 위치하고 있다. 고지대에서 재배함으로 인해 포도가 잘 익는 자연환경을 가지고 있고 신맛이 많으며 풍미가 좋은 것이 특징이다.

현대적 트렌드에 적합한 와인을 생산하기 위해 강하고 과일향이 풍부한 와인을 생산하려 노력하고 있다. 프랑스의 영향을 받은 만큼 스페인도 작은 오크통을 사용하여 와인을 숙성하는 경향이 있다. 이 오크통을 바리카(Barrica)라 부른다.

스페인 와인은 전통적으로 딸기, 체리 등의 붉은 과일향이 많으며 향은 강하지 않다. 타닌이 강하지 않아서 부드러운 맛의 와인을 생산한다.

3. 주요 와인 생산지

1) 라만차 지역

라만차(La Mancha)는 스페인의 중부 마드리드 남쪽에 위치하고 있다. 대륙성 기후로 무척 더운 여름과 혹한의 겨울, 낮은 덥고 밤에는 매우 추운 기온이다. 수확기에는 건조하고 온화한 날씨로 포도 재배에 혜택을 받은 지역이다.

라만차 지역은 스페인 와인 전체 생산량의 50% 정도를 생산하고 있다. 레드 와인은 통을 사용하지 않고 전통방식으로 독을 쓰는 것이 특징이다. 발데페냐스(Valdepenas)는 마을 이름을 사용한 유명한 와인이다. 발데페냐스는 레드 와인 품종인 센시벨(Cencibel)과 화이트 와인 품종인 아이렌(Airen) 포도를 혼합하여 만든 레드 와인이다. 발데페냐스 와인은 강건하면서 옅은 색이고 풍부한 과일향과 섬세한 맛을 낸다.

2) 페네데스 지역

페네데스(Penedes)는 지중해 연안의 따뜻한 기후와 피레네산맥 쪽은 지대가 높아

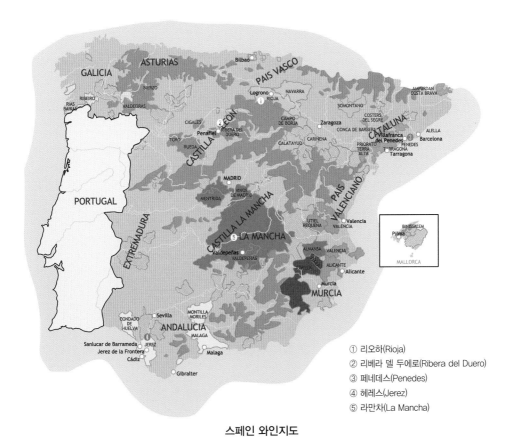

① 리오하(Rioja)
② 리베라 델 두에로(Ribera del Duero)
③ 페네데스(Penedes)
④ 헤레스(Jerez)
⑤ 라만차(La Mancha)

스페인 와인지도

서늘한 기후가 형성되어 있다. 바다와 산맥지대는 매우 다른 기후가 형성되어 있다.

프랑스 샴페인과 똑같은 양조법으로 만든 까바(Cava)는 명성이 높다. 까바(Cava)의 포도품종은 마카베오(Macabeo), 자렐로(Xarello), 파렐라다(Parellada)를 블렌딩하여 만든다. 국제적인 명성을 얻은 검은색 라벨의 레드 와인인 그랑 코로나스(Gran Coronas)는 귀하고 값이 비싼 와인이다.

3) 리오하 지역

리오하(Rioja)는 에브로강 유역에 위치하고 있으며 해양성 기후로 스페인의 최고 와인 생산지이다. 나무통 숙성을 하는 것으로 유명하며 와인 스타일은 부드럽다. 스페인에서 가장 우수한 와인을 만드는 곳으로 알려져 있다. 레드 와인은 세계적으로 인정받고 있다.

주요 적포도품종은 템프라니요(Tempranillo), 가르나차(Garnacha)이며 화이트 와인 품종은 비우라, 가르나차 블랑카, 말바지아 등이 있다. 템프라니요(Tempranillo)는 가르나차(Garnacha)와 혼합한 와인이 유명하다.

리오하 알타(Rioja Alta)는 고품질 레드 와인을 생산하는 지역이다. 풍부한 맛과 신선하고 부드러운 와인을 만든다. 리오하 알라베사(Rioja Alavese)의 와인은 가볍고 정교한 맛을 풍기며 풍부한 과일 맛이 난다. 리오하 바하(Rioja Baja) 지역에서 만든 와인은 알코올 도수가 높다. 리오하는 와인의 숙성을 강화하고 있으며 2~5년 정도 숙성하여 마시는 것이 좋다. 숙성된 와인의 색은 진홍빛을 띠며 향이 강하다.

4) 프리오라토 지역

프리오라토(Priorato)는 중세에 '천국의 계단'으로 알려져 카루투지오 수도원이 설립된 곳이다. 프리오라토의 와인은 진하고 힘이 넘치는 레드 와인을 만드는 지역으로 알려져 있다.

타닌과 알코올 함유량이 많아 바디감이 있고 풍부한 과일향과 중후한 맛의 와인을 만든다. 알코올은 13.5%이며 주로 레드 와인의 품종인 가르나차(Garnacha), 까리네냐(Carinena), 까베르네 소비뇽, 메를로, 쉬라, 템프라니요 등을 재배한다. 이들의 품종을 블렌딩한 레드 와인을 만든다.

5) 리베라 델 두에로 지역

리베라 델 두에로(Ribera del Duero)의 두에로(Duero)강은 포르투갈의 포트 와인으로 유명한 도우로(Duero) 계곡을 거쳐 대서양으로 간다. 가르나차 품종으로 만든 로제 와인이 유명하다. 신맛이 강하고 짙은 색이며 견고한 구조감으로 입안이 꽉 찬 느낌의 와인을 만든다. 주로 재배하는 포도품종은 템프라니요와 가르나차 등이 있다.

6) 비노 데 파고 지역

비노 데 파고는 미세 기후 지역이고 단일 포도원의 포도만으로 와인을 양조한다.

7) 헤레스 데 라 프론테라 지역

스페인 남부의 안달루시아 지방의 헤레스 데 라 프론테라(Jerez de la Frontera)는 쉐리(Sherry) 와인의 본고장으로 세계적으로 그 명성이 알려져 있다. 쉐리 와인은 긴 항해에 변질하지 않도록 브랜디를 첨가하여 만든 주정강화 와인이다. 알코올 함유량은 약 17~20% 정도이다. 식전 와인으로 많이 마시지만 식후 와인으로도 즐겨 마신다.

쉐리(Sherry) 와인의 포도품종은 드라이 쉐리(Sherry)는 팔로미노를 사용하고 단맛의 쉐리(Sherry)는 페드로-히메네스를 사용한다.

표 5-15 스페인 포도품종

스페인의 대표적인 레드 와인 품종	스페인의 대표적인 화이트 와인 품종
템프라니요(Tempranillo)	팔로미노(Palomia)
가르나차 틴타(Garnacha Tinta)	아이렌(Airen)
그라시아노(Graciano)	비우라(Viura)
모나스트렐(Monastrell)	말바시아(Malvasia)

4. 와인의 등급체계

스페인은 와인산업의 육성을 위해 1926년부터 리오하(Rioja) 지역을 시작으로 원산지통제(Denominacion de Origen, DO)를 법으로 제정했다. 1986년 유럽연합에 가입하면서 품질 개선을 위한 대변신이 시작되었다. INDO(Instituto Nacional de Denominaciones de Origen)를 통해 품질이 규제되고 있다.

등급체계	규정
① 비노 데 파고(Vino de Pago : VdP)	• DOCa보다 한 단계 높은 등급으로 2003년에 신설된 법률로 새로운 등급 제정 • DOCa구역에서 고품질의 와인을 생산해 온 포도원을 지정하고 특별한 미세 기후(Micro Climate) 지역에서 뛰어난 와인으로 인정된 최고의 등급
② 데미노미나시온 데 오리헨 칼리피카다(Denominacion de Origen Calificada : DOCa)	• DOCa는 DO등급보다 상위의 와인이며 원산지명칭 와인, DO 와인으로 적어도 10년 동안 인정된 것 • DOCa는 사실상 프랑스 AOC등급의 품질
③ 데노미나시온 데 오리헨(Denomi- nacion de Origen : DO)	• 고급 와인 생산지역으로 원산지명칭 표시 가능. 스페인의 포도밭 면적의 다수가 이 범주에 속함 • DO제도의 규정에서 요구하는 포도품종, 양조방법, 생산지역, 와인 숙성 등의 조건 갖춘 와인
④ 비노 드 칼리다 프로두시도 엔 레시온 데테르미나다(Vino de Calidad Producido en una Region De- terminada : VCPRD)	• 특정지역의 우수한 품질의 와인 생산지역에 부여되는 명칭. DO의 승급을 위한 단계로 간주되는 등급
⑤ 비노 데 라 티에라(Vino de la Tier- ra : VdIT)	• 지역에서 생산되는 테이블 와인. 프랑스 뱅 드 페이(Vins de Pays)와 같은 수준의 와인
⑥ 비노 데 메사(Vino de Mesa : VdM)	• 스페인 와인 등급에서 가장 낮은 등급. 프랑스의 뱅 드 따블(Vin de Table)에 해당되는 테이블 와인의 품질. 지리적 명칭을 사용하지 않으며 여러 지역의 블렌딩 와인으로 생산지역, 포도품종, 빈티지 등을 표시하지 않음. 스페인에서 생산되는 포도를 사용하여 만든 블렌딩 와인

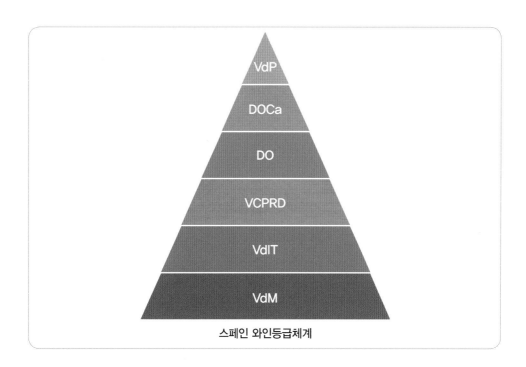

스페인 와인등급체계

5. 스페인 와인의 숙성 규정

스페인은 와인 숙성에 대해 엄격한 규정으로 시행하고 있다. 숙성의 조건에 따라 라벨의 표기방식을 다르게 하고 있다. 즉 와인의 숙성기간이나 장소에 따라 표기를 다르게 적용한다.

표 5-17 스페인 와인 숙성기간에 따른 표기

구분	숙성기간에 따른 표기
그란 레세르바 (Gran Reserva)	레드 와인 : 5년 이상 숙성, 숙성 중에 오크통 2년, 병 속 3년 이상 숙성
	화이트 · 로제 와인 : 4년 이상 숙성, 숙성 중에 오크통 6개월, 나머지 기간 병 속에서 숙성
레세르바(Reserva)	레드 와인 : 3년 이상 숙성, 숙성 중에 오크통 최소 1년 이상, 병 속에서 2년 이상
	화이트 · 로제 와인 : 2년 이상 숙성, 숙성 중에 오크통 6개월 이상
비노 데 크리안자 (Vino de Crianza)	레드 와인 : 2년 이상 숙성. 숙성 중에 오크통 1년, 병 속에서 1년 이상
	화이트나 로제 와인은 1년 이상 숙성. 숙성 중에 오크통 6개월 이상 숙성
호벤(Joven)	수확한 해의 포도로 양조한 와인으로 숙성을 거치지 않고 병입 직후 소비하는 와인

6. 쉐리 와인

쉐리(Sherry)는 스페인 남부의 안달루시아 지방 카디스주의 헬레스 데 라 프론테라 (Jerez de la Frontera)를 중심으로 만든 주정강화 와인이다.

스페인 사람들이 긴 항해를 할 때 와인이 변질되어 와인을 마실 수 없게 되자 와인에 증류주, 즉 브랜디(Brandy)를 첨가하여 와인의 변질을 막을 수 있었던 것이 그 유래이다. 쉐리 와인은 빈티지가 없으며 가장 오래된 것을 '솔레라(Solera)'라고 한다.

스페인의 3대 쉐리 와인 생산지역은 헤레스 데 라 프론테라(Jerez de la Frontera), 산루카르 데 바라메다(Sanlucar de Barmeda), 엘 푸에르토 데 산타 마리아(El Puerto de Santa Maria) 지역이다.

1) 쉐리 와인의 특징

쉐리(Sherry) 와인은 산소 유입을 통해 산화시켜 만드는 것이 특징이다. 쉐리 와인과 포트 와인은 양조하는 과정에서 브랜디를 발효 중에 첨가하느냐 발효가 끝난 다음에 첨가하느냐에 따라 쉐리와 포트 와인으로 분류된다. 쉐리는 발효가 끝난 다음에 포트는 발효 진행 중에 브랜디를 첨가한다.

팔로미노 품종으로 만든 쉐리는 드라이하고 페드로 히메네스 품종으로 만든 쉐리는 스위트한 맛이다. 식전 와인으로는 드라이 쉐리 (Dry Sherry) 와인이 적합하다. 드라이 쉐리는 피노(Fino) 및 만자니아(Manzanilla)가 있다. 오래된 것은 알코올의 함유량이 적고 향미가 있어 좋다. 쉐리 와인을 마실 때는 쉐리 글라스에 2~2.5온스 정도가 적당하다.

2) 쉐리 와인의 종류

표 5-18 쉐리 와인의 종류 및 특성

구분	숙성기간에 따른 표기
피노(Fino)	• 가장 기본적인 타입, 옅은 황갈색, 신선하고 드라이하며 아몬드향, 알코올 함유량은 15~16% • 식전이나 식사 중에 약간 차게 마시는 것이 적절. 대부분의 쉐리 와인은 18℃ 정도에 마심 • 해산물류인 조개류, 바닷가재, 참새우, 생선 수프 등과 어울림
아몬티야도 (Amontillado)	• 피노(Fino)를 오크통에서 7~8년 숙성. 피노(Fino)보다 진한 맛이 나며 숙성과정에 색은 옅은 갈색, 알코올 함유량은 16~20% • 부드럽고 헤이즐넛향, 가격 비쌈, 식사 전·중에 약간 차게 마심 • 가벼운 치즈, 소시지, 햄 등과 어울림
만자니야 (Manzanilla)	• 산루카르 데 바라메다(Sanlucar de Barmeda) 해안지대에서 생산 • 해안지방의 미세 기후 영향으로 약간 짠맛 남. 섬세하고 매우 드라이하며 식전 와인으로 적합. 알코올 함유량은 15~17% • 구운 생선요리와 잘 어울림
올로로소(Oloroso)	• 짙은 황갈색에 가깝고 짙은 맛과 호두맛, 풍미가 짙으며 무게감 있는 드라이한 맛, 알코올 함유량은 17~20% • 수출하는 올로로소(Oloroso)는 맛이 짙고 당도가 높은 쉐리 와인, 페드로 히메네스 청포도품종 사용
크림 쉐리 (Cream Sherry)	• 올로로소에 페드로 히메네스를 블렌딩하여 만듦. 주정과정에 당분이 가미된 달콤한 쉐리, 색은 짙고 알코올 함유량은 20% • 디저트 와인으로 쿠키, 케이크, 커피 등과 함께 마셔도 좋음
팔로 코르타도 (Palo Cortado)	• 빈티지 와인(Vintage Wine)으로 알코올 함유량은 17%, 올로로소와 아몬티야도의 중간 맛, 발효 후 20년 이상 숙성시킨 후 출하

제5절 | 포르투갈의 와인

1. 포르투갈 와인의 역사

포르투갈은 로마시대에 와인이 인기있는 상품으로 당시에 포도를 경작하여 로마로 공급하면서 와인이 발달하게 되었다.

포르투갈은 영국과 12세기경부터 와인 수출이 이루어져 영국이 와인 최대의 수입국이었다. 이후 영국과는 지속적으로 와인 수출의 증가를 가져왔다. 17세기에 영국과 프랑스의 전쟁으로 영국에 더 많은 수출이 이루어졌다.

1703년 영국과 관세 특혜에 관련된 메투(Methuen)조약을 체결했다. 이 조약은 영국과 프랑스 간의 관계를 악화시켰고 루이 14세 때 프랑스는 영국에 와인 수출을 금지했다.

포르투갈 와이너리

1986년 유럽연합에 가입하면서 EU의 지속적인 지원으로 와인산업은 급속도로 발전하게 되었다. 그리고 전 세계의 와인 시장에서 포르투갈의 존재감을 확대하고 있다. 즉 포르투갈이 와인에 대한 과거의 명성을 되찾은 데에는 포트 와인뿐만 아니라 로제 와인도 큰 역할을 하고 있다.

2. 포르투갈 와인의 특성

포르투갈의 와인산지는 중부지역에서 북부에 걸쳐 분포되어 있는데 포도밭의 대부분은 고원지대에 있다. 북서부는 대서양의 영향으로 온화한 기후와 신선하고 습한 바람에 의해 풍부한 과일향과 우아한 와인을 생산한다.

남동부는 지중해성 기후, 아열대 기후, 온대 기후가 형성되어 있다. 부드럽고 과일향 나는 와인을 생산한다. 북동부의 도우루는 향긋한 향과 풀 바디감(Full Bodied)과 강건한 와인을 생산한다.

주정강화 와인으로 포트(Port)와 마데이라(Madeira)가 잘 알려져 있고, 또한 로제 와인도 좋은 평가를 받고 있다. 토양은 화강암, 편암, 점토, 석회질, 사암 등으로 이루어져 있어 독특한 향미를 가진 와인을 생산하는 세계 9위의 와인 생산국이다.

3. 주요 와인 생산지

1) 비뉴 베르데 지역

비뉴 베르데(Vinho Verdes) 지역의 기온은 비교적 온화하고 강우량이 풍부하며 포르투갈의 최대 와인 생산지역이다. "비뉴 베르데(Vinho Verdes)"란 "녹색의 와인(Green Wine)"이라는 뜻이다. 와인이 녹색이 아니라 여러 품종을 혼합하여 만든 가볍고 신선한 와인이다.

대부분 화이트 와인과 로제 와인을 생산한다. 풍부한 과일향과 사과산이 강하며 가볍고 약간 신맛에 신선한 맛이 난다. 비뉴 베르데 와인의 알코올 함유량은 8~11%이며 약발포성 와인이다.

비뉴 베르데 와인은 이 지역을 대표하는 와인이며 맛이 좋고 깔끔한 와인이다. 또한 마테우스(Mateus) 로제 와인은 전 세계 시장에서 인기를 끌고 있다.

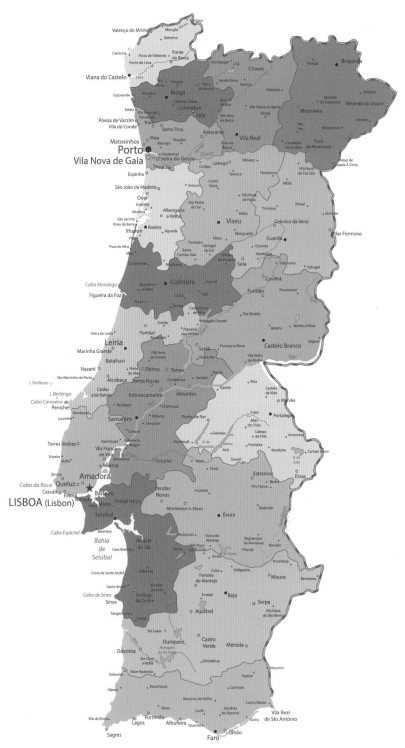

포르투갈 와인지도

2) 도우루 지역

도우루(Douro)는 도우루강 유역의 깊은 계곡에서 시작하여 스페인과의 국경까지 이어진다. 이 지역은 대서양에 접하고 있으며 중세의 유적들이 많아 관광지로도 유명하다. 도우루는 포도 재배를 계단식으로 재배하고 있어 매우 아름다운 전경으로 인해 수많은 관광객이 찾는 곳이다.

세계적으로 알려진 포트 와인과 보통의 테이블 와인도 생산한다. 도우루의 중심부에서 생산한 와인은 색깔이 짙고 알코올 함유량이 높고 맛은 짙으나 산미는 적다. 도우루 지역의 외곽에 있는 와인은 색깔이 선명하고 가볍고 산뜻하며 산미가 있다.

도우루 와인은 단맛이 나고 부드러우며 주정강화 와인으로 진한 향이 난다. 알코올 함유량이 17~21%이며 디저트 와인으로 즐겨 마신다.

3) 다웅 지역

다웅(Dao)은 포르투갈의 중부지역에 위치하고 있다. 레드 와인이 70~80%를 차지하며 화이트 와인은 일부분 생산한다. 레드 와인은 타닌 성분이 강하고 드라이하며 당도가 높다. 또한 레드 와인은 알코올 함유량이 높고 부드러운 향미가 있는 와인을 생산한다.

최근에 가벼운 와인(Light Wine)을 만들기도 한다. 레드 와인은 여러 품종을 블렌딩할 경우 최소한 20%는 토우리가 나시오날(Touriga Nacional)을 사용해야 한다.

4) 바이라다 지역

바이라다(Bairrada)는 포르투갈의 중부지역에 위치하고 있다. 토양은 석회질과 점토질로 형성되어 있다. 주로 레드 와인, 화이트 와인 및 발포성 와인을 생산한다.

레드 와인은 풀 바디(Full Bodied), 화이트 와인은 신선한 맛의 와인이다. 발포성 와인이 차지하는 비중이 60% 정도이다.

5) 에스트레마두라 지역

에스트레마두라(Estremadura) 지역에서는 비교적 적은 규모의 와인을 생산한다. 와인 생산지역은 부셀라스(Bucelas), 카르카벨로스(Carcavelos), 콜라레스(Colares) 등이 있다.

(1) 부셀라스 지역

부셀라스(Bucelas)는 리스본 북쪽의 지역으로 포르투갈에서도 가장 양질의 화이트 와인을 생산한다. 오크통에서 숙성시킨 드라이 화이트 와인을 생산한다. 신선하고 산미가 있고 뚜렷한 향과 엷은 황금색을 띤 와인으로 인기가 높다. 포도품종은 세르시알 품종을 주로 재배하고 있다.

(2) 카르카벨로스 지역

리스보아(Lisboa) 지방의 카스카이스에 있는 카르카벨로스(Carcavelos)는 리스본의 서쪽에 위치하고 있다. 섬세한 맛의 주정강화 와인의 산지로서 유명하다. 또한 짙은 색의 스위트 화이트 와인을 생산하는 지역이다.

(3) 콜라레스 지역

포르투갈 리스보아 지방 신트라에 있는 콜라레스(Colares)는 대서양과 접하고 있으며 리스본 서북부에 위치하고 있다. 독특한 향기와 산뜻한 산미를 가진 레드 와인과 화이트 와인을 생산한다.

6) 알렌테주 지역

알렌테주(Alentejo)는 포르투갈에서 와인 생산량이 많은 지역이며 포르투갈 와인 중 프랑스와 가장 유사한 맛을 느낄 수 있는 와인이 생산되는 지역이다.

레드 와인은 풀 바디(Full Bodied)하는 와인으로 유명하다. 또한 약간 발포성이 있는 와인을 생산하고 있다. 알코올 함유량은 아주 낮은 것에서 높은 와인까지 만든다. 즉 약 2~16%까지 있으며 일반 대중들이 마시기에 편한 와인이다.

4. 와인의 등급체계

포르투갈은 원산지통제명칭을 1987년 유럽연합에 가입하면서 프랑스 와인체계를 모델로 재정립하였다. 와인 품질보장에 관한 제도에 따라 DOC, IPR, VdR, VdM으로 분류하였다.

표 5-19 포르투갈의 와인 등급체계

등급	규정
제노미나상 지 오리젱 콘트롤라다(Denominacao de Origem Controlada, DOC)	• DOC는 원산지통제명칭 와인으로 프랑스 AOC급과 같은 개념. 포르투갈 최상의 품질 와인
인지까상 지 프로베니엔시아 흐헤굴라멘타다(Indicacao de Proveniencia Regulamentada, IPR)	• 한정된 지역에서 생산한 와인으로 그 지역 표시 • 최상의 DOC급의 한 단계 아래의 고급 와인. DOC 등급이 되기 위한 준비단계로 프랑스의 VDQS급에 준하는 고급 와인
비뉴 지 헤지오나우(Vinho de Regional, VdR)	• 지방명칭의 와인으로 프랑스의 뱅 드 페이 품질 수준
비뉴 지 메사(Vinho de Mesa, VdM)	• 일반 테이블 와인으로 가장 낮은 등급이며 프랑스의 뱅 드 따블(Vin de Table)에 준하는 등급의 와인

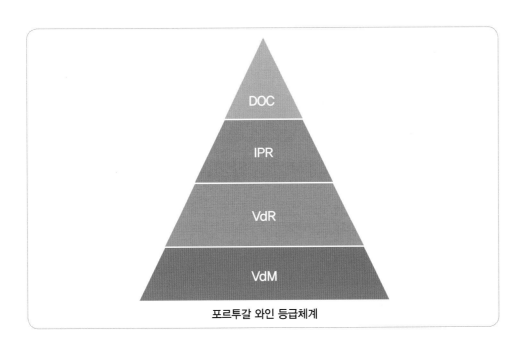

포르투갈 와인 등급체계

5. 포르투갈 와인의 종류

포르투갈을 대표하는 와인의 종류는 포트 와인(Port Wine), 마데이라(Madeira) 와인, 로제 와인(Rose Wine)이 있다.

1) 포트 와인

포트 와인(Port Wine)은 포르투갈 북부를 흐르는 도우루(Douro)강의 상류지역에서 수확한 포도를 사용하여 만든다.

포트 와인 양조는 발효과정 중 당분이 남아 있는 상태에 알코올 함유량 75~77%의 브랜디를 첨가해서 만든다. 발효과정에 브랜디를 첨가하면 발효는 멈추게 되고 잔당(천연 당분)이 단맛으로 된다. 전체 발효 중인 와인의 25% 정도의 양을 브랜디로 첨가하면 된다.

포르투갈은 자국에서 생산한 포트 와인은 라벨에 포르토(Porto)로 표시하고 있다. 타 국가에서 생산한 포트 와인과 구별하기 위한 것이다. 포트 와인은 알코올 함유량이 17~21% 정도이며 향은 강하고 단맛이 난다. 포트 와인은 초콜릿, 카라멜, 과일, 치즈 및 케이크 등과 함께 디저트로 마시면 좋다.

포트 와인은 디저트 잔과 같이 보통 작은 잔을 사용하며 적정 음용온도는 14~16℃ 정도로 약간 시원하게 마시는 것이 좋다.

(1) 포트 와인의 종류

포트 와인의 종류는 여러 가지가 있으나 크게 숙성방법에 따른 분류와 빈티지에 의한 분류로 구분할 수 있다. 숙성방법에 따른 분류에서는 나무통 숙성과 병 숙성이 있다. 빈티지에 의한 분류는 당해 수확한 포도만을 사용하여 양조한 빈티지 포트(Vintage Port)와 원산지나 생산연도가 다른 포도를 사용하여 만든 우드 포트(Wood Port)로 분류할 수 있다.

우드 포트(Wood Port)는 다시 루비 포트(Ruby Port), 토니(Towny Port), 레이트 바틀드 빈티지(LBV : Late Bottled Vintage), 콜레이타 포트(Colheita Port), 화이트 포트(White Port)로 분류할 수 있다.

① 빈티지 포트 와인

빈티지 포트(Vintage Port)는 작황이 좋은 특정 연도의 포도만 사용하여 만든 최고급 와인이다. 즉 당해 수확한 포도만을 사용하여 블렌딩은 하지 않는다. 도우루(Douro)강 상류에서 발효시키고 발효가 끝나면 오크통에 담아서 강의 하류인 항구도시, 빌라 노바 드 가야(Vila Nova de Gaia)로 옮겨 2년간 오크통에서 숙성시킨다. 그이후 병 속에서 천천히 숙성시킨다.

와인 병에서 10년 혹은 최대 50년 이상 장기간 숙성하면 훨씬 더 부드럽게 된다. 다른 포트는 병에서 오랫동안 숙성시켜도 맛이 더 좋아지지 않는 것이 차이점이다. 장기간 숙성으로 침전물이 많이 생겨 디캔팅(decanting)이 필요하다. 빈티지 포트의 알코올 함유량은 21%이며 와인 라벨에 수확연도를 표기한다.

② 우드 포트 와인

오크통에서만 숙성시키는 포트 와인을 우드 포트(Wood Port) 와인이라 한다. 우드 포트는 오크통에서 숙성이 끝나면 병입하게 된다. 병입하면 더 이상 병 속에서 숙성시키지 않고 바로 마시는 것이 좋다. 오크통에서 완전히 숙성한 상태에서 병입하였기 때문에 병 속에서 더 이상 숙성시킬 필요가 없다.

우드 포트는 원산지와 생산연도가 다른 해의 와인을 섞어서 만든다는 점이 빈티지 포트와 다르다. 병에서 숙성시키지 않았으므로 침전물이 없어서 디캔팅할 필요가 없다. 우드 포트는 주로 커다란 포트 와인 혹은 화이트 와인 글라스를 사용하여 마신다.

가. 루비 포트 와인

루비 포트(Ruby Port)는 수확연도와 상관없이 양조하는 와인이다. 루비색이며 맑고 깨끗한 느낌의 포트 와인이다. 신선한 과일향과 풀 바디감(Full Bodied)이 난다. 매우 단맛이 나기 때문에 디저트 와인으로 적합하다. 레드 와인의 포도품종으로 만들고 오크통에서 2~3년 정도 숙성한다. 병 숙성은 하지 않으며 비교적 가격이 저렴한 편이다.

나. 토니 포트

토니 포트(Tawny Port)는 루비 포트와 화이트 포트를 혼합해서 만들었기 때문에 붉은색에서 황갈색을 띤다. 알코올 도수가 낮으며 루비 포토 와인보다는 부드러운 맛이 나고 오크통에서 2~3년 정도 숙성시킨다. 병 숙성은 필요하지 않기 때문에 디캔팅을 하지 않고 마셔도 좋으며 디저트 와인으로 많이 마신다.

에이지드 토니(Aged Tawny)는 빈티지 구분 없이 여러 와인을 블렌딩하여 10년, 20년, 30년, 40년간 오크통에 숙성 후 병입한 와인이다. 장기간 숙성으로 향미가 더 부드럽고 깊은 맛이 나며 건과향과 카라멜향이 난다.

다. 레이트 바틀드 빈티지

레이트 바틀드 빈티지(LBV : Late Bottled Vintage)는 빈티지 포트처럼 단일 연도의 포도만 사용한다. 오크통에서 4~6년 숙성시킨 다음에 병입한다. 병입된 포트는 병에서 숙성하지 않았으므로 디캔팅이 필요하지 않다. 병입한 다음에는 바로 마시는 것이 좋다.

라. 콜레이타 포트(Colheita Port)

콜레이타 포트(Colheita Port)는 단일 연도의 포도만을 사용하고 최소 7년 이상 오크통에서 숙성시킨다. 그 다음에 병입하여 만든다. 빈티지 포트와 혼동할 수 있어 수확연도와 병입한 연도가 모두 표기된 고급 포트 와인이다.

마. 화이트 포트 와인(White Port Wine)

화이트 포트 와인(White Port Wine)은 청포도를 사용하여 만들고 3~5년 정도 오크통에서 숙성시킨다. 황금색을 띠고 식전 와인으로 적합하며 차갑게 마시는 것이 좋다.

바. 크러스트 포트

빈티지 포트는 작황이 좋은 특정 연도의 포도로 만들지만 크러스트 포트(Crusted Port)는 여러 해의 작황이 좋은 포도를 혼합하여 만든다. 오크통에서 3년 정도 숙성시키고 병에서 최소한 2년 이상 숙성시킨다.

표 5-20 포트 와인의 적당한 음용온도

구분	적당한 음용 온도
토니 포트	15~18℃
어린 레드 포트	18~20℃
화이트 포트	8~10℃

2) 마데이라 와인

15세기에 포르투갈 사람이 발견했을 당시 섬 전체가 밀림으로 덮여 있었다고 한다. 마데이라(Madeira)는 포르투갈어로 '산림'이란 뜻에서 붙여진 이름이라고 전해진다. 오랫동안 항해하면서 와인이 변질되자 와인의 변질을 막기 위해 알코올을 첨가하여 만든 것이 마데이라이다. 마데이라는 세계 3대 주정강화 와인이다.

화산 토양이 낳은 마데이라 와인은 매우 독특한 향을 가진 화이트 와인이다. 주로 식전에 마시기에 적절하다.

마데이라(Madeira)는 먼저 드라이 와인을 만든 후 탱크에서 50~60℃의 온도로 3~4개월 동안 가열한다. 이때 와인은 누른 냄새가 나고 마데이라 고유의 특성을 얻게 된다. 이후 증류주를 첨가해 알코올 함유량을 18~20%로 높이고 오크통에서 3년 동안 숙성시킨다. 숙성은 에스뚜화젬 과정을 거친다.

마데이라 와인은 연한 호박색에서 짙은 적갈색까지 있으며 맛은 매우 단맛에서 드라이한 맛까지 다양한 종류가 있다.

에스뚜화(Estufa)	가열실

표 5-21 마데이라 와인 종류

마데이라 종류	특성
세르시알(Sercial)	향기가 좋은 매콤한 맛. 가장 드라이하고 복숭아향과 연기냄새 나는 신맛이 특징, 차갑게 마시는 것이 좋고 당분은 2~3%
베르델류(Verdelho)	드라이하며 황금색 띤 화이트 와인. 레몬 및 오이향, 약간 차갑게 마시는 것이 좋고 당분은 5~7%
보알(Boal)	미디엄 스위트, 감칠맛이 나고 바닐라향, 말린 과일향이 나며 약간 초록빛 띤 갈색, 숙성 후 산미 좋음. 디저트 와인으로 적절하며 수프와 잘 어울림. 당분은 8~10%
말바지아 혹은 맘지(Malmsey)	단맛이 강한 풀 바디(Full Bodied) 와인. 짙은 고동색, 단맛이 강함. 디저트 와인으로 적합함. 당분은 10~14%

3) 로제 와인

스페인에 가까운 도우루강의 지류에서 많이 생산하는 마테우스 로제(Mateus Rose) 와인은 한때 세계적으로 인지도가 매우 높았다. 즉 프랑스의 레드 와인과 독일의 화이트 와인과 대등한 정도의 인기를 끌기도 했다. 포르투갈이 수출하는 와인들 중에 마테우스 로제 와인이 40% 이상을 차지하기도 했다.

마테우스 로제(Mateus Rose) 와인 병은 매우 특이하게 생겼다. 즉 목이 좁고 배가 불룩한 병이 마테우스 로제(Mateus Rose)를 인상깊게 만들어 마케팅 효과가 있었을 것이다. 마테우스 로제와 어울리는 음식은 바비큐, 샐러드, 조개 요리 등이며 식전에 즐겨 마신다. 또한 포르투갈에는 도자기에 들어 있는 란세스 뱅 로제(Lancers Vin Rose)도 인기있는 와인들 중 하나이다.

제6절 | 헝가리의 와인

1. 헝가리 와인의 역사

로마시대 때부터 헝가리에 포도를 재배한 기록이 있으며 16세기 에게르(Eger) 지역에 적포도품종을 재배했다. 토카이(Tokaj) 지방에서는 세계 최초의 귀부와인이 개발되어 유명해졌다.

헝가리는 과거 수세기 동안 와인 생산국으로 입지를 단단히 굳혔고 토카이 와인이 그 명성을 얻게 하는 데 기여했다. 토카이는 루이 15세나 왕후 및 귀족들에게 '와인의 왕'이라는 예찬을 받은 에피소드를 갖고 있다.

국가가 공산화되면서 와인의 품질은 떨어졌으며 국가가 다시 자본주의로 바뀌면서 현대적인 시설을 갖추었고 다시 품질관리를 하게 되었다. 1997년부터 프랑스와 같은 원산지통제명칭제도를 실시하고 있다.

| 귀부와인 | '귀부'는 '귀하게 썩었다'는 뜻. 즉 포도가 완전히 익어서 포도에 곰팡이가 발생될 만큼 썩었다는 말 |
| | 포도가 부패할 정도면 당도는 높아짐. 귀부와인은 당도가 높고 독특한 향이 나는 와인 |

2. 헝가리 와인의 특성

헝가리는 위도가 높은 데 비해 온화하고 건조한 기후로 포도 재배에 적합하다. 특히 토카이 지방의 와인은 독특한 단맛의 와인으로 토카이 와인이 세계 3대 스위트 와인으로 분류되기도 한다.

젬플렌(Zemplen)산 아래 언덕에서부터 시작해서 북쪽으로 이어져 토카이 와인을 생산하고 있다. 토카이는 귀부와인으로 귀부병이 발생될 최적의 환경요건을 갖추고 있다. 티셔(Tizsa)강과 보드로그(Bodrog)강에서 피어오르는 물안개가 귀부병에 걸릴 수 있는 최적의 자연적 조건을 갖춘 미세 기후 지역이다.

포도 수확을 늦게, 즉 11월 중반에 수확하므로 곰팡이가 생성된 상태에서 양조가 이루어지게 된다. 귀부병에 걸린 포도를 양조하기 때문에 단맛이 나는 와인을 생산할 수 있다. 그러나 드라이한 와인을 생산하기도 한다.

3. 주요 와인 생산지

1) 토카이 지역

토카이(Tokaj)의 공식적인 명칭은 토카이 헤자리아(Tokaj-Hegyalja)이다. 헝가리의 북동부에 위치하고 있으며 슬로바키아와 국경을 접하고 있다. 또한 티셔(Tizsa)강과 보드로그(Dodrog)강이 합류하는 곳이 토카이(Tokaj) 마을이다.

토카이(Tokaj)는 프랑스 루이 15세가 그의 애첩인 마담 퐁파두르(Pompadour)에게 토카이 와인에 대해 이야기하면서 "왕들 중에 왕은 나고, 와인 중에 왕은 이 와인이요"라는 일화로 잘 알려져 있다.

토카이(Tokaj) 와인은 그 유명한 단맛의 귀부와인으로 프랑스의 소테른, 독일의 트로켄베렌아우스레제와 같이 세계 3대 귀부와인이라고 한다. 토카이 와인은 당도가 높아서 주로 디저트로 사용한다. 토카이에서 재배하는 품종들은 산도가 높고 향이 풍부하며 신선한 풍미를 지니고 있다.

일반 포도로 만든 와인과 귀부병에 걸린 포도로 만든 와인을 혼합하여 3년 이상 숙성시켜 만든다. 귀부병에 걸린 포도의 혼합비율에 따라 당도의 정도가 다르며 이를 바탕으로 등급이 부여된다.

헝가리에서 생산한 토카이 와인은 영어 표기에 '토카이(Tokaji)'로 사용하고 있다. 다른 나라에서도 토카이(Tokay)'라는 브랜드를 사용하고 있기 때문에 주의깊게 보아야 할 것이다.

2) 에게르 지역

에게르(Eger)는 아름다운 바로크 양식의 건축과 13세기에 터키와의 잦은 전쟁으로부터의 보호를 위해 건립된 에게르 성이 있다.

에게르 마을에는 구릉지가 많아 포도 재배에 좋은 조건을 갖추고 있다. 이 계곡에는 수많은 와인 저장고 동굴들이 있으며 이를 미녀의 계곡(the Valley of Beauty)이라고 한다.

에게르의 레드 와인인 에그리 비커베르(Egri Bikaver)는 '황소의 피(Bull's Blood)'라고 불린다. 이는 블렌딩(Blending)한 와인으로 드라이하면서 짙고 상큼한 과일향이 특징이다. 화이트 와인은 상쾌하고 가벼운 와인이나 풀 바디(Full Bodied) 와인을 양조한다.

16세기 초 오스만 제국의 대군이 에게르 성을 침공했을 때 2천 명의 군사로 성을 지켰다고 한다. 당시 성주인 도보 장군(1502~1572)이 병사에게 음식과 와인을 마시게 했으며 군사의 용맹성이 황소의 피를 마시고 전투한 것처럼 보였다고 한다. 일등 공신은 레드 와인으로 '황소의 피'로 불리어 지금까지 레드 와인을 만들고 있다. 임진왜란 때 진주성을 지킨 것과 유사해 보인다.

3) 발라톤 지역

발라톤(Balaton)은 자연경관의 아름다움에 압도당하는 티하나(Tihany)와 바다초니가 있는 지역이다. 발라톤의 호수 주변에 바다초니(Badacsony)를 비롯하여 여러 와인 산지가 있다.

바다초니(Badoacsnyi)산은 가파른 언덕으로 인해 일조량이 풍부하며 토양은 화산지역에 의해 배수가 잘 되어 포도 재배에 적합한 지역이다.

화산지역인 바다초니(Badacsonyi)의 와인은 신맛이 강하며 풀 바디감(Full Bodied)이 있는 화이트 와인이 유명하다. 이 지역은 샤르도네, 올라츠리즐링(Olaszrizling) 등의 포도품종을 주로 재배한다.

4) 파논 지역

파논(Pannon)은 크로아티아와 국경을 접하고 있으며 헝가리의 와인 생산지로 가장 남쪽에 위치하고 있다. 지중해성 기후로 포도 재배에 좋은 조건을 갖고 있다.

주요 와인 생산지는 페츠(Pecs), 빌라니(Bilany), 시클로스(Sikolos) 등이 있다. 페츠는 대부분 화이트 와인, 빌라니와 시클로스는 타닌이 적당하고 신맛이 부드럽고 색이 진하고 향이 강한 풀 바디감(Full Bodied) 있는 고급 레드 와인을 생산한다.

제**7**절 │ **그리스의 와인**

1. 그리스 와인의 역사

　그리스 와인의 역사는 기원전 2,000년으로 거슬러 올라가며 유럽 와인 문화의 뿌리인 샘이다. 기원전 2,000년경 포도 재배와 와인양조는 이집트를 거쳐 그리스에 전해졌을 것으로 추정한다.

　고대 그리스 와인은 디오니소스 신에 대한 숭배와 해상 무역을 통해 지중해 전역으로 퍼지게 되었다. 중세 비잔틴 제국의 몰락 이후 오스만 투르크가 그리스를 지배하면서 와인생산에 대한 규제와 무거운 세금으로 암흑의 시대로 접어들어 갔다. 또한 유럽 전역에 휩쓴 필록세라 병을 피해 갈 수 없었고 세계대전과 내전으로 와인산업은 쇠퇴되었다.

　1981년 유럽공동체에 가입한 이후 그리스 와인은 긴 잠에서 깨어나기 시작했다. 다시 부활의 기회를 잡기 위해 막대한 자본을 투자하여 와인산업을 현대화하기 시작했다. 1990년대에 고품질 와인을 생산하게 되었고 세계 와인시장에서 주목을 끌고 있다. 그리스의 포도 재배와 와인은 과거와 현재, 미래가 공존하는 기묘한 땅이 되었다.

2. 그리스 와인의 특성

　그리스는 온화한 겨울과 건조한 여름의 전형적인 지중해성 기후이며 일부 지역은 해양성이나 대륙성 기후를 보이는 곳도 있다.

　그리스는 포도 재배에 천혜의 조건을 가진 육지와 바다, 비탈진 구릉지와 화산지대 등이 적절히 혼재되어 있다. 그리스는 이상적인 떼루아로 다양하고 독특한 맛의 와인을 생산한다.

Chapter 06

신세계의 와인

제 1 절 | 미국의 와인

1. 미국 와인의 역사

　미국은 신대륙을 발견하기 전부터 포도를 재배한 기록은 있지만 본격적으로 포도를 재배한 것은 유럽의 가톨릭 선교사들이 미국으로 들어오면서 유럽에서 가져온 포도나무를 곳곳에 심은 것에서 시작되었다.

　17세기 초 유럽의 이주민들은 그들이 즐겨 마셨던 음료를 뉴욕에서 마시려고 포도를 재배하였다. 이주민들이 또다시 이동하여 캘리포니아에 정착하게 되었다. 이들에 의해 캘리포니아는 와인산업이 발달하게 되었다.

　미국은 유럽으로부터 포도 재배법이 전파되어 18세기 초부터 뉴욕, 캘리포니아, 워싱턴주, 오리건주, 텍사스주 등에서 와인이 생산되고 있다.

　1860년대에 필록세라(phylloxera)라는 해충이 유럽 전역에 번지면서 유럽의 포도원은 90% 이상이 황폐화되었다. 이것을 해결하기 위해 우연히 미국 토종인 비티스 비니

페라 포도나무 뿌리에 유럽산 포도나무를 접목시켰다. 이를 통해 필록세라를 퇴치하였고 안전하게 포도를 재배하여 와인을 양조할 수 있었다.

1919년부터 1933년 사이에 금주령으로 미국의 와인산업이 어려움을 겪게 되었다. 2차 대전 이후부터 본격적으로 와인산업이 비약적으로 발전하게 되었다. 캘리포니아 지역은 포도를 재배하기에 좋은 조건을 갖추고 있어서 잠재력이 높은 와인 생산지역이다. 나파 밸리(Napa Valley), 소노마 카운티(Sonoma County) 등에서 최고의 와인을 생산하게 되었다.

2. 미국 와인의 특성

미국 동부는 겨울이 너무 춥고 서부의 해안지방은 온화한 지중해성 기후이므로 포도 재배에 이상적이다. 서부 와인산업의 중심이 된 캘리포니아는 지리적·기후적으로 포도 재배에 적합하여 이 지역의 여러 곳에서 와인을 생산하고 있다.

나파 밸리에는 우수한 소규모 와이너리가 많아 포도품종의 특성을 살린 와인을 주로 생산하고 있다. 나파 밸리는 각각의 다른 독특한 미세 기후(Micro Climate)의 지형들로 형성되어 재배된 포도들이 뚜렷한 특성이 있다. 여름에 강수량이 적어 포도나무 뿌리가 깊게 내려가서 여러 성분이 포도로 전달되어 독특한 맛을 내게 한다.

센트럴 밸리에는 대규모의 와이너리가 많아 대중 와인(제네릭 와인)의 생산이 집중되어 있다. 최근에는 소비자의 기호에 맞추어 화이트 와인의 생산이 두드러지고 있다.

미국은 1983년에 처음으로 토양과 기후에 따라 지역 명칭(Appellation)의 사용을 구체화하였다. 이후 미국은 와인품질의 향상으로 세계적으로 주목받게 되어 유럽의 와인과 경쟁하게 되었다.

미국 와인은 대부분 유럽의 포도품종을 사용하거나 미국 재래종을 개량한 품종으로 와인을 양조한다. 레드 와인 포도품종은 까베르네 소비뇽, 진판델, 메를로 등이 있다. 화이트 와인의 품종은 샤르도네, 소비뇽 블랑, 리슬링 등이 있다.

캘리포니아 와인들은 알코올 함유량이 높은 편이며 과일향과 맛이 유럽의 와인에 비해 더 뚜렷한 경향이 있다.

3. 주요 와인 생산지

뉴욕에서 먼저 포도 재배를 하였으나 포도 재배에 어려운 기후로 좋은 재배환경을 찾아 서부로 이동하여 캘리포니아에 정착하게 되었다.

헝가리의 이민자인 아고스톤 하라즈디(Agoston Harazhty)가 나파 밸리와 소노마 밸리에서 포도를 재배한 것이 계기가 되어 오늘날과 같은 와인산업이 발전하게 되었다. 캘리포니아는 미국 와인 생산량의 90%를 차지하고 있다.

1) 캘리포니아 지역

캘리포니아는 다양한 품종의 포도를 재배하고 와인생산에 적합한 조건을 갖추고 있으며 미국 와인산업의 중심지역으로 발전하게 되었다. 나파 밸리(Napa Valley)와 소노마 카운티(Sonoma County), 카네로스(Carneros) 등은 캘리포니아의 고급 와인 생산지역이다.

(1) 나파 밸리

나파 밸리(Napa Valley)는 샌프란시스코 북쪽에 위치하고 있다. 남쪽에서 바람이 많이 불어오는 강 하구에 위치한 평지와 완만한 언덕은 풍부한 일조량과 밤에는 신선한 기후로 이어져 포도 재배에 최적의 조건을 갖추고 있다.

나파 밸리(Napa Valley)에서 생산한 레드 와인은 타닌이 강하며 비교적 알코올 도수가 높다. 그리고 블랙커런트향이 나고 풀 바디(Full Bodied)가 있는 와인을 많이 생산한다.

나파 밸리는 미국에서 최고급 와인을 생산하는 지역이다. 주로 재배하는 레드 와인 품종은 까베르네 소비뇽(Cabernet Sauvignon), 메를로(Merlot), 피노 누아(Pinot Noir), 진판델(Zinfandel) 등이다.

화이트 와인 포도품종은 샤르도네(Chardonnay), 소비뇽 블랑(Sauvignon Blanc), 리

① 나파(Napa)
② 소노마(Sonoma)
③ 멘도치노(Mendocino)

미국 와인지도

슬링 등이 있다. 나파 밸리의 상징인 까베르네 소비뇽(Cabernet Sauvignon), 샤르도네 (Chardonnay), 진판델 포도품종은 인기를 끌고 있다. 메를로 품종도 체리향이 매력적 이어서 와인 애호가들의 관심을 끌고 있다.

주요 포도생산지로 베린저(Beringer), 클로뒤발(Clos du Val), 도미너스(Dominus), 조셉 펠프(Joseph Phelps), 오퍼스 원(Opus One), 로버트 몬다비(Robert Mondavi) 등이 있다.

(2) 소노마 카운티

소노마 카운티(Sonoma County)는 미국에서 유명한 와인 생산지이며 기후는 나파 밸리처럼 온화하여 포도 재배에 이상적이다. 소노마에서 생산한 와인은 와인 병의 라벨에 포도를 재배한 지역의 이름이 표기되어 있다.

소노마 카운티(Sonoma County)는 샤르도네, 까베르네 소비뇽, 메를로를 주로 재배하지만 기후에 따라 피노 누아, 진판델, 소비뇽 블랑 등을 재배하고 있다.

소노마 카운티의 원산지통제(American Viricultural Area, AVA) 지역은 알렉산더 밸리(Alexander Valley), 드라이 크릭 밸리(Dry Creek Valley), 초크 힐(Chalk Hill) 등이 있다.

① 알렉산더 밸리

알렉산더 밸리(Alexander Valley)는 소노마 카운티(Sonoma County)의 전형적인 과일 풍미의 와인을 생산하는 지역이다. 까베르네 소비뇽은 나파 밸리보다 가볍고 향기는 풍부하다.

알렉산더 밸리(Alexander Valley)의 주요 레드 와인 포도품종은 까베르네 소비뇽, 메를로, 진판델 등이다. 화이트 와인 품종은 주로 샤르도네, 소비뇽 블랑 등이다.

② 드라이 크릭 밸리

드라이 크릭 밸리(Dry Creek Valley)는 온화한 기온과 습도가 높은 곳이다. 주요 레드 와인 품종은 쉬라, 진판델, 까베르네 소비뇽, 메를로, 피노 누아 등이다. 화이트 와인 품종은 샤르도네, 소비뇽 블랑 등이다.

드라이 크릭 밸리의 와인 특성은 첫째, 열대 과일 맛을 느낄 수 있다. 둘째, 식전 와인으로 적당하다. 즉 입안에 가득 퍼지는 느낌을 가질 수 있어 식전 와인으로 마시기에 좋다.

③ 초크 힐

초크 힐(Chalk Hill)은 소노마 지역에 위치하고 있다. 자연이 매우 아름답고 경치가 좋은 곳이다. 주요 품종은 까베르네 소비뇽, 메를로, 까베르네 프랑 등이고, 화이트 와인 품종은 샤르도네, 소비뇽 블랑, 세미용 등이다.

(3) 카네로스

카네로스(Carneros) 지역은 샌프란스시코만의 북쪽에 위치하고 있으며 서늘하고 적절한 기온과 안개로 포도 재배에 최상의 조건을 갖춘 곳이다. '카네로스'는 '양'이란 뜻이다. 원래 목장지대로 '양을 기르면 알맞은 동네'라는 뜻으로 불렸다고 한다.

카네로스 지역의 특수한 기후로 재배하기 어려운 품종으로 이름난 피노 누아 품종도 재배하고 있다. 레드 와인 품종은 피노 누아(Pinot Noir), 메를로(Merlot), 까베르네 소비뇽, 쉬라, 진판델 등을 주로 재배하고 있다. 화이트 와인 품종은 샤르도네(Chardonnay)와 소비뇽 블랑(Sauvignon Blanc) 품종을 주로 재배하고 있다.

(4) 멘도치노 카운티와 레이크 카운티

멘도치노 카운티(Mendocino County)는 샌프란시스코에서 북쪽 해안에 위치하고 있다. 아름다운 해변, 빽빽한 숲과 와이너리 등이 유혹하는 지역이다.

멘도치노에 위치한 시원한 기후의 앤더슨 계곡은 샤르도네, 피노 누아, 게뷔르츠트라미너, 리슬링, 까베르네 소비뇽, 진판델 등의 품종을 주로 재배한다. 레드 와인, 화이트 와인, 로제 와인을 생산하고 있다.

레이크 카운티(Lake County)는 멘도치노 오른쪽에 있는 큰 클리어 호수로 둘러싸여 있다. 붉은 화산성 토양에 포도를 재배하고 있으며 주요 품종은 까베르네 소비뇽이다.

(5) 산 조아킨 밸리(San Joaquin Valley)

미국 와인의 약 90%를 캘리포니아에서 생산하고 캘리포니아 와인의 80%는 산 조아킨 밸리에서 생산한다. 테이블 와인 정도의 품질로 인해 부담 없이 마실 수 있는 저그 와인(Jug Wine)을 주로 생산하는 지역이다. 주요 품종은 진판델 등이다.

2) 동부 지역

(1) 뉴욕

뉴욕(New York)주는 캘리포니아에 이어서 와인 생산량이 두 번째로 많으며 미국 전체의 5~7% 정도를 생산한다. 대부분 미국 원산지품종과 유럽 포도품종을 사용하고 있다. 뉴욕은 산뜻한 화이트 와인을 주로 생산하고 있다. 레드 와인, 아이스 와인, 스파클링, 주정강화 와인을 생산하고 있다.

뉴욕은 토착 포도품종을 많이 재배하고 있지만 유럽 품종인 까베르네 소비뇽, 메를로, 피노 누아, 샤르도네, 리슬링 등이 증가하는 추세이다. 또한 토종품종과 유럽품종 및 교잡종도 많이 재배하고 있다.

① 핑거 레이크 지역

핑거 레이크(Finger Lake)는 뉴욕주 북부의 호수가 밀집된 지역에 있고 유럽의 포도품종을 주로 재배하고 있다. 리슬링과 같은 추위에 강한 포도품종을 다수 재배하고 있다. 독일과 같이 늦게 포도를 수확하여 아이스 와인과 스파클링 와인도 생산하고 있다.

주요 재배품종은 샤르도네, 리슬링, 게뷔르츠트라미너 등과 토종품종 및 교잡종 등으로 다양한 종류의 와인을 생산하고 있다.

② 롱 아일랜드 지역

롱 아일랜드(Long Island)는 뉴욕시의 동쪽에서 주로 포도를 재배하고 있다. 해양성 기후로 온화하여 보르도 스타일의 레드 와인이 유명하다. 유럽 품종인 까베르네 소비뇽이나 메를로 등을 재배하고 있다.

3) 워싱턴 지역

워싱턴(State of Washington) 지역은 미국 태평양 연안의 북서부에 위치한 주(State)이며 서쪽은 태평양과 접하고 있다. 건조한 기후와 일교차가 심해 당분이 생성되고 신맛이 강하며 생동감 있는 와인을 생산하고 있다. 풍부한 일조량에 의해 포도가 잘 익어 우아하고 세련된 맛과 특유의 섬세한 개성의 와인을 만들기도 한다.

워싱턴주는 높은 위도로 주로 독일계 포도품종인 리슬링과 게뷔르츠트라미너 등을 재배하여 호평받고 있다. 프랑스 품종인 까베르네 소비뇽, 피노 누아, 샤르도네, 슈냉 블랑, 세미용 등을 재배하고 있다. 최근에는 레드 와인 품종으로 메를로, 까베르네 프랑, 쉬라 등을 재배하여 고급 와인을 생산하고 있다.

4) 오리건 지역

오리건(Oregon)은 태평양 연안의 산속 계곡에서 포도를 재배하고 있다. 온화한 해양성 기후와 서늘한 기후가 공존하는 지역이다. 짧은 일조량과 낮은 기온으로 포도가 서서히 익어가고 봄이나 가을에는 서리가 내려 포도 재배에 어려움이 많다.

오리건은 포도품종에 대한 엄격한 규정을 제정하여 훌륭한 와인을 많이 생산하고 있다. 주요 적포도품종은 까베르네 소비뇽, 메를로, 피노 누아 등이다. 화이트 와인 품종은 샤르도네, 세미용, 리슬링, 소비뇽 블랑, 피노 그리, 피노 블랑 등이다.

피노 누아는 재배하기 까다로운 품종으로 알려져 있지만 오리건은 부르고뉴보다 피노 누아를 재배하기 좋은 기후조건을 가졌다고 한다. 오리건에서 피노 누아의 재배에 성공하게 되어 제2의 부르고뉴라 불리기도 한다.

4. 와인의 등급체계

미국은 유럽과 같이 와인의 품질관리를 위해 원산지통제에 대해 엄격하게 규정하지 않고 있다. 다만 와인 제조에 사용되는 포도의 지역별 사용량에 대한 규정을 제정하여 실시하고 있다.

1) AVA(American Viticultural Areas, 지정재배지역)

미국은 1983년부터 토양과 기후의 특성을 바탕으로 포도 재배지역을 구분하면서 원산지통제를 하는 AVA(American Viticultural Areas) 제도를 도입했다. 와인 라벨에는 등급 표시를 잘 하지 않는다.

주(State)의 명칭을 라벨에 표시할 경우 와인 양조에 사용된 포도의 75%가 그 지역에서 생산한 것으로 규정하고 있다. 원산지통제(AVA)명칭을 라벨에 붙이려면 그 지역에서 재배한 포도를 85% 이상 사용해야 한다.

2) 빈티지와 포도품종 표기에 대한 규정

미국은 유럽의 대다수 국가에서 시행하고 있는 와인 품질등급을 구체적으로 분류하지 않고 있다. 단순히 고급품질과 일반품질의 등급으로 구분한 품질체계를 형성하고 있다. 고급 와인은 라벨에 포도품종을 기재하고 일반 대중이 즐길 수 있는 테이블 와인의 수준에는 포도품종을 표시하지 않고 있다. 물론 미국의 와인은 여러 포도품종을 블렌딩한 와인들이 많기 때문일 수도 있다.

미국은 포도품종 표기에 따라 와인을 버라이어틀 와인(Varietal Wine)과 제네릭 와인(Generic Wine)으로 구분한다. 버라이어틀 와인은 고급 와인이며 제네릭 와인은 비교적 저렴한 일반 와인이다.

(1) 버라이어틀 와인

미국의 고급 와인을 버라이어틀(Varietal Wine)이라고 하며 가격이 높은 편이다. 버라이어틀 와인은 와인을 제조하는 데 사용한 원료의 한 품종이 75% 이상 되어야 하고 그 품종을 상표로 사용한다.

(2) 메리티지 와인

메리티지(Meritage) 와인은 버라이어틀 와인 기준(블렌딩한 와인에서 해당 품종이 75% 이상)은 충족 못 하고 제네릭 와인보다는 수준이 높은 정도의 품질을 말한다. 단순히 테이블 와인보다 고급 와인이라는 이미지를 구축하기 위한 것이 메리티지 와인이다.

(3) 제네릭 와인

제네릭 와인(Generic Wine)은 여러 포도품종을 혼합하여 숙성시킨 것이다. 일반 대중들이 흔히 마시는 테이블 와인 수준 정도라고 볼 수 있다. 이런 수준의 와인은 일반 와인 병보다 큰 병에 들어 있다. 이것을 보통 '저그 와인(Jug Wine)'이라고 한다.

표 6-1 와인의 등급체계 및 라벨 표시 비율

등급	규정
주(State) 표시	75% 이상
원산지통제(AVA)명칭 표시	85% 이상(오리건은 100%)
빈티지 표시	최소 95% 이상
라벨에 포도품종 표시	75% 이상(오리건주, 까베르네 소비뇽 제외한 해당 품종은 90%)
버라이어틀 표시	75% 이상

제2절 칠레의 와인

1. 칠레 와인의 역사

칠레의 포도 재배는 16세기 이전부터 시작되었으나 스페인의 점령하에서는 포도 재배가 활발하지 못했다. 18세기에 관개농법이 개발되면서 산티아고를 중심으로 포도 재배가 확대되기 시작했다.

19세기 보르도에서 가져온 포도품종을 마이포 밸리에서 처음으로 재배하여 양질의

와인을 생산하였다. 와인의 품질에 비해 저렴한 가격대의 와인을 생산하면서 와인 애호가들로부터 관심과 사랑을 받기 시작했다. 칠레는 수출용 와인은 법으로 알코올 도수를 규제하고 있는데 레드 와인은 알코올 함유량이 최소 11.5%이며 화이트 와인은 12%이다.

2. 칠레 와인의 특성

칠레는 길이 약 4,300km, 폭은 약 175km로 길고 좁은 특이한 형태의 국가이다. 긴 국토에서 약 3,000km 정도의 포도를 재배할 수 있다. 이것은 다양한 기후에서 여러 종류의 와인을 생산하게 하는 계기가 된다.

해안지대는 서늘하고 중앙계곡 지대는 따뜻하고 안데스산맥 지대는 서늘하거나 따뜻한 기후지역으로 구분할 수 있다. 19세기 중반에 포도나무를 재배하는 대다수 국가들은 필록세라 병에 걸려 황폐화되었지만, 칠레는 격리된 자연환경으로 이 병에 걸리지 않았다. 칠레는 '신이 내려준 토양에서 포도나무를 재배'하고 있다고 한다.

산티아고(Santiago)를 중심으로 한 이 일대는 포도 재배에 이상적인 기후로 축복받은 지역이다. 안데스산맥의 눈 녹은 물을 이용하여 포도나무 재배와 와인 생산에 사용하고 있다. 남미지역 전체 와인 생산량의 17%를 차지하고 있으며 최고급 와인을 생산한다.

칠레는 프랑스 보르도 유형의 와인과 다르게 단일품종으로 와인을 생산하고 있다. 복합적인 풍미는 보르도에 비해 조금 떨어지지만 가격대비 품질(가성비)은 높다.

레드 와인 품종은 까베르네 소비뇽, 메를로, 까르메네르 등을 주로 재배하고 있다. 까베르네 소비뇽과 메를로 품종은 건초향, 스파이스한 향이 나며 짙은 자주색을 띤다. 화이트 와인 품종은 세미용, 샤르도네, 소비뇽 블랑 등이 있다.

3. 주요 와인 생산지

칠레의 주요 와인 생산지를 4개의 지역으로 나누면 코킴보(Coquimbo), 아콩카구아(Aconcagua), 센트럴 밸리(Central Valley), 남부 지역이다.

까베르네 소비뇽과 샤르도네 품종으로 고급 와인을 많이 만든다. 아로마는 민트향, 블랙커런트, 올리브의 부드러운 풍미에 연기향이 은은하게 퍼지는 것이 특징이다.

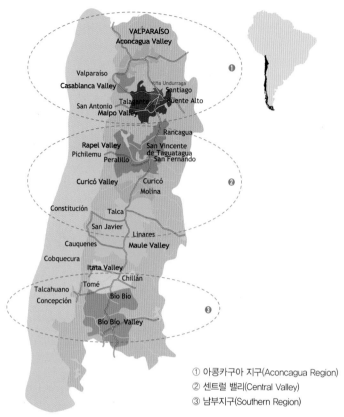

① 아콩카구아 지구(Aconcagua Region)
② 센트럴 밸리(Central Valley)
③ 남부지구(Southern Region)

칠레 와인지도

1) 코킴보 지역

코킴보(Coquimbo)는 여러 지역에서 와인을 생산하고 있지만 대표적인 와인 생산지는 엘키 밸리(Elqui Valley), 리마리 밸리(Limari Valley), 초아파 밸리(Choapa Valley) 등이다.

(1) 엘키 밸리

엘키 밸리(Elqui Valley) 지역은 고지대로 서늘한 기후에 잘 적응하는 포도품종을 주로 재배하고 있다. 서늘한 기후에 잘 자라는 쉬라와 소비뇽 블랑을 재배하고 있다. 전통적으로 피스코 품종을 많이 재배하지만, 최근에 레드 와인 품종으로 까르메네르, 산지오베제, 피노 누아 등을 재배하고 있다. 화이트 와인 품종은 샤르도네 등을 재배하고 있다.

(2) 리마리 밸리

리마리 밸리(Limari Valley)는 와인 생산지들 중에 북쪽에 위치하고 있다. 기후는 지중해성으로 비교적 온화하여 레드 와인 품종을 주로 재배한다. 안데스산맥과 리마리 강에서 발생한 안개는 고급 와인생산에 최적지이다. 리마리 밸리의 와인은 풍부한 산미와 장기간 숙성이 가능하며 미네랄의 풍미가 있다.

주요 레드 와인 품종은 쉬라, 까베르네 소비뇽, 메를로, 까르메네르, 피노 누아 등이 있다. 특히 쉬라는 좋은 와인을 생산한다. 화이트 와인은 샤르도네 품종 등을 재배하고 있다. 바다에서 불어오는 바람이 거센 서늘한 지역에서 주로 피노 누아와 샤르도네를 재배하기도 한다.

(3) 초아파 밸리

초아파 밸리(Choapa Valley)는 우수한 포도를 재배하기 위해 포도밭을 선별한다. 그 포도밭에서 수확한 포도로 양조하며 12개월간 오크통에서 숙성시킨다.

와인은 풍부한 질감과 신선하고 부드러운 맛이 나며 아로마는 체리, 블랙베리, 과일향 등을 느낄 수 있다. 북부에서는 쉬라와 까베르네 소비뇽 등을 주로 재배하고 있다.

2) 아콩카구아 지역

아콩카구아(Aconcagua) 지역은 중부 지역에서 북쪽에 위치하고 있다. 주요 와인 생산지는 아콩카구아 밸리, 까사블랑카 밸리, 산 안토니오 밸리 등의 지역으로 나눌 수 있다. 이 지역은 기온이 높으며 유명한 생산지로는 카사블랑카 밸리가 있다. 고급 와인 생산지에서는 샤르도네와 소비뇽 블랑 등을 주로 사용해서 만든다.

(1) 아콩카구아 밸리

아콩카구아 밸리(Aconcagua Valley)는 칠레의 수도인 산티아고 북쪽에 위치하고 지중해성 기후지역이다. 섬세한 레드 와인을 생산하며 좋은 풍미를 가진 화이트 와인 품종으로는 소비뇽 블랑을 사용하고 있다.

레드 와인 품종은 까베르네 소비뇽, 메를로, 까베르네 프랑, 산지오베제, 까르메네르, 쉬라 등이 있다. 화이트 와인 품종은 샤르도네와 소비뇽 블랑을 주로 재배하고 있다.

(2) 카사블랑카 밸리

카사블랑카 밸리(Casablanca Valley)는 산티아고 서쪽에 위치한 작은 지역으로 매혹적인 아름다운 전경을 가진 곳이다. 기후는 바다의 영향으로 비교적 서늘하여 이 기후에 잘 성장한 샤르도네와 소비뇽 블랑을 많이 재배하고 있다.

레드 와인 품종은 피노 누아가 있으며 매우 우수한 와인을 만든다. 화이트 와인 품종은 샤르도네, 소비뇽 블랑, 세미용, 게뷔르츠트라미너, 리슬링 등을 재배한다. 이 지역에서 샤르도네는 뛰어난 품종으로 좋은 와인을 생산한다.

(3) 산 안토니오 밸리

산 안토니오 밸리(San Antonio Valley)는 카사블랑카 밸리의 남쪽에서 태평양 연안에 위치하고 있다. 주로 화이트 와인을 생산하고 있는데 그 특징은 가볍고 과일향이 풍부하며 신선한 맛이 난다.

레드 와인 품종은 피노 누아를 주로 재배하고 있다. 화이트 와인 품종은 샤르도네와 소비뇽 블랑을 재배하고 있다. 생산량의 62%는 샤르도네와 소비뇽 블랑이 차지하고 있다.

3) 센트럴 밸리 지역

센트럴 밸리(Central Valley)는 칠레의 수도인 산티아고(Santiago)에서 남쪽으로 마울레 밸리(Maule Vellay) 지역까지 넓게 펼쳐져 있다. 칠레 와인생산의 중심지역이다.

왼쪽 지역은 태평양이 있어 밤에 해류의 영향으로 차가운 바람이 불어오고 오른쪽은 안데스산맥의 기슭에 있어 낮에는 강렬한 햇볕을 받을 수 있어 포도 재배 최적의 조건을 갖고 있다.

센트럴 밸리의 마이포 밸리(Maipo Valley), 라펠 밸리(Rapel Valley), 큐리코 밸리(Curico Valley), 마울레 밸리(Malue Valley) 등이 칠레의 최대 와인산지이다.

(1) 마이포 밸리

센트럴 밸리 중에서 가장 유명한 와인산지는 마이포 밸리(Maipo Valley)이다. 칠레 수도인 산티아고(Santiago)와 가까운 곳에 위치하고 있으며 기후는 비교적 온화하다.

마이포 밸리의 와인은 타닌이 풍부하고 장기간 숙성을 할 수 있다. 까베르네 소비뇽의 와인은 블랙커런트(Black Currant)와 미네랄이 풍부한 와인을 만든다. 이 지역의 유명한 까베르네 소비뇽은 비교적 진하고 강한 보르도 유형의 와인을 만든다.

주된 포도품종은 까베르네 소비뇽, 메를로, 산지오베제, 까르메네르, 샤르도네 등이 있다.

(2) 카차포알 밸리

카차포알 밸리(Cachapoal Valley)는 봄에 눈이 녹아내린 물이 거칠게 흐르는 강의 이름에서 유래되었다. 카차포알 밸리(Cachapoal Valley)는 온화한 지중해 기후이다. 여름은 온화하고 건조하여 포도가 잘 익을 수 있고 비는 대부분 겨울에 내린다.

주요 포도품종은 까베르네 소비뇽, 메를로, 까르메네르 등이 있고 토양은 자갈과 모래가 함유되어 있어 포도 재배에 천혜의 좋은 조건을 가지고 있다.

(3) 콜차구아 밸리

콜차구아 밸리(Colchagua Valley)는 국내에서도 잘 알려진 와이너리로 라포스톨 (Lapostolle)회사가 있는 지역이며 프리미엄급 와이너리가 많은 지역이다. 칠레에서 단위당 와인 생산량이 가장 많은 지역이다.

레드 와인을 주로 생산하는데 재배되는 품종은 까베르네 소비뇽, 쉬라, 말벡, 까르메네르, 쉬라, 메를로 등이 있다. 화이트 와인 품종은 샤르도네, 소비뇽 블랑, 세미용 등이 있다.

(4) 쿠리코 밸리

쿠리코 밸리(Curico Valley)는 기후가 서늘하여 포도 재배에 좋은 조건이다. 주요 레드 와인 품종은 까베르네 소비뇽, 메를로, 까르메네르, 피노 누아 등이 있고 화이트 와인 품종은 샤르도네나 소비뇽 블랑 등이 있다. 화이트 와인이 유명한 지역이다.

(5) 마울레 밸리

마울레 밸리(Maule Valley)는 칠레에서 가장 큰 와인산지이며 칠레의 전통품종인 파이스(Paise)를 많이 재배한다. 지중해성 기후로 다양한 품종을 재배하고 있다.

레드 와인을 많이 생산하는 지역이다. 레드 와인의 주요 품종은 까베르네 소비뇽, 파이스(Pais), 메를로, 까르메네르 등이 있다. 화이트 와인 품종은 샤르도네와 소비뇽 블랑 등이 있다.

4) 남부 지역

(1) 이타타 밸리

이타타 밸리(Itata Valley)는 스페인이 칠레를 지배했을 때부터 포도를 재배한 지역이다. 생산한 와인은 대부분 자국에서 소비하고 있다.

이타타강을 따라 주로 전통적인 품종인 파이스(Paise)와 알렉산드리아 무스카텔(Alexandria Muscatel)을 재배하고 있다. 레드 와인 품종은 까베르네 소비뇽, 화이트 와인 품종은 샤르도네를 주로 재배하고 있다.

(2) 비오비오 밸리

비오비오 밸리(Bio Bio Valley)는 해양성 기후로 연중 비가 적절하게 내린다. 여름의 기온이 비교적 낮아서 서늘한 기후에 잘 적응하는 포도품종을 주로 재배한다.

주된 레드 와인 품종은 피노 누아와 파이스를 재배하고 화이트 와인 품종은 샤르도네, 게뷔르츠트라미너, 리슬링, 모스카텔 등이 있다.

(3) 말레코 밸리

말레코 밸리(Malleco Valley)는 칠레에서 작은 포도 생산지역이다. 기후가 서늘하여 화이트 와인 품종인 샤르도네를 주로 재배하고 있다. 샤르도네 품종은 매우 우수하여 고품질의 와인을 생산한다.

4. 와인의 등급체계

칠레는 1995년부터 지리적 원산지제도(Denominacion de Origen : DO)를 도입했지만, 유럽과 같이 지역이나 구역에 따라 다른 품질체계를 적용하지 않고 있다.

칠레는 라벨 규정 시 자국 소비 와인과 해외 수출 와인의 표기를 다른 기준으로 설정하였다. 전통적으로 고급 와인 혹은 아주 오래된 와이너리에서 생산한 와인에 돈(Don)·도나(Dona)를 표기하는 경우도 있다. 공인된 포도품종으로 양조된 와인에 피나스(Finas)를 쓴다.

표 6-2 칠레 라벨 규정에 따른 표시별 구분

국내외 소비구분	품질체계 구분	라벨 규정에 의한 표시 비율
해외 수출	포도품종	85%
	빈티지	85%
	원산지	85%
	레드 와인 알코올 함유량	최소 11.5%
	화이트 와인 알코올 함유량	최소 12%
자국 소비	포도품종	75%
	빈티지	75%

표 6-3 칠레 숙성기간에 따른 라벨 표시 구분

구분	최소 숙성 연수
레제르바 에스파샬(Reserva Especial)	최소 2년 이상 숙성
레제르바(Reserva)	최소 4년 이상 숙성
그란 비노(Gran Vino)	최소 6년 이상 숙성

아르헨티나의 와인

1. 아르헨티나 와인의 역사

아르헨티나의 와인산업은 16세기에 후안 시드론(Juan Cidron)이 파이스(Pais) 포도 품종을 심은 것에서 시작되었다. 19세기 초 프랑스, 스페인, 이탈리아의 이주자들에 의해 포도 재배와 와인 양조기술이 널리 퍼졌다.

19세기 중반에 전 세계적으로 퍼진 필록세라(포도나무 뿌리가 썩는 병)는 빗겨나가 포도밭의 황폐화를 막았다. 와인의 품질은 낮은 수준으로 이어오면서 1980년대에 비로소 현대적인 설비와 양조 기술의 도입으로 와인품질이 개선되었다.

1990년대부터 아르헨티나 정부는 와인산업이 경제적 가치를 창출하는 것으로 여겼다. 이 시기부터 실질적으로 발전을 가져오게 되었으며, 또한 외국 자본이 유입되면서 더욱더 와인산업이 활성화되었다.

현재 와인 생산량은 세계 5위의 생산국이다. 상대적으로 수출은 적은 편으로 우리에게 잘 알려지지는 않았다. 최근에는 아르헨티나 와인을 좋아하는 매니아층들이 늘어나면서 새로운 와인 강국으로 부상하고 있다.

아르헨티나는 국가에서 법으로 와인 생산과 관련한 공식적인 규제는 하지 않고 있다. 주로 생산자 중심으로 자체적으로 규정을 두고 있다.

2. 아르헨티나 와인의 특성

아르헨티나의 와인 생산지는 중서부 안데스산맥 구릉지대에 산재하고 있다. 넓은 국토로 연평균 강우량이 1,400mm 이상 지역에서 200mm 이하의 사막까지 다양하다. 와인 생산지는 풍부한 일조량과 대부분 강우량이 200~250mm 정도로 낮지만, 남부 일부 생산지는 강우량이 높다.

안데스산맥의 눈이 녹은 깨끗한 물을 이용한 관계시설의 구축은 포도 재배에 어려움이 없도록 할 뿐만 아니라 양질의 와인을 생산하게 한다. 낮에 내리쬐는 강렬한 태양은 와인의 타닌과 당분을 높여주고 알코올 함유량을 증가시켜 주는 역할을 한다.

밤에 낮은 기온으로 포도의 산미를 증가하게 하여 신선한 와인을 만들게 한다. 낮과 밤의 기온 차이는 풍부한 과일향과 높은 타닌을 생성하게 한다. 와인의 강건한 구조감은 고급 와인을 만드는 데 좋은 영향을 주기도 한다.

주요 레드 와인 품종은 말벡, 까베르네 소비뇽, 메를로, 피노 누아, 까베르네 프랑 등이 있다. 화이트 와인 품종은 샤르도네, 슈냉 블랑, 소비뇽 블랑, 세미용, 토론테스(Torrontes), 페드로 히메데스 등이 있다.

아르헨티나의 국민 포도품종인 말벡과 토론테스가 있으며, 이들은 아르헨티나뿐만 아니라 전 세계의 사람들에게 사랑받는 품종이 되었다. 고급 와인의 약 60%는 레드 와인이다.

말벡은 강렬한 보랏빛을 띠며 은은한 초콜릿향, 커피향, 자두향 등이 난다. 또한 풀바디감(Full Bodied)이 강하며 달콤함이 풍부하다. 특히 토론테스는 적절한 산미로 균형감 있고 초록빛을 띤 엷은 황금색이며 달콤한 향과 장미향, 복숭아, 오렌지향 등이 난다.

3. 주요 와인 생산지

와인 생산지는 북부, 서부(쿠요 지역), 남부(파타고니아 지역) 지역으로 나눌 수 있다. 북부 지역은 살타(Salta), 카타마르카(Catamarca) 와인 생산지가 있다. 서부(쿠요 지역) 지역은 라 리오하(La Rioja), 산 후안(San Juan), 멘도사(Mendoza)가 있다. 남부(파타고니아 지역)는 라 빰빠, 네우켄(Neuquen), 리오 네그로(Rio Negro) 등이 있다. 아르헨티나의 포도나무 전체 재배면적 중에 멘도사 지역이 70%, 산 후안 지역이 22%로 집중되어 있다.

① 살타(Salta)
② 산 후안(San Juan)
③ 멘도자(Mendoza)

아르헨티나 와인지도

1) 북부지역

(1) 살타 지역

북부의 살타(Salta)와 카파야테 밸리(Cafayate Valley)는 고지대에 위치하고 있다. 연중 일정한 온도와 250mm 미만의 적은 강수량으로 매혹적인 맑은 날씨에서 토론테스가 성장한다.

주요 레드 와인 품종은 말벡, 까베르네 소비뇽, 타나트(Tannat) 등이 있으며 화이트 와인 품종은 토론테스(Torrontes), 샤르도네, 슈냉 블랑 등이 있다.

(2) 카타마르카 지역

카타마르카(Catamarca) 지역의 레드 와인 주요 품종은 말벡, 까베르네 소비뇽, 쉬라 등이며 화이트 와인 품종은 토론테스가 있다. 카타마르카는 강수량이 적어 뛰어난 토론테스를 생산하고 있다.

2) 서부지역

서부(Cuyo, 쿠요)는 아르헨티나 와인생산의 중심지역이다. 주요 와인 생산지는 라 리오하(La Rioja), 산 후안(San Juan), 멘도사(Mendoza) 등이 있다.

(1) 라 리오하

라 리오하(La Rioja)는 아르헨티나에서 가장 오래된 포도원이 있는 지역이다. 주요 포도품종은 토론테스, 모스카델, 쉬라, 까베르네 소비뇽, 말벡, 보나르다 등이다.

(2) 산 후안

산 후안(San Juan)은 아르헨티나 와인 생산의 20%를 차지한다. 주요 레드 와인 포도품종은 쉬라, 말벡, 까베르네 소비뇽, 메를로, 피노 누아, 템프라니요 등이 있으며 화이트 와인 품종은 슈냉 블랑, 샤르도네, 토론테스, 페드로 히메네스, 뮈스카델, 세미용, 리슬링 등이 있다.

(3) 멘도사

멘도사(Mendoza)는 아르헨티나 전체 와인 생산량의 70% 정도를 차지하고 있다. 안데스산맥에서 내려오는 맑고 깨끗한 물을 이용하여 포도를 재배하고 있다. 레드 와인은 전체 생산량의 약 85%를 차지한다.

주요 레드 와인 품종은 말벡이 가장 많고 메를로, 까베르네 소비뇽, 템프라니요, 피노 누아 등을 재배하고 있다. 화이트 와인 품종은 토론테스, 샤르도네, 페드로 히메네스, 슈냉 블랑, 팔로미노, 리슬링 등을 재배하고 있다.

3) 파타고니아 지역

파타고니아(Patagonica)는 아르헨티나의 남부(콜로라도강의 남쪽) 지역을 말한다. 바람이 많고 건조하며 온대 기후 지역이다. 주요 와인 생산지는 라 빰빠(La Pampa), 네우켄(Neuquen), 리오 네그로(Rio Negro) 등이다.

(1) 네우켄 지역

네우켄(Neuquen)은 안데스산맥의 서쪽에 위치하고 있으며 완만한 지형이다. 풍부한 일조량과 온화한 기후이며 균형감 있는 고급 와인을 생산하고 있다. 와인은 풀 바디(Full Bodied)와 좋은 향미가 있는 것이 특징이다.

주요 레드 와인 재배품종은 메를로, 피노 누아, 말벡 등이 있으며 화이트 와인 품종은 소비뇽 블랑이 있다.

(2) 리오 네그로 지역

리오 네그로(Rio Negro)는 파타고니아에서 가장 오래된 와인 생산지이며 와인 생산지로는 가장 남쪽 지역에 위치하고 있다. 대륙성 기후로 건조한 지역이다. 이 지방의 와인은 아주 섬세하고 적절한 산미와 알코올은 균형감 있으며 화이트 와인이 유명하고 스파클링 와인도 생산한다.

주요 레드 와인 품종은 메를로, 피노 누아, 말벡 등이 있다. 화이트 와인 포도품종은 소비뇽 블랑과 세미용 등이 있으며 이들은 독특한 향이 있는 와인이다.

4. 와인 등급체계

아르헨티나는 포도의 생산이나 와인 수출이 통제되고는 있지만 포도의 성장이나 실질적인 양조방법 등을 법으로 제한하지는 않고 있다.

와인 수출과 포도생산의 관리 감독은 INV(Instituto Nacionale de Vitivincultura)에서 실행하고 있지만 프랑스와 같이 포도품종, 재배지역 및 양조방법 등에 대한 상세한 규정은 마련되지 않고 있다.

와인 라벨에 포도품종을 표기하려면 해당 포도를 최소한 80% 이상 사용해야 한다는 것을 엄격하게 규정하고 있다.

제4절 호주의 와인

1. 호주 와인의 역사

호주는 18세기 말에 와인을 생산하였지만 와인산업이 발전하지 못하고 낮은 수준의 와인을 생산하는 정도였다. 유럽의 포도품종이 호주로 들어오면서 와인산업의 발전을 이루게 되었다.

스코틀랜드에서 이주한 제임스 버스비(James Busby)라는 사람이 1824년에 뉴사우스웨일스(New South Wales)주의 헌터 밸리(Hunter Valley) 지역에서 포도를 재배하였다. 그가 주민들에게 포도 재배법과 와인 제조법을 전파하면서 와인에 대한 인식의 전환이 이루어졌다.

1840년대 유럽에서 많은 사람들이 호주로 이주하면서 포도 재배가 더욱 확대되어 빅토리아(Victoria)주를 비롯하여 서남부로 확대되었다. 19세기 초반부터 20세기 중반까지는 자국 내에서 소비하거나 영국에 주정강화 와인을 수출하는 정도였다. 호주는 1970년 이후부터 와인산업이 본격적으로 성장하게 되었다.

호주는 19세기부터 포도나무를 재배하고 유럽의 양조방법으로 제조했지만 세계의 와인 시장에서 인정받은 것은 불과 20~30년 정도 전부터였다. 유럽의 포도품종이 호주의 자연환경에 잘 융화되어 호주 고유의 개성을 가진 품종으로 전환되면서 와인산업이 주목받게 되었다.

호주는 1980년대부터 자국 내 소비용 와인보다는 수출용 고급 와인을 만들기 위해 투자를 아끼지 않았다. 그 이후 와인 생산기술이 높아지면서 품질과 맛이 뛰어난 와인을 만들어 세계 와인 시장에 등장하게 되었다.

2. 호주 와인의 특성

와인 시장에 새롭게 등장한 국가들은 포도 재배에 이상적인 기후나 토양이 있을 때 포도나무를 재배하고 와인을 생산하게 된다. 호주는 포도 재배에 안정적인 환경을 가진 국가이다.

호주는 일조량이나 강렬한 햇볕 등의 기후나 토양 등 여러 조건이 포도 재배에 적절하다. 포도 재배에 좋은 환경을 가지고 있어 유럽처럼 포도밭의 경사면이나 방향 등에 등급을 부여할 필요가 없다. 오히려 호주는 이런 부분에 등급의 부여보다는 서늘한 지역 혹은 더운 지역을 나타내는 '기후지대'가 중요한 기준이 된다.

포도의 토종품종이 적은 관계로 주로 유럽 품종인 까베르네 소비뇽, 쉬라즈, 샤르도네, 세미용, 소비뇽 블랑 등으로 와인을 생산한다. 유럽의 품종들이 호주의 자연환경에 잘 융화되어 독특한 개성을 지닌 양질의 와인을 생산하고 있다.

예를 들면, 프랑스 론(Rhone) 지방의 품종인 쉬라(Syrah)는 호주화되어 론 지방의 것과 차별화를 이루었다. 독일 라인강 주변이 원산지인 리슬링은 호주에서 재배되면서 호주의 자연조건 결합되어 다른 특징을 보이고 있다. 호주의 포도 재배에 이상적인 기후와 토양이 새로운 맛의 와인을 만든다.

주요 레드 와인 포도품종은 까베르네 소비뇽, 쉬라즈, 메를로, 피노 누아, 말벡, 그르나슈 등이 있다. 호주의 쉬라즈는 잘 익은 매실 맛이 나는 것이 특징이다. 화이트 와인 품종은 샤르도네, 리슬링, 뮈스카(Muscat), 세미용, 트라미너, 트레비아노, 소비뇽 블랑 등이 있다. 샤르도네는 과일향이 풍부하고 세미용은 꿀과 같은 단맛이 있다.

3. 주요 와인 생산지

호주는 포도 재배지역에 따라 기후의 차이가 심하다. 기후의 차이로 인해 맛이 다르다. 주요 와인 생산지역은 사우스오스트레일리아(South Australia)주, 빅토리아(Victoria)주, 뉴사우스웨일스(New South Wales)주, 웨스턴오스트레일리아(Western Australia)주 등이 있다.

① 뉴사우스웨일스(New South Wales)
② 빅토리아(Victoria)
③ 사우스오스트레일리아(South Australia)
④ 웨스턴오스트레일리아(Western Australia)

호주 와인지도

1) 사우스오스트레일리아주

호주의 중앙과 남부에 걸쳐 있는 사우스오스트레일리아(South Australia)주는 호주 와인의 중심지역이다. 포도 재배에 적절한 지중해성 기후이다. 호주 와인의 50% 이상을 생산하고 특히 레드 와인을 많이 생산하고 있다.

(1) 클레어 밸리

클레어 밸리(Clare Valley)는 호주의 남부에 위치하고 있으며 오래된 와인산지로 유명하다. 레드 와인 품종은 까베르네 소비뇽과 쉬라즈 등이 있다. 쉬라즈는 프랑스 론 지방 형태의 와인이며 가벼운 바디에 생동감이 있고 부드럽고 체리와 민트향이 난다. 화이트 와인 품종은 리슬링, 샤르도네, 세미용, 소비뇽 블랑 등이 있다. 리슬링은 가장 품질 좋은 와인으로 생산되고 있다.

호주는 테이블 와인(Table Wine)도 생산하고, 또한 진한 고품질 레드 와인을 생산하고 있다.

(2) 바로사 밸리

호주에서 바로사 밸리(Barossa Valley)는 와인생산의 오랜 역사를 가지고 있는 지역이다. 따뜻한 기후이지만 해발에 따라 차이가 있다. 해발이 낮은 지역은 포도나무 재배에 적당한 기온이며 해발이 높은 지역은 서늘한 편이다.

바로사 밸리는 낮에는 기온이 높고 햇볕이 강하며 습도와 강우량은 낮아서 레드 와인은 풀 바디(Full bodied)이며 화이트 와인은 진한 맛이 난다.

주요 레드 와인 품종은 쉬라즈, 까베르네 소비뇽, 그르나슈 등이 있다. 쉬라즈와 까베르네 소비뇽은 고급 와인을 만드는 것으로 평가받고 있다. 화이트 와인 품종인 리슬링, 세미용, 샤르도네 등이 있는데 우수한 와인을 제조하는 것으로 알려져 있다. 바로사 밸리 지역에서 생산하는 와인의 품질은 비교적 좋은 것으로 평가되고 있다.

주요 와이너리는 펜폴즈 그랜지(Penfolds Grange), 올랜도(Orlando) 등이 있는데 펜폴즈는 호주에서 가장 유명한 명성을 얻은 와이너리이다.

(3) 에덴 밸리

에덴 밸리(Eden Valley)는 시원한 곳이고 포도 재배의 오랜 역사를 가진 곳이다. 독일의 리슬링과 다르게 당도와 산미는 조금 낮은 편이다. 신맛과 알코올이 균형감이 있는 것이 특징이다. 연한 초록빛을 띤 담황색이며 아로마는 살구, 레몬, 무화과, 자몽 등과 같은 과일향이나 꿀과 같은 향, 아카시아 꽃향이 난다.

주요 레드 와인 품종은 쉬라즈와 까베르네 소비뇽 등이 있다. 화이트 와인 품종은 리슬링과 샤르도네 등이 있는데 이들은 매우 좋은 와인을 만든다.

에덴 밸리 지역의 와인과 어울리는 음식은 구운 생선, 샐러드, 치킨, 치즈, 한식에서 채소와 해산물이 있는 요리와 잘 맞는다.

주요 와이너리는 헨쉬키 힐 오브 그레이스(Henschke Hill of Grace), 얄룸바(Yalumba) 등이다.

(4) 애들레이드 힐스

애들레이드 힐스(Adelaide Hills)는 호주 와인생산의 중심지역이다. 화이트 와인과 스파클링 와인이 유명하다. 풍부한 향과 구조감이 있는 우수한 쉬라즈를 생산한다.

레드 와인 품종은 피노 누아와 까베르네 소비뇽 등을 재배하고 있으며 화이트 와인 품종은 샤르도네, 리슬링, 소비뇽 블랑 등이 있다. 특히 샤르도네와 리슬링을 재배하기에 좋은 환경을 가지고 있다.

주요 와이너리는 헨쉬키 힐 오브 그레이스(Henschke Hill of Grace)와 렌스우드(Lenswood) 등이 있다.

(5) 맥라렌 베일

맥라렌 베일(McLaren Vale)은 온화한 해양성 기후이며 다양한 고급 와인, 음식, 자연을 즐길 수 있는 지역이다. 레드 와인은 풍부하고 견고한 것으로 유명하며 색이 진하다. 화이트 와인은 꽉 찬 느낌이다.

주요 레드 와인 품종은 까베르네 소비뇽, 쉬라즈, 그르나슈, 가르나차 등을 재배하며 화이트 와인 품종은 샤르도네와 리슬링 등이 있다.

쉬라즈와 어울리는 음식은 소고기와 양고기 스테이크, 소고기 등심 및 안심과 같이 육류와 잘 어울리고 한식과도 잘 어울린다.

(6) 리버랜드

리버랜드(Riverland)는 매우 더운 지역이며 여러 지역의 포도와 블렌딩을 많이 한다. 여러 포도와 혼합하여 와인을 양조하기 때문에 품질의 일관성이나 안정성을 유지하며 주정강화 와인도 생산한다.

주요 품종은 쉬라즈, 리슬링, 샤르도네, 세미용 등이다. 쉬라즈는 무게감(Full Bodied)이 있으며 진한 색을 띠고 초콜릿과 민트향 등이 난다.

(7) 랑혼 크릭

랑혼 크릭(Langhorne Creek)은 강수량이 적고 시원한 기후이며 부드럽고 품질 좋은 레드 와인을 생산한다. 주요 재배품종은 쉬라즈, 까베르네 소비뇽, 말벡, 샤르도네 등이 있다.

(8) 패서웨이

패서웨이(Padthaway)는 사우스오스트레일리아의 남쪽에 위치하고 있으며 기후는 서늘하다. 발포성 와인(Sparkling Wine)을 생산하는 지역이다.

주요 레드 와인 품종은 쉬라즈, 까베르네 소비뇽 등이 있으며 화이트 와인 품종은 샤르도네와 리슬링 등이 있다. 샤르도네는 고품질의 와인으로 평가받고 있다. 리슬링 품종도 우수한 와인을 만드는 것으로 알려져 있다.

(9) 쿠나와라

쿠나와라(Coonawarra) 지역은 호주에서 남쪽에 위치한 와인 생산지역이다. 해양성 기후이며 서늘하고 건조하며 비교적 낮고 평평한 지역이다. 고급 와인, 주정강화 와인 및 테이블 와인 등의 다양한 종류를 생산하고 있다.

쿠나와라는 호주에서 우수한 레드 와인 생산지로 평가받는 지역이며 잘 익은 라즈베리(산딸기) 풍미가 있다.

주요 레드 와인 품종은 까베르네 소비뇽과 쉬라즈 등이며 화이트 와인은 샤르도네와 리슬링 등이다. 철분이 함유된 토양에 의해 까베르네 소비뇽은 독특한 우아함이 있는 와인으로 유명하다.

2) 빅토리아 및 태즈메이니아주

빅토리아(Victoria)는 호주에서 가장 남쪽에 위치하여 서늘한 기후이며 고품질의 와인을 생산하는 지역이다. 매우 독특한 와인을 생산하고 있으며 주요 포도품종은 피노 누아가 있다.

빅토리아 지역의 와인은 짙은 색이며 알코올 도수가 높다. 단맛이 강한 뮈스카 품종을 재배하고 있다. 레드 와인, 화이트 와인, 발포성 와인, 주정강화 와인과 같이 다양한 종류의 와인을 생산하고 있다.

주요 와인 생산지역은 루터글랜(Rutherglen), 굴번 밸리(Goulburn Valley), 파이어니스(Pyrenees), 그램피언즈(Grampians), 야라 밸리(Yarra Valley), 모닝턴 페닌슐라(Morning Peninsula), 킹(King) 밸리, 태즈메이니아(Tasmania) 등이 있다.

(1) 루터글렌 지역

루터글렌(Rutherglen) 지역은 좋은 레드 와인을 생산하고, 특히 주정강화 와인이 유명하다. 주요 품종은 뮈스카(Muscat)와 토카이(Tokay)가 유명하다.

(2) 굴번 밸리

굴번 밸리(Goulbun Valley)는 빼어난 자연경관을 가지고 있으며 굴번강을 따라 포도 재배를 하고 있다. 레드 와인은 타닌이 강하며 향이 진하다. 화이트 와인은 섬세한 맛이다. 레드 와인 품종인 까베르네 소비뇽, 쉬라즈 등과 화이트 와인 품종인 리슬링 등이 있다.

(3) 야라 밸리

야라 밸리(Yarra Valley)는 시원한 기후이며 소규모 포도밭들이 군을 이루고 있다. 레드 와인은 색깔이 짙으며 고품질의 와인이다. 시원한 기후로 호주에서 가장 좋은 피노 누아의 생산지로 알려져 있다. 샤르도네는 나무열매 향이 강하다. 야라 밸리는 피노 누아, 샤르도네, 까베르네 소비뇽, 메를로, 쉬라즈 등을 재배하고 있다.

(4) 파이어니스

파이어니스(Pyrenees)는 작은 지역이며 비교적 온난한 기후이다. 레드 와인은 드라이하고 풀 바디감(Full Bodied)이 있다.

레드 와인 품종은 쉬라즈와 까베르네 소비뇽 등이 있으며 화이트 와인 품종은 샤르도네와 소비뇽 블랑 등이 있다.

(5) 그램피언즈

그램피언즈(Grampians)는 여름에 높은 기온과 충분한 일조량, 낮은 습도, 빅토리아주의 다른 지역보다는 약간 서늘한 곳이다. 레드 와인은 드라이하며 장기간 숙성할 수 있다. 화이트 와인은 섬세하고 스파클링 와인을 생산한다.

주요 레드 와인 품종은 쉬라즈와 까베르네 소비뇽 등이 있다. 화이트 와인은 샤르도네, 리슬링, 소비뇽 블랑 등이 있다.

(6) 킹 밸리

킹(King) 밸리는 해발에 따라 와인 타입이 다르다. 고지대에서는 화이트 와인 품종을 재배하고 양질의 스파클링 와인을 만든다. 주요 포도품종은 샤르도네와 까베르네소비뇽 등이다.

(7) 모닝턴 페닌슐라

모닝턴 페닌슐라(Mornington Peninsula)는 서늘한 기후이며 주요 포도품종은 샤르도네, 피노 누아, 까베르네 소비뇽 등이 있다.

(8) 태즈메이니아

태즈메이니아(Tasmania)는 호주의 최남단에 위치하고 있으며 일조시간이 길다. 4계절이 뚜렷한 지역으로 온화한 해양성 기후이다. 우수한 스파클링 와인을 생산하는데 크림 같은 질감을 느낄 수 있는 양질의 와인을 생산한다. 주요 포도 재배 품종으로는 샤르도네와 피노 누아 등이 있다.

3) 뉴사우스웨일스주

뉴사우스웨일스주(New South Wales)의 기후는 덥고 습하지만 포도가 잘 성장하여 전통적으로 유명하다. 헌터 계곡은 뉴사우스웨일스주에서 가장 유명한 포도 생산지이다. 와인은 진한 세미용, 고품질 샤르도네를 생산하며 레드 와인 품종인 쉬라즈를 재배한다.

이 지역의 와인은 풍부한 바디감과 디저트 와인으로 유명하다. 또한 타닌이 적고 당분이 많아 매우 부드럽다. 주요 재배 포도품종은 쉬라즈, 까베르네 소비뇽, 샤르도네, 세미용 등이 있다.

(1) 헌터 밸리

헌터 밸리(Hunter Valley)의 와인은 산도가 높고 뚜렷한 향과 실크처럼 부드러운 맛을 느낄 수 있다. 이 지역의 유명한 포도품종은 쉬라즈와 세미용이다. 특히 헌터 밸리의 하류에서 재배되는 세미용은 가벼우면서 미네랄이 느껴지는 복합적인 맛이 있다.

주요 레드 와인 품종은 까베르네 소비뇽과 쉬라즈이며 화이트 와인 품종은 샤르도네와 세미용 등이다. 샤르도네로 만든 화이트 와인은 고품질이며 드라이하다. 세미용 품종은 호주화되어 프랑스 보르도 지역과 다른 맛을 낸다.

(2) 머지

원주민은 머지(Mudgee)를 '언덕의 둥지'라는 의미로 사용한 것에서 붙여진 지역명이다. 머지는 그림 같은 쿠지공강 계곡(Cudgegong River Valley)이 위치한 아름다운 지역으로 기후는 서늘하고 건조하다. 소규모의 와인을 생산하지만 레드 와인은 고품질 드라이 와인을 생산한다.

까베르네 소비뇽은 타닌이 강하며 진한 블랙커런트향이 나고 감칠맛이 난다. 쉬라즈는 단맛이 나고 알코올 도수는 높으며 딸기향과 가죽냄새가 난다. 주요 재배포도품종은 까베르네 소비뇽, 쉬라즈와 샤르도네 등이다.

(3) 오렌지

오렌지(Orange) 지역은 뉴사우스웨일스의 다른 지역보다 높은 위치에 있어서 서늘한 기후이다. 주된 품종은 쉬라즈, 까베르네 소비뇽, 소비뇽 블랑, 샤르도네, 리슬링 등이 있다. 주로 화이트 와인을 많이 생산하는 지역이다. 적은 양이지만 리슬링을 얼린 후 수확하여 아이스 와인(Ice Wine)을 만든다.

(4) 리베리나

리베리나(Riverina)는 일조량이 풍부하며 가볍고 깔끔하고 부드러운 풍부한 과일향이 나며 드라이한 레드 와인을 생산한다. 화이트 와인을 많이 생산하는 지역이다.

주요 레드 와인 품종은 까베르네 소비뇽, 말벡, 쉬라즈, 그르나슈 등이 있다. 화이트 와인은 리슬링, 세미용, 트레비아노 등이 있다.

4) 웨스턴오스트레일리아주

웨스턴오스트레일리아(Western Australia)는 신규 와인 생산지이며 보르도 유형의 와인을 생산하는 지역이다. 비교적 타닌이 적어 부드럽고 향이 풍부한 와인을 생산한다.

주요 품종은 까베르네 소비뇽과 샤르도네 등이다. 까베르네 소비뇽은 잘 익은 블랙과일향과 신맛과 가벼운 바디감(Light Bodied) 있는 와인이다. 샤르도네는 오크통에서 숙성하지 않고 신선하게 마시는 와인으로 유명하다.

(1) 스완 밸리

스완 밸리(Swan Valley)의 기후는 덥고 건조하지만 가끔 고온인 경우도 있다. 스완 밸리는 서부지역의 핵심 와인산지이다. 레드 와인과 화이트 와인을 생산하며, 특히 레드 와인은 짙은 맛을 느낄 수 있다. 화이트 와인은 풍부한 맛과 바디감이 있다. 주요 포도품종은 슈냉 블랑, 샤르도네, 쉬라즈 등이다.

(2) 마가렛 리버

호주 서쪽 끝의 인도양에 인접한 매력적인 해안선을 따라 형성된 마가렛 리버(Margaret River)는 한적한 시골의 여유와 낭만이 있는 지역이다. 기후는 비교적 서늘하다.

까베르네 소비뇽과 피노 누아는 비교적 우수하고 섬세한 맛을 느낄 수 있다. 까베르네 소비뇽으로 우아하고 풍부한 양질의 와인을 만들고 있다. 진판델은 향이 뚜렷하며, 또한 쉬라즈, 까베르네 소비뇽과 메를로를 블렌딩하여 좋은 와인을 생산한다. 소비뇽 블랑은 강한 풍미를 가진 화이트 와인을 만든다.

주요 레드 와인 품종은 까베르네 소비뇽, 피노 누아, 진판델 등이며 화이트 와인 품종은 리슬링, 세미용, 소비뇽 블랑, 샤르도네 등이다.

(3) 그레이트 서던

그레이트 서던(Great Southern)의 해안 지역은 고온 다습하며 내륙은 대륙성 기후이다. 그레이트 서던은 일교차가 커서 와인의 균형감이 좋으며, 특히 리슬링, 쉬라즈, 피노 누아 품종이 고품질 와인을 생산한다.

주요 레드 와인 품종은 쉬라즈와 피노 누아이지만 까베르네 소비뇽 등도 재배하고 있다. 화이트 와인은 샤르도네와 리슬링 등을 재배하고 있다.

4. 와인의 등급체계

호주는 공식적인 등급체계는 없지만, 레벨에 포도품종을 표기하는 규정과 포도 생산지를 표기하는 규정은 있다. 라벨에 표기하는 방식은 포도품종 표기방식, 생산지별 표기방식, 빈티지 표기방식 등이 있다.

포도품종을 블렌딩(Blending)한 경우 가장 많이 사용된 품종의 비율 순으로 표기한다. 블렌딩할 때 가장 많이 들어간 포도품종을 제일 먼저 표기하고, 다음, 그 다음 품종 순으로 표기한다.

예를 들면, 까베르네 소비뇽을 제일 많이 사용했으면 까베르네 소비뇽을 먼저 표기한다. 다음 많이 블렌딩에 사용된 품종, 그 다음 블렌딩에 많이 사용한 순으로 라벨에 표시한다.

표 6-4 와인 라벨 표기방식

구분	비율
포도품종 표기방식	해당 품종 85% 이상 사용
라벨에 생산지별 표기방식	생산지역 포도 85% 이상 사용
빈티지 표기방식	해당 연도 포도 95% 이상 사용

제5절 뉴질랜드의 와인

1. 뉴질랜드 와인의 역사

뉴질랜드는 1819년 호주에서 온 영국인 선교사에 의해 포도 재배가 시작되었다. 1838년에 제임스 버스비(James Busby)가 호주에 포도를 재배하고 또다시 뉴질랜드의 북섬에 포도를 재배하여 와인을 양조하기 시작했다.

1910년대에 금주법의 시행으로 대다수 와이너리들이 문을 닫았다. 금주령이 시행되었을 때는 와인을 지정된 곳에서만 구매할 수 있었다. 또한 종교의식에 필요한 와인만 생산할 수 있어서 와인산업은 암흑기에 접어들게 되었다.

1960년대부터 일반 레스토랑에서 와인을 판매할 수 있도록 했으며 1970년대 초부터 와인산업이 다시 활기를 찾기 시작했다. 1980년대 중반까지 주로 자국 내 수요자들이 대부분이다. 이 시기에 공급과잉이 초래되어 정부에서 긴급자금을 지원해서 위기를 극복했다.

1990년대 초기부터 와인산업이 비교적 안정기에 접어들게 되었다. 뉴질랜드의 와인산업이 활성화된 기간은 짧지만 국제적인 명성을 얻고 있는 편이다.

2. 뉴질랜드 와인의 특성

남태평양의 섬나라인 뉴질랜드는 해양성 기후로 낮에 강한 태양을 받고 밤에 서늘한 해풍에 의해 식혀져 포도 재배에 이상적이다. 남북으로 길게 포도밭이 형성되어 있어 기후가 다르므로 여러 포도품종을 재배할 수 있다.

독일과 같이 서늘한 기후로 독일을 모델로 삼은 포도 재배법을 이용하여 리슬링이나 뮐러-투르가우 품종을 재배하게 되었다. 지금은 여러 포도품종을 재배하고 와인의 품질도 높은 수준이다. 과일의 풍미가 강한 고품질의 화이트 와인을 만들고 있다. 특히 소비뇽 블랑 품종의 재배가 전 지역으로 펼쳐 있어 소비뇽 블랑의 나라라고 불리기도 한다.

두 개의 섬으로 이루어진 뉴질랜드는 북섬의 와인 생산지로 오클랜드(Auckland), 기스본(Gisborne), 혹스 베이(Hawke's Bay), 와이라라파(Wairarapa) 등이 있다. 남섬의 와인산지는 넬슨(Nelson), 말보로(Marlborough), 와이파라 밸리(Waipara Valley), 센트럴 오타고(Central Otago) 등이 있다.

주요 레드 와인 포도품종은 피노 누아, 까베르네 소비뇽, 메를로 등이고 화이트 와인 품종은 샤르도네, 소비뇽 블랑, 리슬링 등이다.

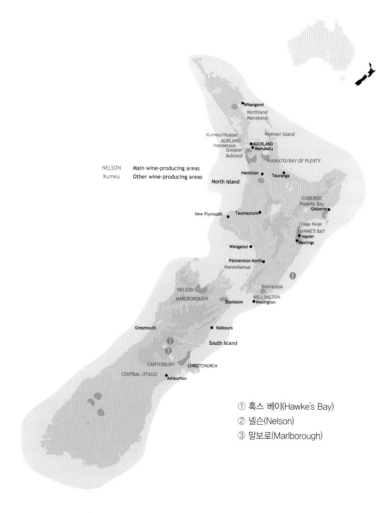

① 혹스 베이(Hawke's Bay)
② 넬슨(Nelson)
③ 말보로(Marlborough)

뉴질랜드 와인지도

3. 주요 와인 생산지

뉴질랜드는 북섬에서 남섬까지 향긋한 와인을 벗 삼아 여행하기에 더없이 좋은 나라이다. 특히 가을의 그윽한 정취를 만끽하면서 각 지역의 고전적인 특색이 묻어나는 와이너리의 여행은 촉촉한 감성이 피어오르는 투어가 될 것이다.

1) 북섬

뉴질랜드의 대다수 와인 생산지에서는 와인과 음식 축제가 열려 색다른 식문화를 경험할 수 있다. 와인 여행을 하면서 시음의 기회도 갖고 레스토랑이나 카페를 방문하여 즐기는 여행을 해볼 만한 좋은 지역이 북섬이다.

(1) 오클랜드 지역

오클랜드(Auckland)는 해양성 기후로 따뜻하고 건조하고 풍부한 일조량으로 레드 와인생산에 적합한 지역이다. 와이헤케섬은 포도밭과 해변의 아름다운 경치를 자랑하는 세계적인 와인 생산지이다. 북섬(North Island)의 오클랜드는 뉴질랜드에서 최초로 소비뇽 블랑을 재배한 지역이다. 무게감 있는 레드 와인과 샤르도네로 만든 화이트 와인도 인지도 높은 와인이다.

주요 재배품종은 메를로, 까베르네 소비뇽, 쉬라, 피노 그리, 샤르도네 등이 있다. 샤르도네와 피노 그리는 부드럽고 과일 풍미를 느낄 수 있으며, 특히 샤르도네는 고품질 와인으로 세계적인 명성을 얻고 있다.

(2) 와이카토 및 플렌티만 지역

와이카토(Waikato)와 플렌티만(Bay of Plenty)은 따뜻하고 온화한 기후이고 작은 와이너리가 산재한 지역이다. 와인은 완숙한 풍미와 적절한 산미가 있다. 여러 포도품종을 섞어 생산하여 완벽한 균형감을 이룬다. 주요 재배포도품종은 샤르도네, 소비뇽 블랑, 메를로, 게뷔르츠트라미너 등이 있다. 소비뇽 블랑의 나라답게 이 품종을 많이 재배하는 지역이다.

(3) 기스본 지역

기스본(Gisborne)은 북섬에서 가장 중요한 와인 생산지역이다. 기스본(Gisborne)의 포버티(Poverty)만과 호크스(Hawks)만을 중심으로 성공적인 포도 재배와 우수한 와인을 생산하고 있다.

포버티(Poverty)만은 게뷔르츠트라미너와 샤르도네 등의 품종을 재배하고 있다. 기스본의 샤르도네는 신선하고 부드럽고 완숙한 복숭아, 멜론과 파인애플향이 난다. 호스크 베이는 부드럽고 감칠맛 나는 소비뇽 블랑 품종을 재배하고 있다.

(4) 혹스 베이 지역

혹스 베이(Hawke's Bay)는 비교적 풍부한 일조량으로 상대적으로 강수량이 적고 배수가 잘 되는 자갈 토양이다.

주요 품종은 까베르네 소비뇽이며 강한 딸기향과 카시스향이 난다. 피노 누아, 쉬라, 메를로, 까베르네 프랑, 샤르도네, 소비뇽 블랑 등의 품종도 재배하고 있다. 혹스 베이의 샤르도네는 복숭아와 자몽 풍미가 짙은 와인을 생산한다. 소비뇽 블랑으로도 좋은 와인을 만들고 있다.

(5) 와이라라파 지역

와이라라파(Wairarapa)는 북섬 최남단에 있는 와인 생산지이다. 낮과 밤의 일교차가 큰 편이고 서늘하고 습도가 높다.

와인은 타닌 성분이 강하여 무거운 바디감(Full Bodied)을 느낄 수 있고 달콤한 과일 맛이 나며 균형감이 있다. 아로마는 잘 익은 자두와 향신료 풍미를 느낄 수 있다. 피노 누아는 타닌과 산미가 균형감이 있으며 섬세하여 세계적으로 높은 평가를 받고 있다. 소비뇽 블랑은 고품질의 와인을 만들고 샤르도네는 힘이 넘치는 와인으로 유명하다.

와이라라파(Wairarapa)에서 주된 와인 생산지는 마틴보로(Martinborough)이며 소규모의 우수한 와이너리가 있는 지역이다.

2) 남섬

(1) 넬슨 지역

남섬(South Island)의 최북단에 위치하고 있는 넬슨은 바다와 인접한 해양성 기후로 연교차가 적다. 넬슨(Nelson)은 눈부신 경치를 자랑하는 곳이고 로맨틱한 향이 있는 와인을 생산한다. 넬슨의 유명한 품종이 바로 리슬링과 피노 누아이다. 섬세한 타닌 맛의 와인을 생산하면서 고전적인 풍취의 와이너리도 있다.

주요 재배품종은 샤르도네, 소비뇽 블랑, 리슬링, 피노 누아, 피노 그리 등이다.

(2) 말보로 지역

말보로(Marlborough)는 따뜻하고 건조하며 풍부한 일조량 및 서늘한 기후이다. 뉴 질랜드에서 포도 재배 면적이 가장 넓은 지역이면서 유명한 와이너리도 많은 곳이다. 말보로의 소비뇽 블랑은 세계 최정상급의 화이트 와인으로 평가받고 있다. 말보로의 와이라우 밸리(Wairaw Valley)는 온화한 기후와 풍부한 일조량으로 신선한 화이트 와 인을 만드는 데 좋은 동반자의 역할을 한다.

소비뇽 블랑으로 만든 화이트 와인은 산미가 좋은 청량감을 느낄 수 있다. 또한 구 즈베리향이 나는 고품질 와인으로 유명하다. 샤르도네는 균형감 있는 신맛과 감귤류 향이 강하며 섬세한 향이 나는 우수한 와인이다. 피노 누아도 샤르도네와 같이 이 지 역을 대표하는 품종이며 스파클링 와인도 숨길 수 없이 좋은 와인이다.

(3) 와이파라 밸리 지역

와이파라 밸리(Waipara Valley)의 평야 지역은 따뜻하며 일조량은 적당하고 강우량 은 비교적 적은 편이다. 특히 가을이 건조하고 길어 포도가 잘 익어 좋은 품질의 와인 을 생산할 수 있다.

와이파라 밸리의 와인은 타닌이 강하고 신맛은 적당한 편이다. 붉은색 과일 맛이 나며 약한 후추와 향신료향이 난다. 주요 품종은 피노 누아, 메를로, 샤르도네, 소비뇽 블랑, 리슬링, 게뷔르츠트라미너 등이 있다. 피노 누아는 신선한 과일향이 나며 리슬 링의 와인도 잘 알려져 있다. 서늘한 기후에 잘 자라는 포도품종을 많이 재배하여 와 인을 생산하고 있다.

음식은 대부분의 육류와 잘 어울린다. 특히 소고기 스테이크나 양갈비 등과 조합이 잘 맞다.

(4) 센트럴 오타고 지역

센트럴 오타고(Central Otago)는 남섬의 와인 생산지 중에서 최남단에 위치하고 있다. 대륙성 기후로 햇볕이 매우 강하고 건조하다. 포도의 성장기에 일교차가 크므로 풀 바디감(Full Bodied) 있는 와인을 만들 수 있게 한다.

와인의 아로마는 라즈베리(산딸기), 블랙체리, 자두와 같은 풍부한 과일 맛과 향신료 등의 향이 나며 강건한 구조감을 느낄 수 있다.

주요 포도품종은 피노 누아, 피노 그리, 리슬링, 샤르도네 등이다. 피노 누아는 전체 포도 생산량에서 차지하는 비중이 매우 높고 고품질 와인을 만든다.

4. 와인의 등급체계

뉴질랜드의 정부는 법으로 와인 등급을 분류하여 규정하지는 않고 있다. 와인 병 라벨에 포도품종을 표기할 때 그 품종을 75% 이상 제조해야 하는 것만 규제하고 있다.

라벨에 와인 생산지를 표기할 때는 그 지역의 포도를 75% 이상 사용해야 하는 것을 규제하고 있다. 또한 빈티지 표기는 당해 수확한 포도로 와인을 만들었을 때 표기할 수 있다.

제6절 남아프리카공화국의 와인

1. 남아프리카공화국 와인의 역사

1652년 유럽인들이 동양의 항로를 개척하면서 식량과 식수조달을 위해 남아프리카공화국의 케이프 타운(Cape Town)에 기지도시를 건설할 때 와인을 재배하기 시작했다. 17세기에 네덜란드인들이 포도를 처음 재배한 후 프랑스, 이탈리아, 영국, 독일 등 유럽 여러 국가들이 재배하기 시작했다.

남아프리카공화국의 와인이 18세기에 동인도회사를 통해 유럽에 알려지면서 세계적으로 좋은 평가를 받게 되었다.

1885년에 필록세라의 병이 케이프 타운의 포도밭을 황폐화시켰으며 다시 와인산업은 하향길을 걷게 되었다. 필록세라에 강한 미국산 포도품종과 유럽의 포도품종을 접목하여 와인 생산이 활성화되었다.

남아프리카공화국의 인종차별 정책이 폐지된 1994년부터는 와인산업도 옛 영광을 서서히 되찾기 시작했다. 즉 유럽의 와인 제조기술을 전수받는 등의 노력으로 와인 시장에서 조금씩 알려지게 되었다. 또다시 닥쳐 온 어려움은 수요와 공급의 균형을 맞추는 것이었다.

정부는 이 문제의 해결책으로 와인 생산자들에 대한 지원 정책을 수립했으며, 또한 생산자 공동체인 KWV(Ko-Operatiewe Wynbouwers Vereniging)를 결성할 수 있도록 지원했다.

이 공동체는 포도 재배 품종, 재배지역, 와인 생산, 판매 등의 와인과 관련된 전반적인 부문을 관리하게 되어 수요와 공급문제를 어느 정도 해결했다. 또한 KWV는 주식회사 형태로 발전시켜 생산자가 주주가 되고 생산과 판매를 회사가 책임지는 형태로 운영되었다.

2. 남아프리카공화국 와인의 특성

대서양과 인도양 사이에 위치한 남아프리카공화국은 비교적 바람이 강한 곳이다. 비는 5월과 8월 사이에 집중적으로 내려 강수량은 적지 않으며 지중해성 기후이다.

화이트 와인은 살아 있는 향취를 풍기는 것으로 높은 명성을 얻고 있다. 레드 와인은 복잡한 맛을 내는 와인을 생산한다. 특히 남아공은 여러 종류의 포도를 혼합하여 수준 높은 와인을 생산하기도 한다.

유럽의 전통과 신세계 국가들의 현대적 시스템을 적절히 결합하여 창의적인 와인을 만드는 데 성공한 것으로 평가받고 있다. 특히 가격에 비해 와인의 품질이 높아서 인기를 모으고 있다.

주요 레드 와인 품종은 피노타지(Pinotage), 까베르네 소비뇽, 생소(Sinsaut), 메를로, 쉬라, 피노 누아, 까베르네 프랑 등이다. 화이트 와인 품종은 슈냉 블랑, 콜롬바드, 샤르도네, 소비뇽 블랑, 리슬링, 뮈스카데, 세미용 등이다.

피노타지는 서늘한 기후에서 잘 자라며 연기, 산딸기, 흙냄새가 나며 단일 품종으로도 와인을 생산하다. 또한 다른 품종과 혼합하여 다양한 형태의 와인을 만드는 데 사용하기도 한다. 화이트 와인은 적당한 산도와 좋은 과일향으로 여름철에 음료수 대용으로 마시기에 적절하다.

3. 주요 와인 생산지

남아프리카공화국 와인 생산지의 지형 형태는 매우 다양하다. 즉 구릉지의 넓은 분지와 웅대한 산악지형의 생산지들이 있다. 유럽의 주요 와인산지인 프랑스나 스페인과 매우 흡사한 기후 조건이다.

주요 생산지는 해안지역, 보베그 지역, 브레드 리버 밸리, 케이프 남부 해안 등의 지역으로 구분할 수 있다.

남아프리카공화국 와인지도

1) 해안지역(Coastal Region)

(1) 스와틀랜드 지역

스와틀랜드(Swartland)는 검은 땅(Black Land)이라는 뜻에서 알 수 있는 것과 같이 땅 색이 진하고 비옥한 토양이며 기후는 무덥고 건조하다.

소규모의 포도원으로 생산량이 적은 편이지만, 고품질 화이트 와인을 생산하고 있다. 레드 와인의 인지도가 점점 높아지고 있고, 특히 쉬라는 좋은 와인을 만드는 것으로 평가받고 있다.

스와틀랜드의 레드 와인은 힘차고 주정강화 와인 생산지이다. 주요 재배품종은 피노타지, 까베르네 소비뇽, 슈냉 블랑 등이다. 주정강화 와인은 점차적으로 높은 명성을 얻고 있다.

(2) 콘스탄티아 지역

역사가 가장 오래된 와인 생산지역으로 케이프 타운의 남쪽에 위치하며 서늘한 해양성 기후이다. 콘스탄티아(Constantia) 포도원은 달콤한 뮈스카데(Muscatet) 품종의 와인이 높은 명성을 얻고 있다. 또한 양질의 레드 와인과 화이트 와인을 생산하고 있다.

레드 와인 생산지이지만 소비뇽 블랑의 재배로 고급 화이트 와인 생산지가 되었다. 슈냉 블랑(Chenin Blanc)은 케이프 타운에서 인기를 모으고 있는 화이트 와인 품종이다. 슈냉 블랑은 신선하고 드라이 와인, 발포성 와인, 달콤한 디저트 와인 등 다양한 종류의 와인을 만든다.

주요 레드 와인 포도품종은 까베르네 소비뇽, 쉬라, 피노타지, 까베르네 프랑 등이 있다. 화이트 와인 품종은 샤르도네, 리슬링, 세미용, 소비뇽 블랑과 슈냉 블랑 등이 있다.

클레인 콘스탄티아 뱅 드 콘스탄스(Klein Constantia Vin de Constance)는 신선하고 달콤한 콘스탄스(Vin de Constance) 와인으로 잘 알려져 있다. 화이트 와인으로 살구색이며 알코올 도수는 약 14%이다.

매혹적인 단맛과 유럽의 왕들과 예술가들 사이에 높은 인기를 얻은 그 와인이 콘스탄스(Vin de Constance)이다. 나폴레옹이 세인트 헬레나(Saint Helena)섬에서 유배 중에 즐겨 마셨다고 전해오는 와인이 '뱅 드 콘스탄스(Vin de Constance)'라고도 한다. 또한 제인 오스틴(Jane Austen)의 소설 '이성과 감성(Sense and Sensibility)' 및 샤를 보들레르(Charles Baudelaire)의 시 'Sed Non Satiata'에서도 언급된 와인이다.

클레인 콘스탄티아 뱅 드 콘스탄스(Klein Constantia Vin de Constance) 와인은 그 신비성과 묘한 감정적 가치까지 더해져 소비자들을 자극시키기에 충분하다.

(3) 스텔렌보쉬 지역

스텔렌보쉬(Stellenbosch) 지역은 남아프리카공화국의 와인산업 및 역사에서 중요한 위치에 있으며, 아름다운 경관을 자랑하는 산자락에 있다. 기후는 온화하고 따뜻하며 겨울에 강우량이 풍부하고 여름은 서늘한 바람이 불어 아주 높은 기온은 거의 없다.

주요 레드 와인 품종은 까베르네 소비뇽, 피노타지, 메를로, 쉬라 등이며 화이트 와인 품종은 샤르도네, 소비뇽 블랑, 슈냉 블랑 등이다.

2) 보베그 지역

보베그(Boberg) 지역의 와인 생산지는 툴바그(Tulbach), 팔(Paarl) 등이다.

(1) 툴바그 지역

툴바그(Tulbach)는 팔의 북쪽에 위치하고 있으며 기후는 덥고 건조하다. 화이트 와인이 유명한 것으로 알려져 있다. 일부의 와인은 늦게 수확된 포도로 만든다. 툴바그는 와인 생산량이 증가하는 추세에 있다.

(2) 팔 지역

팔(Paarl) 지역은 케이프 지역에 속한 와인 생산지이며 여름의 낮기온은 높은 편이지만 밤은 서늘한 기온이며 건조한 지역이다. 팔 지역은 KWV(생산자공동체)의 와이너리가 있으며 남아공의 최고급 테이블 와인을 생산하고 있다. 와인 생산자조합 형태로 운영하여 일반 와인에서 최고급 와인까지 다양한 와인을 생산한다.

주요 레드 와인 품종은 까베르네 소비뇽, 쉬라, 피노타지 등이며 화이트 와인 품종은 슈냉 블랑과 샤르도네 등이다. 레드 와인 품종에서 피노타지가 가장 중요한 품종인 지역이다.

3) 브리드 리버 밸리 지역

브리드 리버 밸리(Breede River Valley) 지역은 우스터(Worcester), 로버트슨(Robertson), 스웰렌담(Swellendam) 등이다.

(1) 우스터 지역

우스터(Worcester)는 남아프리카공화국 전체 포도 생산량의 20%를 생산하고 있다. 기후는 고온 건조하여 주로 관개를 이용한 재배를 하고 있다. 양질의 레드 와인과 화이트 와인을 생산하며 브랜디도 만든다. 우스터의 재배품종은 샤르도네, 슈냉 블랑, 콜롬바르 등이다.

(2) 로버트슨 지역

로버트슨(Robertson)은 우스터와 비슷한 기후를 가졌으나 계곡에서 불어오는 바람의 영향으로 좀 더 서늘하다. 낮에는 기온이 매우 덥고 밤에는 해양성 기후의 영향으로 온도가 내려간다. 이런 기후로 소비뇽 블랑이나 리슬링과 같은 품종들을 재배하기에 최상의 조건을 갖추고 있다.

로버트슨 지역은 브랜디에 사용된 양질의 와인산지이다. 일부 지역은 우수한 쉬라와 풀 바디감(Full Bodied)이 있는 샤르도네를 생산하며 이는 신선한 과일향이 난다. 또한 발포성 와인도 생산한다.

주요 레드 와인 품종은 까베르네 소비뇽, 쉬라 등이며 화이트 와인 품종은 샤르도네, 리슬링 등이다.

(3) 스웰렌담 지역

스웰렌담(Swellendam)은 그림 같은 소도시이며 레인지버그산맥 끝자락에 위치하고 있다. 기후는 무덥고 매우 건조하여 관개 농업으로 포도 재배가 이루어져야 한다.

예술가들이 즐겨 찾는 지역이고 아름다운 자연경관과 와이너리에서 여행을 만끽할 수 있는 곳이다. 주요 포도품종은 샤르도네, 콜롬바드, 소비뇽 블랑, 쉬라 등이다.

4) 케이프 남부 해안지역

케이프 남부 해안지역은 와인 생산의 긴 역사를 가진 지역으로 유럽과 미국, 칠레, 호주 등의 영향을 받았다. 매우 서늘한 기후이며 소비뇽 블랑, 샤르도네와 피노 누아 등의 포도품종을 재배하는 데 적합한 지역이다.

섬세하고 강한 맛의 와인을 생산하고 있으며 와인 생산지 주변의 그림 같은 경관과 아름다운 와인 랜드는 감성적인 여행지로 각광받고 있다.

일부 최상급 포도와 와인을 지속적으로 생산하는 지역은 워커 베이 등이다. 최고의 샤르도네와 피노 누아를 생산하는 본고장이다.

주요 레드 와인 품종은 피노 누아, 메를로, 쉬라 등이며 화이트 와인 품종은 샤르도네, 소비뇽 블랑 등이다.

(1) 엘진 지역

엘진(Elgin)은 오버버그에 속한 새로운 와인 생산지이며 서늘한 기후이다. 화이트 와인의 품종을 재배하기에 적절한 곳이다. 소비뇽 블랑은 산뜻하고 강한 맛으로 유명하다. 주요 재배품종은 피노 누아, 샤르도네, 쉬라 등이다.

(2) 오버버그 지역

오버버그(Overberg)는 최근 케이프 타운에서 세련된 와인 생산지로 높은 명성을 얻고 있다. 서쪽의 엘진(Elgin)과 내륙의 보트 리버(Bot River) 사이에 위치하고 있다.

(3) 워커 베이 지역

워커 베이(Walker Bay)는 오버버그 지역에 속하며 고래가 출몰하는 해변마을이 와인 생산지이다. 약간 서늘한 기후이며 포도밭은 헤멜-엔-아르데(Hemel-en-Arde)밸리에 위치한다. 고급 와인은 샤르도네, 피노 누아, 소비뇽 블랑 등을 생산한다.

(4) 케이프 아굴라스 지역

케이프 아굴라스(Cape Agulhas)는 아프리카 대륙의 남쪽 극점이며 대서양과 인도양을 구분하는 지점이다. 와인은 톡 쏘는 느낌과 풀 냄새의 소비뇽 블랑으로 유명하다. 주요 재배품종은 소비뇽 블랑과 쉬라 등이다.

4. 와인의 등급체계

남아프리카공화국은 1973년부터 원산지와 포도를 보증하는 WO(Wine of Origin) 제도를 시행하고 있다. 와인 생산지역을 지리적, 지역, 구역, 마을로 분류하고 있다. 와인산지 표기에는 그 산지의 포도를 100% 사용하여 양조하도록 규제하고 있다. 빈티지 표기는 수확연도의 포도를 최소 85% 이상 사용하도록 하고, 포도품종 표기는 최소 85% 이상 해당 품종을 사용하도록 규제하고 있다.

표 6-5 남아프리카공화국 와인 라벨 표기방식

구분	비율
원산지 표기	산지 포도 100%
빈티지	최소 85%
포도품종 표기	최소 85%

WINETRAVEL

와인의
심층적 이해

Chapter 07

WINE TRAVEL

와인 저장의 이해

제1절 | 일반적 와인 저장관리

와인은 저장이나 보관을 잘못하면 변질되어 향미를 느끼기 어렵다. 또한 저장상태
가 나쁘면 산화되어 사실상 마시기 어려울 수 있다. 와인은 병 안에서도 미세하게 숙
성되므로 저장환경이 좋지 않으면 맛의 균형을 잃게 된다.

와인 저장의 핵심은 산화를 방지하는 것으로 일정량의 산소를 흡수하면 산화되어
와인으로써의 가치는 사라지고 말 것이다. 이를테면, 와인이 저장되는 동안에 코르크
의 마름은 최악의 상태를 초래할 수 있다.

와인은 낮은 가격의 와인도 있지만 비싼 가격의 와인도 있다. 비싼 와인은 수백 만
원을 하는 경우도 있다. 이런 와인을 잘못 저장하거나 보관하면 마실 수 없는 와인이
될 수 있다.

1. 와인 병의 코르크

와인의 마개인 코르크에는 미세한 구멍이 있어 그것이 마르면 공기가 병 속으로 유입된다. 와인의 코르크는 탄력성과 유연성이 다른 물질보다 월등하다. 코르크의 탄력성에 의해 와인이 수면과 접촉하면 팽창하여 산소의 유입을 막을 수 있다.

싫어하는 사람이 가까이 다가오면 우리는 대개 싫어하게 된다. 와인도 사람과 유사한 성질이 있는 것 같다. 와인의 주된 가치에는 향미와 색상 등이 있는데, 이를 손상시키는 산소가 병 안으로 들어오면 싫어할 것이다. 심지어 와인 병에 산소가 너무 많이 들어오면 사실상 와인의 가치나 수명은 끝날 수도 있다. 와인의 가치를 연장하기 위해 와인과 코르크 마개가 항상 접촉할 수 있도록 눕혀서 보관해야 한다. 그러나 스크루캡으로 되어 있는 와인은 세워서 보관해도 상관없다.

와인을 눕혀서 보관하면 와인의 수면과 코르크가 맞닿게 된다. 코르크가 와인의 수면과 접촉하면 코르크의 팽창으로 아주 미세한 공기가 유입되어 와인의 숙성에 도움이 된다. 와인과 코르크는 가까운 상태에 있어야 좋은 관계가 형성되고 와인의 가치가 발휘될 수 있다. 마찬가지로 사람도 상호 도움이 되어야 좋은 이웃으로 남을 수 있을 것이다.

와인과 코르크는 항상 가까운 이웃이 되어야 산화되지 않고 와인의 생명을 보호하고 연장할 수 있다. 와인과 코르크가 상호 좋은 관계가 형성될 수 있도록 눕혀두어야 한다.

2. 선입선출법에 의한 관리

선입선출법이란 재고자산이 출고될 때 장부상에 먼저 입고된 상품부터 출고하는 것을 말한다. 이를테면, 먼저 입고된 물건을 먼저 판매하는 방법이다. 나중에 구매한 물건은 나중에 판매하는 것을 뜻한다.

와인에서 선입선출법은 먼저 구입한 와인을 먼저 판매하고 나중에 구입한 것은 먼저 구입한 것을 판매한 다음에 판매하는 방식을 뜻한다. 와인은 병 속에서 숙성되기 때문에 장기간 저장이나 보관하게 되면 산화의 위험성에 노출된다. 그래서 먼저 구입한 것을 먼저 판매해야 산화의 위험성을 줄일 수 있다.

가끔 주변에서 와인을 마실 수 없을 정도로 산화된 와인을 보는 경우가 있다. 와인의 품질은 떼루아가 영향을 미치지만 저장 및 보관의 환경도 아주 중요하다. 다시 말하면, 와인을 선입선출법에 따라 관리해야 와인의 향미를 제대로 즐길 가능성이 높다는 것이다.

 ## 제2절 | 와인의 보관환경

1. 와인보관 온도

와인은 온도 변화에 매우 민감한 생물과 같이 관리가 이루어져야 한다. 와인은 온도 변화가 적어야 변질을 방지할 수 있다. 와인보관에 적당한 온도는 10~15℃ 정도이다. 일반적으로 1~2℃ 차이는 와인에 영향을 미치지 않는다. 그러나 와인의 변질방지를 위해 일정한 온도의 유지가 중요하다.

와인보관 온도가 너무 낮으면 숙성이 멈출 수 있고 20℃ 이상 올라가면 장기간 숙성에 좋은 조건이라고 할 수 없다. 온도가 10℃ 이하이면 산소나 냄새가 유입될 수 있어 냉장고에 보관하는 것은 적절하지 못하다.

가정집에서는 주로 선반이나 실내 공간에 보관하는 경우가 많다. 아파트의 실내온도는 계절에 따라 차이는 있지만 보통 22~25℃ 정도가 된다. 이 정도의 온도에서 장기간 보관하게 되면 와인의 품질이 떨어져 마시기 어려울 수 있다. 특히 부엌 주변에 보관하지 말아야 한다. 이는 최악의 보관장소라고 할 수 있다. 부엌 주변은 온도의 변화가 심하기 때문이다. 와인은 온도의 변화가 적은 곳에 보관해야 건강한 와인을 마실 수 있다. 또한 와인과 코르크가 친근한 사이가 될 수 있도록 눕혀서 보관해야 한다.

2. 와인보관 습도

와인 코르크 마개는 탄력성이 있어 습도가 낮을 때는 코르크 마개가 건조하게 된다. 건조한 환경은 코르크 마개 수축의 원인이 되어 와인 병으로 산소가 유입되거나 미생물이 침투될 수 있다. 이것은 와인의 산화를 유발시켜 와인의 맛에 치명적인 영향을 줄 수 있다.

와인을 보관하는 장소에 습도가 너무 높으면 라벨이 퇴색되거나 와인 병에 곰팡이가 생겨 보기가 좋지 않다. 와인은 서늘하고 통풍이 잘 되고 적당한 습도가 있는 곳에 보관해야 한다. 와인 보관에 적정한 습도는 70~80% 정도로 안정된 숙성에 도움이 된다.

3. 와인 보관장소

1) 보관장소의 빛 관리

와인은 햇볕이나 형광등 불빛 등에 노출되면 품질이 떨어져 밋밋하고 신선함을 잃게 된다. 와인은 빛으로부터 보호받을 수 있는 어두운 장소에 보관하는 것이 가장 이상적이다.

와인은 직사광선을 많이 받게 되면 첫째, 와인의 여러 성분이 화학반응을 일으켜 품질 저하의 원인이 된다. 둘째, 와인이 너무 빨리 숙성되어 식초가 될 수 있다. 셋째, 라벨이 변색될 수 있다. 이들 모두 와인의 가치를 낮추는 요소이므로 와인은 빛으로부터 멀리 하는 것이 좋은 보관장소이다.

2) 보관장소의 진동

와인은 흔들림이나 진동이 없는 장소에 보관하는 것이 안정된 숙성에 도움이 된다. 와인 병이 진동에 의해 흔들리면 숙성의 속도가 빨라져 품질저하의 원인이 된다. 와인을 보관하는 동안에 잦은 이동은 마치 잠자고 있는 와인을 깨워 산화시키는 모양새가 된다. 와인의 살아 있는 맛을 즐기려면 이동이나 흔들림에 주의해야 한다.

보관된 와인이 진동이나 흔들림으로 인해 와인 병 안에 있는 침전물이 떠오르게 되면 디캔팅을 하거나 침전물이 가라앉은 다음에 마셔야 하는 경우도 발생될 수 있다. 다시 말하면, 보관된 와인은 흔들림이 없도록 주의 깊게 다루어야 한다.

3) 보관장소의 냄새

와인은 냄새가 있는 장소에 함께 보관하면 냄새가 와인으로 유입되어 고유의 향미를 느끼기 어렵다. 특히 가정용 냉장고에 가공된 공산품이 아닌 일반 식료품과 함께 보관하지 말아야 한다. 가정에서 사용하는 냉장고에 보관하려면 야채를 넣는 칸에 보관하는 것이 좋다. 야채 칸에는 냄새가 유입될 가능성이 낮기 때문이다.

$$\mathcal{C}hapter\ 08$$

W I N E T R A V E L

와인 라벨 이해와 기본 매너

 제 **1** 절 | **와인 라벨**

1. 와인 라벨의 개요

와인의 라벨은 소비자가 그 와인을 이해하는 데 있어 중요한 단서가 된다. 처음 접한 와인일지라도 라벨에 표시된 내용을 보면 그 와인에 대한 특성을 대략적으로 이해할 수 있다.

와인 라벨(Label)에는 그 와인과 관련된 정보가 표시되어 있다. 와인 생산자는 소비자에게 와인 소개서나 설명서의 역할을 할 목적으로 표시하여 놓았다. 약국에서 약품을 구입하면 그 약품에 대한 설명서가 있는 것과 같은 개념으로 와인에는 라벨이 그 역할을 한다.

국가나 생산지역에 따라 차이는 있지만 대다수 와인 라벨의 표기는 엄격하게 법으로 규제하고 있다. 특히 프랑스를 비롯한 유럽의 대다수 국가들은 와인 라벨의 표기내용을 엄격하게 통제하고 있다.

와인 품질관리나 품질보증 차원에서 철저하게 통제하여 와인 라벨의 표기는 생산자 마음대로 표기할 수 없도록 되어 있다. 물론 라벨관리를 엄격하게 법으로 통제하지 않는 국가나 생산지역도 있다.

와인 라벨은 마케팅 촉진을 위한 광고 선전이나 홍보의 역할도 한다. 라벨은 디자인, 색상, 글자체 등을 독특하게 제작하여 소비자의 시선을 집중시키고 호소력을 높일 수 있다. 즉 와인 라벨에 표시되어 있는 등급은 생산자나 생산지역의 품질을 보증하는 차원에서 표기되어 있지만 마케팅력을 높이는 중요한 방법일 수 있다.

프랑스가 가장 먼저 와인 라벨에 표기를 통제하여 와인 품질관리를 엄격하게 한 국가이다. 프랑스를 '와인의 나라'라고 칭하게 된 것도 라벨 표기를 엄격하게 통제하여 와인 품질을 높인 것이 마케팅에 도움이 되었다는 것이다. 즉 프랑스는 라벨 통제를 통한 와인 마케팅에 성공한 국가라고 할 수도 있다.

2. 라벨을 읽는 방법

소비자는 와인을 구매할 때 라벨에 기재된 내용을 검토하여 구매여부를 결정하게 된다. 와인의 구매에는 가격이 많은 영향을 미치지만 와인 라벨에 기재된 내용에 대해 판매원으로부터 설명을 듣고 구매의사결정을 하는 경향이 많다.

와인에 대한 이해도가 낮은 경우 와인 라벨을 읽고 그 의미를 이해하는 것이 쉽지는 않다. 와인 라벨에 통일된 어떤 언어로 표현되는 것이 아니라 주로 생산국의 언어를 사용하기 때문이다. 이것은 라벨을 읽기 어렵게 만들기도 하고 이해력도 낮추는 요인이 된다.

와인 라벨에서 얻을 수 있는 주된 정보는 와인 브랜드, 포도품종, 수확연도, 생산자나 제조사 이름, 생산지역명, 와인 등급, 숙성 정도, 와인 타입, 와인 용량 및 알코올 도수, 기타 정보 등이다. 고급 와인의 경우 와인 브랜드화를 위해 구체적으로 라벨에 표시하지만 보통의 와인은 간략하게 표기하는 경우가 많다.

와인 라벨에 표기되어 있는 정보들을 구체적으로 분석하면 첫째, 포도품종을 표기한다. 포도품종은 수천여 종이 있지만 세계적으로 잘 알려진 상품적으로 가치가 높은 품종은 수십여 종에 불과하다.

둘째, 포도의 수확연도를 표기한다. 포도를 수확한 그해의 것만으로 와인을 만드는 경우 수확연도를 표기한다. 이를 빈티지(Vintage) 와인이라고 한다. 빈티지에 따라 와인의 품질에는 많은 차이가 있을 수 있다. 포도를 수확한 해가 풍작인 경우와 흉작인 경우에 따라 와인의 품질이 다를 수 있다. 와인 매니아들은 포도의 수확이 풍작일 때를 기록한다. 이를 '빈티지 차트'라고 한다. 포도의 풍작일 때 만든 와인을 마시기 위해 기록하는 것이다.

셋째, 생산자나 제조사의 이름을 표기한다. 이를 표기하는 이유는 동일한 품종이나 지역에서 와인을 만들어도 와인 생산자나 제조사에 따라 품질에 차이가 있을 수 있다. 즉 와인을 양조하는 방법이나 과정에 따라 다른 와인 및 품질을 생산할 수 있다.

넷째, 생산국가나 생산지역명을 표기한다. 동일한 포도품종도 와인을 생산하는 국가나 지역에 따라 차이가 있으므로 생산국이나 생산지역명을 표기한다.

다섯째, 와인 등급을 표기한다. 와인 등급의 표기는 국가에 따라 다르며 엄격하게 법으로 규제하는 국가는 프랑스를 비롯하여 유럽의 여러 국가가 있다. 미국을 중심으로 한 신세계 국가는 등급표시에 약간 자율성을 두고 관리하고 있다.

여섯째, 숙성기간을 표기한다. 와인은 숙성기간에 따라 영 와인과 올드 와인으로 나눌 수 있다. 영 와인은 숙성기간이 올드 와인에 비해 짧다. 장기간 숙성한 와인이 단기간 숙성한 와인보다 고품질의 와인이라고 할 수는 없다. 장기간 숙성한 와인도 좋은 와인이 될 수 있지만 적당히 숙성한 와인이 고급 와인이 될 수 있다.

일곱째, 와인의 유형을 표기한다. 와인은 드라이와 스위트한 유형이 있다. 라벨에 와인의 유형을 표기하는 것은 소비자의 선호도에 따라 쉽게 선택하도록 하려는 의미가 담겨 있다.

여덟째, 와인 용량 및 알코올 도수를 표기한다. 와인 병에 와인의 용량과 알코올 도수가 어느 정도인지를 소비자에게 알릴 목적으로 표시한다. 와인을 담을 수 있는 용량에 따라 차이가 있고 알코올 도수의 범주는 대부분 5~25도 사이에 있다.

3. 와인 라벨 읽는 방법 사례

1) 프랑스 와인 라벨 읽는 방법

(1) 부르고뉴 와인 라벨

① 생산자 : 루이 자도

② 와인명/생산지 : 부르고뉴 알리고떼/ 부르고뉴

③ 와인 등급 : AOC 원산지통제명칭 사용

④ 생산자가 직접 병입했다는 의미

⑤ 와인 용량/알코올 : 750ml /12.5%

⑥ 생산국 : 프랑스

(2) 보르도 와인 라벨

① 병입한 포도밭명 : 샤또 포도밭에서 병입

② 브랜드명/와이너리 이름 : 샤또 마고

③ 생산자가 붙여놓은 것 : 위대한 와인(와인의 등급은 아님)

④ 포도 수확연도 : 1996년에 생산한 포도로 만들었다는 의미

⑤ 보르도 와인의 등급제도 : 그랑 크뤼 클래스 1등급(보르도에서 생산한 와인 중에
최고등급)

⑥ 원산지통제명칭 사용 : 마고 지역의 포도로 만든 와인이라는 것

⑦ 알코올 함유량 : 12.5%

⑧ 와인 용량 : 750ml

2) 이탈리아 와인 라벨 읽는 방법

① 생산자명 : 빌라 로시

② 생산국가 : 이태리

③ 와인 이름 : Nebbiolo di Abcde

④ 품질등급 : DOC등급

⑤ 포도 수확연도 : 1986

⑥ 와인 스타일 : 드라이 레드 와인

⑦ 병입 장소 : 빌라 로시가 병입했다는 의미

⑧ 와인 용량 및 알코올 함유량 : 용량 750ml/알코올 함유량 12%

⑨ 와인 수입회사 이름

3) 독일 와인 라벨 읽는 방법

① 와인 생산지역 : 모젤−자르−루버

② 수확연도 : 1983

③ 젠하임(Senheim)이라는 마을 이름에 −er를 붙이고 로젠항(Rosenhang)이라는 포
도밭 이름을 합친 와인 이름

④ 와인 등급으로 QmP급 와인

⑤ 포도품종 : 리슬링, 독일 QmP 중에 카비넷 품질

⑥ 정부의 품질검사 번호

⑦ 와인 생산자가 병입한 것을 의미

⑧ 생산 회사 : 젠트랄켈러라이 모젤−자르−루버

4) 미국 와인 라벨 읽는 방법

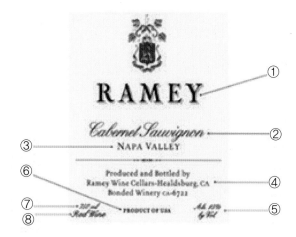

① 와이너리 이름 : RAMEY

② 포도품종 : 까베르네 소비뇽

③ 와인 생산지역 : 나파밸리

④ 생산지에서 병입한 것이라는 의미

⑤ 알코올 함유량

⑥ 생산국가

⑦ 와인 용량

⑧ 와인 종류

5) 칠레 와인 라벨 읽는 방법

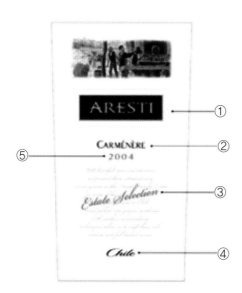

① 와이너리 이름 : 아레스티

② 포도품종 : 까르메네르

③ 엄선한 포도품종으로 만들었다는 의미

④ 생산국가

⑤ 포도 수확연도

4. 와인의 빈티지

빈티지(vintage)란 포도를 수확한 연도를 나타내는 말로 빈티지는 보통 와인의 라벨에 표시되어 있다. 값싼 와인에는 빈티지가 표기되어 있지 않은 경우도 있다. 수확연도가 서로 다른 와인과 섞여 있는 와인에는 빈티지 표시가 없는 경우를 볼 수도 있다. 샴페인과 같은 발포성 와인이나 쉐리 및 포트 와인은 일반적으로 빈티지를 표기하지 않는 경우가 대부분이다. 만일 발포성(스파클링 및 샴페인)이나 쉐리 및 포트 와인에 빈티지가 표기되어 있다면 최고급 와인일 것이다.

빈티지는 포도를 수확한 해의 풍작·흉작에 따라 큰 영향을 미치기 때문에 빈티지가 중요하다. 포도의 풍작은 단순히 포도를 많이 수확한 해라는 의미도 있지만 그것보다는 포도의 품질이 와인을 만드는 데 좋은 것을 풍작이라고 한다.

일반적으로 프랑스나 독일의 경우는 빈티지가 중요하지만 스페인, 포르투갈, 남부 이탈리아, 호주, 칠레 등은 매년 날씨가 거의 비슷하기 때문에 포도 작황의 변화는 크지 않다. 즉 포도 작황이 거의 평균적이므로 빈티지의 의미는 크지 않을 수 있다. 또한 빈티지가 좋은 해의 와인은 대부분 좋은 와인이지만 생산된 와인의 저장상태에 따라 차이가 있을 수 있다.

포도작황이 좋은 해와 나쁜 해의 와인을 점수로 나타낸 것이 빈티지 차트이다. 빈티지 차트는 와인 전문가들이 처음 출시한 해의 와인을 테이스트해서 점수를 부여한 것이다. 빈티지 차트는 품질의 판단 기준이지만 예외적인 경우가 항상 발생한다는 사실을 잊어서는 안 된다.

제2절 와인의 기본 매너

1. 와인 주문방법

와인을 주문할 경우 대부분 소믈리에나 서비스요원이 와인 리스트를 제시할 때 주문을 하게 된다. 이들이 와인 리스트를 제시하지 않을 경우에 주빈이나 연장자가 소믈리에나 서비스요원에게 와인 리스트를 요청하면 그들이 리스트를 제시하게 된다. 와인 리스트를 보면서 고객이 와인을 주문할 수도 있고 서비스요원에게 추천을 받는 것도 좋은 주문의 방법이다.

2. 와인 받기와 따르는 법

와인은 서양에서 일상적으로 마시는 술이며 이들의 문화이다. 우리의 술 문화를 따르는 것보다 서양의 술 문화를 따르는 것이 좋을 듯하다.

1) 와인 받는 법

와인을 받을 경우 한국의 술 문화나 예절의 방식으로 두 손으로 잔을 잡는 법은 좋은 매너가 아니다. 특히 공식적인 자리의 경우 매너 있는 자세가 자신의 품격을 높인다는 것을 이해한다면 매너 있게 와인 받는 법은 중요하다.

와인을 받을 때의 좋은 매너는 첫째, 와인 잔을 손으로 잡지 않고 잔을 테이블에 놓은 채로 받는 것이다. 공식적인 자리에서 연장자나 직위가 높은 분이 따르면 와인 잔 받침(베이스) 부분에 손만 가볍게 얹으면 예의를 표시한 것이다.

비공식적인 자리에서는 한국식으로 두 손으로 잔을 잡고 받아도 매너 없다고 하기 어렵다. 서양의 와인 마시는 문화에 따르면 잔에 손을 대지 않는다는 것이지 비공식적인 자리에서는 우리의 식으로 해도 예의에 벗어나는 것은 아니라고 할 수 있다.

둘째, 와인 잔을 옮기면서 받지 않는다. 와인 잔은 자리에 앉은 상태에서 오른쪽 앞쪽에 놓여 있다. 와인 잔이 놓여 있는 상태에서 받는 것이 매너이다.

2) 와인 따르는 법

와인을 따를 때의 매너는 첫째, 한 손으로 병을 들고 따른다. 우리의 술 예절은 보통 두 손으로 따르는 것이 예의바른 자세이지만 와인을 따를 때는 다르다.

둘째, 와인은 첨잔하여 마신다. 와인은 공기와 접촉하여 마시면 더 부드러운 향미가 난다. 첨잔한다는 것은 와인이 남아 있지만 와인을 더 따르는 것이다. 기존에 남아 있는 와인은 이미 공기와 접촉한 시간이 많은 상태에 있다. 이 와인과 첨잔한 새로운 와인이 함께 섞이면 또 다른 맛을 느낄 수 있다. 와인은 다른 맛을 느끼기 위해 첨잔한다고 이해하면 된다. 이것도 서양의 와인 마시는 문화이고 전통적인 관습이다.

셋째, 와인 병이 잔의 테두리 부분에서 1/3 정도 들어간 상태에서 와인 병은 잔의 2~2.5cm 정도 높은 위치에서 따른다. 와인 잔의 테두리(입술이 닿는) 부분은 두께가 얇기 때문에 잘못하면 깰 수 있다. 그래서 와인 병과 잔의 높이를 두고 따라야 한다.

넷째, 와인은 잔의 1/3 혹은 1/2 정도 따른다. 와인을 따르는 양은 와인에 따라 차이가 있다. 레드 와인은 1/3 정도 채우고 화이트 와인은 1/2 정도 따르는 것이 좋다. 레드 와인은 1/3 정도 따르고 나머지는 와인 향이 채우도록 한다. 또한 스월링(Swirling)할 때 흘리지 않도록 하려면 1/3 정도 따르는 것이 좋다.

레스토랑에서는 소믈리에나 서비스요원이 와인을 따르도록 신호를 보내거나 한 모금 정도 잔에 남겨두면 이들이 따라주게 된다. 이것이 와인 따라주라는 일종의 신호이기도 하다.

3. 와인 잔 잡는 법

와인의 향미와 색깔을 충분히 즐기기 위해서 와인 잔을 잡는 것이 중요하다. 와인 잔은 보통 튤립 모양과 같이 볼(몸통)이 있고 다리가 달려 있다. 일반적으로 와인을 즐기기 위해 와인의 다리(스템)부분을 잡고 마시는 것이 좋다. 그러나 와인 잔을 잡는 법은 와인의 종류에 따라 다르다.

예를 들면, 레드 와인은 스템이나 볼의 밑부분을 잡고 마신다. 레드 와인은 마시는 온도가 화이트 와인이나 발포성 와인에 비해 높은 온도에서 마신다. 그래서 볼 아랫부분을 잡고 마셔도 향미에 미치는 영향은 적다. 화이트 와인이나 발포성 와인은 차갑게 마시기 때문에 주로 스템(다리)이나 베이스(받침)를 잡고 마신다.

공식적인 자리가 아닌 경우 특별히 격식을 차릴 필요 없이 와인 잔을 잡고 마셔도 크게 예의를 벗어나는 것은 아니다.

4. 와인 마시는 법

매너 있게 와인 마시는 법으로 첫째, 와인을 마실 때는 와인 잔의 손잡이 부분을 잡는다. 손의 온도가 와인에 전달되지 않도록 손잡이 부분을 잡고 마신다.

둘째, 와인은 여러 번 나누어 마신다. 우리는 가끔 술을 한 번에 다 마시는 경우가 있다. 와인은 공기와 접촉하는 시간이 길면 맛이 더 풍성하여 다양한 와인의 맛을 느낄 수 있다.

공식적인 자리에서 와인을 자기가 따라 마시는 것은 매너가 아니다. 와인을 더 마시고 싶을 때는 서비스요원이 따를 수 있게 한다. 와인을 식사하면서 마실 때는 몇 잔을 마셔도 예의에 벗어나는 것은 아니다. 식전 와인이나 식후 와인은 몇 잔을 계속해서 마시는 것은 좋은 매너가 아니다.

셋째, 와인을 마시기 전에 입을 닦는 것이 좋은 매너이다. 와인은 식사 중에도 마시기 때문에 기름기나 음식물이 잔에 묻을 수 있다. 또한 여성은 립스틱이 잔에 묻을 수 있으므로 냅킨으로 입술을 닦고 마시는 것이 좋은 매너이다.

　와인을 비공식적인 자리에서 마시는 경우 반드시 와인 마시는 법을 지킬 필요는 없다. 와인 마시는 법을 알고 마시면 훨씬 품격 있고 매너 있게 마실 수 있다는 것이다.

5. 와인 건배

　우리는 공식적 혹은 비공식적 모임에서 술을 마시게 되는데 그때 자연스럽게 건배를 하게 된다. 와인으로 건배할 때는 매너 있는 건배가 필요하다.

　공식적인 모임에서는 주로 주빈, 연장자 혹은 존경받는 사람이 건배를 제의하게 된다. 건배자가 일어서서 건배를 제의하면 참석자 모두 일어나서 잔을 들고 합창한다.

　비공식적인 모임은 분위기에 따라 건배를 하게 된다. 모임의 성격이나 규모가 작을 때는 앉아서 건배를 한다. 규모가 클 때는 건배자가 일어서서 건배를 제의하는 것이 좋다.

　와인으로 건배할 경우 첫째, 와인 잔의 몸통(볼) 부분에 부딪쳐야 한다. 와인 잔의 입술이 닿는(림) 부분의 주변은 얇기 때문에 깨질 위험도 있다. 또한 몸통(볼) 부분에 살짝 부딪치면 영롱한 소리를 느낄 수 있어서 좋은 감정으로 마실 수 있다. 둘째, 와인 잔의 1/3 정도 따라서 건배한다. 와인 잔에 가득 따라서 건배를 하면 쏟을 수 있기 때문이다. 셋째, 와인 잔을 어깨 높이로 들고 잔을 시야에 두고 상대방의 눈을 바라보면서 건배한다. 이는 상대방의 눈을 바라보면서 건배할 경우 상대방에 대한 집중과 존경한다는 의미가 담긴 매너이다. 이런 건배방식은 중세시대부터 내려온 것으로 알려져 있는데 그 당시 매너의 의미와는 다를 수 있다.

6. 와인의 사양

와인을 사양하는 경우에는 두 유형이 있다. 하나는 처음부터 와인을 사양해야 할 경우와 다른 하나는 와인을 마시다 더 이상 마시지 못할 경우에 사양하게 된다.

와인을 처음부터 마실 수 없는 경우라도 건배를 위해 잔에 조금 따라 놓아야 한다. 만일 더 이상 와인 마시길 원하지 않을 경우 손을 잔 테두리에 가볍게 얹으면 사양을 표현하는 것이다.

7. 와인의 감상

와인은 공식적인 모임, 축제, 기념일 등에 주로 마시게 된다. 최근에는 일상생활을 하면서 와인을 즐기는 사람들이 많이 늘고 있다. 와인을 즐기는 데도 사람마다 차이는 있지만 특별한 날이 아니라도 와인의 향미를 즐기려고 마시기도 한다. 천연 와인들은 아름다운 색을 띠는 경우가 많다. 와인의 색은 투명한 유리 글라스를 통해 느끼게 된다. 투명한 유리 글라스를 통해 와인의 깨끗함, 맑음과 반짝임과 매혹적인 색상에서 와인의 가치를 느끼게 된다.

와인의 향기는 글라스에 코를 가까이 대고 자연스럽게 올라오는 아로마와 부케를 즐긴다. 또한 잔에 남아 있는 향기를 들이키면 은은한 그 향의 유혹에서 벗어나기가 쉽지 않다. 입으로는 적당량을 머금고 질감을 느끼면서 목구멍으로 넘기고 여운을 느끼면서 즐긴다.

와인 잔을 돌리거나 흔들 때 잔에서 흘러나오는 향은 마치 보글보글 부서지는 파도를 보는 것 같은 최고의 느낌을 갖는다. 수정같이 투명한 와인 잔에 비쳐지는 미묘한 색깔에서는 신비로움까지 느껴진다.

와인을 단순히 분위기 메이커의 술로 마시기보다는 감상하면서 마시면 훨씬 더 즐겁게 마실 수 있다. 검붉은 레드 와인은 맑고 깨끗함에서, 빛이 나는 반짝거림에서, 화이트 와인의 미묘한 금빛에서, 로제 와인의 분홍색에서 느낄 수 있는 매력성에 의해 포용과 관용을 떠올린다. 와인과 와인 잔은 감성이 풍부한 여성을 위한 선물이라고도 할 수 있다. 아이스 와인의 단맛은 숲속에서 작은 소리로 울어대는 새소리나 계곡에서 졸졸 흐르는 물소리와 같이 달콤함이 느껴지기도 한다.

Chapter 09

W I N E   T R A V E L

와인 기물관리

 제**1**절 **와인 글라스 관리**

1. 와인 글라스의 모양

주방에서 사용하는 용품이나 집기는 그 사용 목적에 적합하도록 개발되어 있다. 그 도구나 집기를 사용하면 편리할 수도 있고 효과적으로 일할 수도 있다. 와인 잔의 모양은 와인의 종류에 따라 고유의 특성을 잘 느낄 수 있도록 만들어져 있다.

마치 맥주를 커피 잔에 마실 경우 특별한 문제는 없지만 맥주는 신선하고 차가운 상태에서 시원하게 마시려고 한다. 맥주는 유리잔으로 마실 때 거품이나 시원스러움을 더 잘 느낄 수 있다. 물론 종이컵에 마셔도 맥주의 맛이 없다는 것이 아니라 감성을 즐기는 데는 유리잔이 훨씬 좋다는 것이다.

와인의 글라스도 목적에 맞게 사용하면 와인의 고유성을 잘 즐길 수 있다. 레드 와인의 글라스에 화이트 와인을 마셔도 특별한 문제는 없다. 레드 와인의 특성을 섬세하게 즐기는 데는 레드 와인의 글라스가 훨씬 잘 느낄 수 있다는 것이다.

와인 글라스는 와인의 종류에 따라 모양이 다양하다. 레드 와인의 글라스는 볼의 넓이가 둥글고 넓적하며 다리(스템) 부분이 짧다. 화이트 와인의 글라스는 레드 와인의 글라스보다 몸통(볼)의 모양이 좁고 길쭉하고 스템 부분의 길이가 좀 더 긴 편이다.

와인을 마실 때는 와인의 유형에 따라 적절한 와인 글라스를 사용하여 마셔야 아로마가 피어오르는 향기를 즐길 수 있다. 와인 글라스는 와인의 향미를 잘 느낄 수 있도록 과학적이고 예술적으로 특수하게 디자인되어 있다.

와인 글라스는 레드 와인, 화이트 와인, 발포성 와인용 글라스가 따로 있다. 레드 와인의 글라스에서도 보르도 지역의 와인, 부르고뉴 지역의 와인을 마실 때로 나눌 수 있다.

| 보르도 레드
와인 글라스 | 부르고뉴 레드
와인 글라스 | 화이트
와인 글라스 | 샴페인
글라스 |

와인 잔의 모양

2. 와인 잔의 구성

와인의 맛을 한층 증가시켜 주는 잔은 투명하고 얇은 것이 좋다. 잔의 구성은 림 혹은 립(Rim & Lip), 볼(Bowl), 스템(Stem), 베이스(Base)의 네 부분으로 되어 있다.

1) 림 혹은 립 부분

림 혹은 립(Rim & Lip)은 입술이 와인 잔에 닿는 부분이다. 와인 잔의 가장 위쪽 테두리 부분이다. 입술이 와인 잔에 닿는 곳이라고 하여 립(Lip)이라고도 한다. 이는 와인 잔에서 향이 오래 머물도록 하려고 몸통(Bowl)보다 넓이가 좁게 되어 있다.

2) 볼 부분

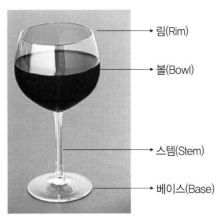

림(Rim)
볼(Bowl)
스템(Stem)
베이스(Base)

와인 잔의 구조

볼(Bowl, 몸통) 부분은 와인 잔 중에서 와인을 가장 많이 담을 수 있는 부분이며 넓기 때문에 와인 잔의 몸통 부분이라고 한다. 일반적으로 이 부분에서 와인의 향이 잘 모이고 그 안에서 향이 충분히 움직일 수 있도록 몸통 부분은 볼륨감을 가지고 있다.

볼 부분이 넓고 림(Rim) 부분이 좁아야 와인의 향이 상승하게 된다. 향이 위로 올라오게 하려고 와인 잔을 돌리게 되는데 이때 와인이 밖으로 흘러나가지 않도록 볼 부분은 넓고 림 부분은 좁다.

3) 스템 부분

와인 잔에서 대부분 스템(Stem, 손잡이) 부분을 잡고 와인을 마시기 때문에 와인의 손잡이 부분이라고 한다. 스템이 길수록 와인에 체온의 영향이 적게 미친다. 와인을 차갑게 마시는 화이트 와인이나 발포성 와인의 경우 스템이 길수록 와인의 향미를 제대로 느낄 수 있다.

스템 부분이 짧을 경우 몸통의 아랫부분을 손바닥으로 감싸서 마시기도 한다. 특히 레드 와인은 실내온도에서 마시기 때문에 스템을 잡지 않고 손바닥으로 몸통을 감싸서 마시기도 한다.

4) 받침 부분

받침(Base)은 와인 잔의 밑바닥에 있어 테이블에 닿는 부분이며 와인 잔을 지탱하는 기능을 한다. 받침 부분은 와인 잔의 균형을 잡는 역할과 안정감을 표출하기도 한다. 와인의 색을 감별 혹은 감상하기 위해 받침 부분을 잡는 경우도 있다.

3. 와인 잔의 철학

와인 잔에 담겨 있는 과학과 예술은 디자이너의 작품인 와인 잔에서 엿볼 수 있다. 오랜 역사를 지닌 와인은 인류의 지성을 갖게 하였고 문화를 창조하였다. 와인과 함께 시작한 와인 잔에는 미학적 철학이 숨겨져 있다.

와인은 향·색깔의 유혹, 맛의 균형과 여운이 행복감과 만족감을 풍성하게 하는 철학이 담겨 있다. 와인 글라스의 손잡이(Stem)는 당당함과 날씬한 멋에서 품위를 느끼게 한다. 잔이 부딪칠 때 맑고 아름다운 소리는 봄날에 꽃잎이 흩날리는 것처럼 아름답게 들리기도 하다. 곡선의 멋과 풍부함이 가득 담겨 있는 몸통(Bowl)은 둥근 달과 같은 부드럽고 풍성한 곡선의 멋을 한층 느끼게 한다. 입술에 닿는 림(Rim)은 얇고 부드러우면서 산뜻한 촉감으로 감성적 가치를 일깨워준다.

와인 잔은 시각, 촉각, 청각의 감각적 멋과 아름다움을 통해 디자인의 가치를 누리게 한다. 맑고 투명한 글라스에는 순수함이 스며들어 있고 사랑과 정성이 담긴 디자이너의 삶의 철학을 느낄 수 있다.

디자이너의 열정과 손길 하나로 만들어진 와인 잔에서 그들의 정성과 정신이 담긴 잔에 매료되지 않을 수 없다. 디자이너의 철학과 예술의 세계를 사유하는 것은 와인과 와인 잔을 통해 확인할 수 있다. 철학과 예술은 인간의 삶을 윤택하게 해주는 존재라고 말한다. 와인 잔에 숨겨진 철학과 예술은 와인의 아름다움을 잘 표현하는 마법이 있다. 인간은 와인 잔의 마법에 걸려 행복감을 느낀다.

와인 잔은 차갑고 단단한 것같이 보이지만 따뜻함이나 부드러움의 유혹에서 빠져나올 수 없도록 디자이너의 지혜와 철학이 담겨 있다. 그 잔에 기분 좋게 와인을 즐기는 것은 잠재되어 있는 또 다른 가치를 창조하는 것이 아닌가 한다.

와인 잔에 담긴 와인은 미학적 가치를 누리고 양조자의 지혜와 삶의 철학, 또한 장인 정신을 함께 맛보게 한다. 오감을 풍요롭게 하는 와인에서 아름다우면서 거만하지 않고 순수한 와인 잔은 분명 와인 마시는 사람들의 마음을 훔치기에 족하다.

와인 잔은 풍성한 감성을 갖도록 설계한 과학적 철학과 디자이너의 예술적 철학이 함께 어우러진 작품이다. 우리는 과학적 혹은 예술적 철학이 담겨 있는 작품에서 와인의 향미를 즐기게 되는 것이다.

비어트리스 워드(Beatrice Warde, 1900~1969)는 강연에서 유리잔의 가치를 은유적으로 설명했다. "누구나 한 번쯤은 수백만 원짜리 황금 잔을 써보고 싶겠지만 와인 애호가라면 아마도 투명한 크리스탈 잔을 골랐을 것"이라고 했다.

그녀는 아마도 와인만이 가진 값진 그 아름다운 색깔을 즐기는 것은 투명한 유리잔이 황금 잔보다 훨씬 더 적절하다는 것을 은유적으로 표현한 것이다. 숨김없는 투명함은 인간에게 와인 잔의 가르침이며 정신이다. 아름다운 와인 잔의 가치이며 삶의 길잡이가 되는 철학이다. 그리고 와인과 투명한 와인 잔의 만남은 최고의 마리아주(결합)라고 하겠다.

제2절 | 와인 액세서리 사용법

1. 코르크 스크루

와인 오프너는 기능적인 측면에서 지속적으로 발전하여 소믈리에는 편리하고 쉽게 와인을 오픈할 수 있게 되었다. 숙달된 소믈리에의 와인 오픈 서비스는 마치 품격 있는 마술 쇼를 보는 것과 같다. 코르크 스크루는 다양한 모양이나 디자인으로 된 오프너가 있다.

1) 코르크 플라이어스

코르크 플라이어스(Cork Pliers)는 발포성 와인을 오픈할 때 사용하는 도구이다. 발포성 와인의 뚜껑은 양송이 모양으로 된 코르크로 되어 있다. 또한 발포성 와인 병목의 바깥부분을 조여서 돌리면서 오픈하는 방식이다.

일반 와인을 오픈할 때는 주로 코르크를 뽑아 올리지만 코르크 플라이어스는 조여 돌리면서 오픈한다.

2) 소믈리에 나이프

소믈리에 나이프(Sommlier Knife) 혹은 웨이터스 나이프라고도 한다. 이는 자그마한 나이프, 스크루, 지렛대로 되어 있다.

소믈리에 나이프의 사용방법은 첫째, 나이프로 호일을 벗겨낸다. 호일을 벗겨낼 때는 나이프를 돌리면서 호일을 분리시킨다. 둘째, 스크루를 코르크에 90도 각도인 상태에서 돌리면서 넣는다. 셋째, 소믈리에 나이프의 지렛대를 와인 병 입구의 모서리에 댄다. 넷째, 지렛대의 원리를 이용해 스크루로 코르크를 뽑아낸다. 다섯째, 코르크를 1cm 정도 남겨둔 상태까지 뽑아 올리고 지렛대를 풀고 손으로 잡아당긴다.

이런 방식으로 와인 병을 오픈하면 많은 힘을 들이지 않아도 쉽게 와인을 오픈할 수 있다.

3) 호일 커터

호일 커터(Foil Cutter)는 와인 병의 입구를 감싸고 있는 알루미늄 호일을 벗겨낼 때 사용하는 도구이다. 소믈리에 나이프에는 호일을 자르는 작은 칼이 장착되어 있다. 그 나이프가 호일 커터의 역할을 한다. 또한 호일을 제거할 때 사용하는 나이프 대신에 호일 커터를 사용한다.

호일 커터 뒷면을 보면 칼날이 있는데 이것으로 호일을 자르게 된다. 호일 커터를 사용하는 방법은 첫째, 와인 병뚜껑에 끼워 누른다. 둘째, 누른 상태에서 병과 호일 커터를 서로 반대 방향으로 돌린다. 셋째, 호일 커터와 호일을 분리시킨다. 그러면 호일이 깔끔하게 떨어진다.

4) 윙 스크루

윙 스크루(Wing Screws)는 지렛대의 원리를 이용한 오프너이다. 스크루를 코르크 마개의 중앙에 위치시킨 후 날개형 손잡이를 아래로 내려서 코르크를 위로 올라오게 하면 된다. 힘들이지 않고 오픈할 수 있어 초보자들이 사용하기에 편리하다.

2. 와인 버킷

와인 버킷(Wine Bucket)은 와인을 차게 마실 때 사용하는 일종의 얼음통과 같은 역할을 한다. 화이트 와인이나 샴페인은 차게 하여 마시기 때문에 와인 버킷에 넣고 마시게 된다.

와인 버킷의 사용방법은 첫째, 와인 버킷에 얼음을 넣어둔다. 얼음을 3/4 정도 와인 버킷에 채운다. 둘째, 와인을 차갑게 하려고 얼음에 깊이 넣어둔다. 셋째, 냅킨을 와인 버킷에 걸쳐둔다. 와인을 제공할 때 얼음물이 떨어지면 닦을 수 있도록 와인 버킷에 걸쳐둔다.

3. 와인 바스켓

와인 바스켓(Wine Basket)은 와인을 테이블까지 안전하게 운반하기 위한 목적으로 사용한다. 또한 와인을 바스켓에 넣어두었다가 제공하는 목적으로 사용하는 경우도 있다.

4. 와인 에어레이터

와인 에어레이터(Wine Aerator)는 와인을 따를 때 와인이 떨어지지 않도록 하려고 사용한다. 와인을 따를 때 와인이 바닥에 떨어지는 것을 방지하기 위해 와인 병을 돌리면서 위로 올리는데 와인 에이레이터를 사용하면 그렇게 하지 않아도 된다.

5. 진공펌프

진공펌프(Vacuum Pump)는 와인 한 병을 다 못 마시고 보관할 때 와인 병 속에 있는 공기를 펌프로 뽑아낼 때 사용하는 도구이다. 와인 병을 진공상태로 보관하면 산화되는 것을 방지할 수 있다. 그러나 장기간 보관하는 것은 어렵다.

진공펌프를 사용하여 공기를 뽑아냈을 때는 와인을 세워서 보관해야 한다.

Chapter 10

WINE TRAVEL

음식과 와인 이해

인간은 생존을 위해 무엇인가 먹지 않으면 안 된다. 불이 없었던 시대에는 날것으로 먹을 수밖에 없었을 것이다. 불을 발견해서 불을 이용한 요리를 하게 되었고 음식의 문화는 시작되었다.

음식은 인간의 생리적인 욕구를 충족시켜 주는 불가결한 요소이다. 음식이 풍성하면 생존에 필요한 가치의 단계를 뛰어넘어 문화적 욕구를 충족하는 데 사용하게 된다. 이것이 식문화를 만들고 그 문화의 요소로 와인이 등장하게 되었을 것이다.

와인이 세상에 출현하면서 수많은 사람으로부터 무한한 사랑을 받고 있다. 와인의 긴 역사가 말해주듯이 앞으로도 인간으로부터 끊임없는 사랑을 받을 것이다. 서양에서는 음식과 와인은 서로 동반자의 관계로 이미 형성되었다. 즉 와인은 알코올 음료 이상의 가치가 있다는 것이다.

또한 와인은 음식과 동반자의 관계가 아니라 낭만을 즐기는 데 불가결한 요소로 자리잡고 있다. 음식과 와인의 조화는 신이 인간에게 준 음식문화를 일깨워준 선물이라고 할 수 있다.

제 1 절 | 음식과 와인의 관계

    프랑스는 음식과 와인과의 관계를 서로 맛을 풍부히 해주는 마리아주(Mariage, 결합, 결혼의 뜻)라고 한다. 음식과 와인의 결합은 예술을 창조하고 예술은 철학이 있어야 마음의 재화를 풍부하게 갖게 된다. 음식과 와인이 서로 유사한 성분 혹은 다른 성분과 조합하든지 간에 음식의 맛을 증가시키는 것이 관계의 가치를 높이는 것이다. 음식과 와인이 상호보완적이든지 상호배타적이든지 간에 사람들에게 꿈과 환상적인 맛을 경험하게 하는 관계가 형성되도록 하는 것이 무엇보다 중요하다.

1. 음식과 와인의 상호보완적 관계

    음식에는 농밀도나 성분의 강약이 있어 그것들과 적절한 조합을 이룰 수 있는 와인이 음식의 맛을 돋우어줄 수 있다. 음식을 먹을 때는 사람들에게 새로운 경험을 증가시켜 줄 수 있는 와인의 선택이 필요하다.

    음식과 와인의 상호보완적인 관계는 성분이 서로 유사한 것끼리 조합하는 것을 말한다. 음식의 강도가 낮은 경우는 신선한 과일향 나는 와인이 적절한 관계라고 할 수 있다. 음식과 와인의 성분이 비슷한 것은 음식의 맛을 한층 좋아지게 하거나 새로운 경험을 갖게 할 것이다.

    서양의 고급 식당에서는 고객이 주문한 메뉴와 와인을 동시에 주방에 전달하기도 한다. 이것은 음식의 맛을 좋게 하려는 의도도 있고 와인과 잘 어울리는 요리를 만들도록 요리사에게 알려주려는 목적도 있다. 오랜 전통을 통해 음식과 와인의 관계를 이들은 이미 알고 있기 때문에 요리사에게 전달하게 되는 것이다.

2. 음식과 와인의 상호배타적인 관계

음식에는 여러 성분의 요소들이 있어서 그 성분에 따라 고유의 맛을 내게 된다. 요리사는 신맛, 단맛, 쓴맛 등의 성분을 살리거나 줄이거나 하여 요리를 하게 된다. 음식과 와인의 상호배타적인 관계는 서로 다른 성분들을 조합하여 음식의 맛을 돋우는 것이다.

상호배타적이란 음식에는 없지만 그 음식의 맛을 좋게 하는 와인만이 갖고 있는 독특한 성분이나 맛을 더해주는 것이다. 이들의 조합으로 서로를 자극하여 새로운 향미를 만들어 새로운 식감을 갖게 한다. 또한 와인의 섬세한 향미와 미묘한 맛을 더욱 풍성하게 느낄 수 있다.

3. 음식과 와인의 부조화 관계

유럽인들은 음식의 맛을 더해주는 와인을 마시는 것을 인생의 큰 행복으로 여긴다. 즉 음식과 와인과의 조화가 행복과 즐거움을 더해주는 요소라는 것이다. 행복과 즐거움에 영향을 주는 음식과 와인의 조화가 부적절한 경우도 있다. 이들과 가능한 함께

하지 않는 것이 행복을 증진시켜 줄 수 있다는 것이다.

음식이 와인과의 관계를 형성하면 오히려 음식 맛이 떨어지는 경우가 있다. 서로의 맛을 감소시키거나 없애는 경우도 있을 수 있다. 음식과 와인의 부조화 관계는 상호 상승작용이 아니라 감소하는 경우를 말한다.

음식에서 계란, 카레, 오이지(Pickle), 겨자 등과 식재료인 식초, 설탕 등을 많이 사용한 경우는 와인과 적절한 조합이라 할 수

없다. 자극성 음식에 알칼리성 와인을 마시면 소화불량이 염려된다.

제2절 | 음식과 와인의 조화

음식의 맛은 요리사의 솜씨나 식재료, 식사를 함께하는 사람에 따라서도 식사의 질이 달라질 수 있다. 이들 외에도 부드러운 조명이나 독특한 와인 향 등의 조화가 인간의 욕구를 충족시켜 준다.

음식과 와인에서 마리아주(Mariage)라는 말을 듣는다. 마리아주(Mariage)는 프랑스어로 "결혼, 결합, 배합" 등을 뜻하는 말이다. 어떤 음식과 와인이 잘 어울리는 배합의 뜻으로 사용하는 단어이다. 음식과 와인의 만남은 상호보완을 위한 것보다는 더욱 풍부한 맛을 갖기 위한 것이다. 사람이 혼자 살아도 살 수 있지만 결혼하여 살면 더욱더 잘살 수 있어서 결혼하는 것과 같은 이치이다.

음식과 와인의 마리아주(Mariage)는 서로의 맛을 강화시켜 주는 파트너 역할을 한다. 즉 음식의 미각적인 만족감을 높여주는 역할을 한다. 음식과 와인의 조화를 위해 와인이 가지고 있는 특성을 고려하여 음식을 선택하는 것이 적절하다.

	결혼, 결합, 배합 등을 뜻하는 말
마리아주(Mariage)	음식과 와인이 어울리는 배합을 뜻하는 단어
	사례 : 레드 와인의 마리아주로는 육류요리, 화이트 와인의 마리아주로는 생선요리

1. 음식과 와인의 조화 목적

음식과 와인과의 관계는 단순히 상호 간의 부족한 부분을 채워주는 것보다 상호 시너지(Synergy)효과를 창출하기 위한 것이다. 와인은 떫은맛, 신맛, 단맛, 묵직한 맛, 드라이한 맛, 숙성기간에 따라 맛이 다르다. 이들과 음식과의 관계에서 어떤 선택을 하느냐에 따라 음식의 맛이 다르다는 것이다. 예를 들면, 뷔페식당과 같이 다양한 음식을 먹게 될 경우 균형잡힌 와인을 마시게 되면 미식적인 효과를 가져올 것이다.

음식과 와인의 조화는 음식의 맛을 돋우기 위해서 혹은 소화를 촉진하기 위해서 서로 어울리는 것을 찾게 되는 것이다. 마치 사람들이 자신의 취향에 맞는 음악만 골라 듣는 것과 같이 음식과 와인의 조화로운 관계는 음악을 골라 듣는 것과 같이 사람들이 항상 선택하는 메뉴가 될 것이다.

2. 음식과 와인의 조화

음식과 와인이 조화를 이루면 맛의 증강(Augment)효과가 있을 것이다. 증강은 말 그대로 '증가시키고 강화'한다는 뜻이다. 음식과 와인의 조화는 맛을 증가시키고 강화하여 새로운 창조적 경험을 갖게 할 것이다. 또한 음식과 와인 맛의 증강은 이들의 조화에서 시작되어 영원한 파트너십을 이루게 할 것이다.

1) 음식과 무게감 와인과 조화

음식과 와인은 균형감 있는 무게감이 있을 때 음식의 맛이 증가된다. 음식 맛이 강하거나 향이 진한 음식인 경우는 풀 바디감(Full Bodied)이 있는 와인이 잘 어울린다. 풍부한 맛의 고급 음식에는 복합적인 풍미의 고급 와인과 조합하는 게 적절하다.

2) 음식 강도와 풍미 와인

음식의 강도가 낮은 것은 가벼운 와인과 적절하게 조합된다고 할 수 있다. 즉 부드러운 음식(음식의 강도가 낮은 경우)은 가볍고 신선한 맛의 화이트 와인과 조합이 잘 된다.

3) 음식과 신맛·당도의 와인

신맛이 강한 화이트 와인은 해산물 요리와 잘 어울린다. 해산물의 짠맛과 신맛이 잘 어울려 음식의 맛을 향상시키는 효과를 가져오게 한다. 당도가 있는 와인은 짠 음식과 함께하면 단맛이 줄어 맛이 강해지고 짠 음식을 맛있게 한다.

4) 음식의 기름기·단백질과 강한 타닌의 와인

단백질과 지방이 풍부한 음식과 함께 와인을 마시면 타닌이 줄어들어 부드러운 맛을 느낄 수 있다.

음식과 와인의 조합은 그동안의 많은 경험을 통해 얻은 결과이지만 정확하게 규정된 것은 아니다. 사람마다 음식의 취향, 식습관, 개성, 건강에 대한 관심도 등에 따라 다를 수 있다. 그러나 음식과 와인을 함께 섭취하였을 때 각각의 특정 요소들이 결합하여 맛과 향이 조화를 이룰 수 있는 기본적인 규칙이 존재한다. 즉 특정한 음식과 와인이 결합하게 되면 향미의 차이가 있는 기본적인 원칙이 있다는 것이다.

표 10-1 음식과 와인의 조화 고려요소

음식	와인
음식과 무게감 와인과 조화	• 음식 맛이 강하거나 향이 진한 음식인 경우 무게감 있는 와인과 조화
음식 강도와 풍미 와인	• 부드러운 음식은 가볍고 신선한 맛의 화이트 와인과 조화
음식과 신맛·당도의 와인	• 신맛이 강한 화이트 와인은 해산물 요리와 조화 • 당도가 있는 와인은 짠 음식과 조화
음식의 기름기·단백질과 강한 타닌의 와인	• 단백질·지방이 풍부한 음식은 타닌이 강한 와인과 조화

3. 음식과 와인의 수평적 조화

음식과 와인이 최상으로 조화를 이룰 수 있을 때 맛있는 음식을 먹을 수 있다. 음식과 와인의 수평적인 조화는 음식의 강도, 무게감, 향의 강약의 정도에 따라 와인도 같은 수준으로 마시는 것을 말한다. 음식과 와인이 서로 성향이 유사한 경우를 수평적인 조화라고 할 수 있다. 음식과 와인의 수평적인 조화에는 몇 가지 원칙이 있다.

첫째, 동질성 결합의 원칙이다. 센 음식은 센 와인, 넉넉한 음식에는 농도가 진한 와인으로 결합한다. 그리고 샐러드의 산에는 화이트의 산으로 디저트의 단맛에는 감미가 넘치는 와인으로 짝을 짓는다.

둘째, 압도의 원칙이다. 푸딩, 아이스크림, 초콜릿 등 단맛이 강한 디저트에는 이보다 더 감미가 넘치는 디저트 와인으로, 식초를 듬뿍 친 샐러드에는 산이 많은 드라이 화이트로 조화롭게 하는 일이다. 바로 이열치열의 원칙이기도 하다.

셋째, 조화의 원칙이다. 소금에 절인 안초비나 짠맛이 도는 블루 치즈에 단맛이 넘치는 스위트 와인을 매칭시켜 어느 한쪽이 다른 한쪽을 받아들이면서 서로 조화를 이루게 한다.

표 10-2 음식과 와인의 수평적 조화

음식	와인
향신료가 강한 음식	타닌이 센 와인
느끼한 음식	신선한 산도가 있는 와인
새콤달콤한 음식	묵직하고 신선한 향이 풍부한 와인
부드럽고 연한 음식	상큼한 산도가 있는 와인
가볍고 단순한 음식	가벼운 과일향의 와인
공들여 만든 음식	명품와인

자료 : 박영배(2017), 식음료 서비스관리론, 백산출판사, p.127.

4. 포도품종별 조화

① 샤르도네(Chardonnay)는 생굴·조개·연어와 같은 해산물과 잘 어울린다.

② 소비뇽 블랑(Sauvignon Blanc)과는 담백한 생선요리 및 생선회 등과 조화롭다.

③ 리슬링(Riesling)은 크림소스 등 풍부한 맛의 생선요리와 잘 어울린다.

④ 쉬라즈(Shiraz)는 향신료 등 양념이 강한 붉은 육류와 궁합이 좋다.

⑤ 메를로(Merlot)는 소스가 부드러운 육류요리와 잘 어울린다. 한식의 경우 불고기가 그 좋은 사례이다.

⑥ 까베르네 소비뇽(Cabernet Sauvignon)은 페리구 소스와 같은 진한 맛의 소스가 곁들여진 육류요리와 잘 어울린다.

5. 음식과 와인의 조화 사례

음식문화에서 음식과 와인의 조화는 현대를 살아가는 우리에게 음식의 질을 높이는 단순한 역할이 아니라 행복감을 느끼게 하는 상징물이다.

유럽인들은 와인을 음식 맛을 촉진시켜 주는 소스와 같은 개념으로 보고 있다. 와인과 음식은 둘이 아니라 하나와 같이 밀접한 관계를 가지고 있다는 것이다. 음식과 와인의 조합은 뚜렷한 원칙이 있는 것은 아니지만 오랜 식습관이나 경험에 의해 이루어진 것이다. 즉 장소나 시간에 따라 다를 수 있다는 것이다.

(1) 수프에 적합한 와인

일반적으로 수프와 와인을 함께 곁들이지 않는다. 수프는 주로 식전에 식욕을 돋우기 위해 먹는다. 식전에 식욕을 촉진시키는 와인은 당도가 낮은 것을 주로 마신다. 또한 수프는 부드러운 음식으로 부드러운 맛이 나는 와인과 적합하다.

이런 원칙에 따르면 화이트 와인이나 단맛이 적고 부드러운 쉐리 와인에서 피노(Fino)나 아몬틸아도(Amontillado)가 적합하다. 이들은 달지 않고 향미가 풍부하다.

또한 포르투갈의 마데이라에서 단맛이 비교적 낮은 베르델류와 수프는 어울리는 조합이다.

(2) 생선요리에 적합한 와인

일반적으로 생선요리와 화이트 와인이 적절한 조합이라고 하는 것은 화이트 와인의 신맛 때문이다. 생선요리는 드라이한 화이트 와인과 낮은 알코올 함유량의 화이트 와인이 이상적인 조합이다. 즉 드라이한 모젤 와인(Moselle Wine)이 적절하다. 생선요리와 단맛의 와인이 결합하면 와인의 향미가 약해진다. 생선튀김은 약간 감미가 있는 와인도 무난하다.

모든 생선이 화이트 와인과 잘 어울리는 것은 아니다. 붉은 살 생선은 가볍고 과일향이 나는 레드 와인이 잘 어울린다. 여름철의 차가운 생선에는 가볍고 달지 않은 로제 와인(Rose Wine)이 이상적이다.

(3) 육류요리에 적합한 와인

보통 육류요리는 레드 와인과 잘 어울린다고 한다. 육류의 기름기가 많은 요리와 레드 와인이 결합하면 와인의 떫은맛이 육류의 느끼함을 줄여준다. 기름기가 많은 스테이크나 불고기 등은 묵직한 레드 와인과 이상적인 조합이다. 주로 까베르네 소비뇽, 네비올로, 메를로 등의 품종으로 만든 와인이 비교적 좋은 조합이다.

흰 살 육류 요리는 풍미가 있는 떫은맛이 적은 레드 와인이나 부르고뉴 화이트 와인 등이 잘 어울린다. 육류의 닭고기나 오리고기는 가벼운 레드 와인이나 화이트 와인에서 샤르도네나 드라이한 세미용으로 만든 와인도 적절하다.

(4) 샐러드(Salad)에 어울리는 와인

일반적으로 샐러드와 와인은 잘 어울리지 않는다. 화이트 와인, 또한 가벼운 로제 와인(Rosé Wine)이나 샴페인(Champagne)은 비교적 적절한 편이다.

(5) 치즈(Cheese)와 어울리는 와인

치즈는 레드 와인과 비교적 잘 어울린다. 타닌이 강한 와인을 마시면 입안이 깨끗해지는 느낌을 받기 때문이다. 치즈는 보졸레 빌라주와 같은 것이 잘 어울린다. 블루 치즈와 단맛(Sweet)나는 와인은 잘 어울린다.

표 10-3 치즈와 어울리는 와인

치즈 종류	어울리는 와인
파르마산 · 그라나 파다노	미디엄 내지 풀 바디한 레드 와인
체다(Cheddar)	미디엄 바디한 레드(메를로 등)
브리(Brie)	부르고뉴 화이트 와인
까망베르(Camembert)	라이트, 미디엄 바디감(Medium Bodied) 레드 와인
에멍딸(Emmenthal)	라이트한 레드 와인
블루 치즈(Blue Cheese)	소테른 스위트 와인, 쥐랑송(Jurancon) 스위트 와인
고트 치즈(Goat Cheese)	푸이 퓌메(Pouilly-Fume), 상세르(Sancerre) 화이트 와인
스틸톤(Stilton)	포트 와인

자료 : 최훈(2007), 와인과의 만남, 자원평가연구원, p.47. 저자 재구성

(6) 디저트(Dessert)에 어울리는 와인

보통 디저트 와인은 감미가 강한 와인과 잘 어울리는데 감미의 정도가 어느 한쪽으로 치우치지 않게 균형감 있게 조합하는 것이 중요하다.

디저트는 소화를 돕기 위한 것도 있고 입안이 개운한 느낌을 갖기 위한 것도 있다. 달콤한 맛이 있는 로제 와인과 디저트는 잘 어울린다. 즉 로제 당주(Rose d'Anjou) 등과 잘 어울린다. 단맛이 강한 세미용 품종이나 크림 쉐리도 디저트로 마시기에 적절하다.

(7) 과일과 어울리는 와인

포트 와인(Port Wine)이나 드라이 샴페인(Dry Champagne) 등이 잘 어울린다. 특히 드라이 샴페인은 어떤 요리와도 잘 어울리는 와인이다.

(8) 기타 와인과 음식의 조화

소스에 따라 음식의 맛과 질감은 영향을 받으므로 소스에 적합한 와인을 선택해야 한다. 양념이 강하거나 소스가 많은 육류요리는 떫은맛이 많고 알코올 도수가 높은 와인과 조합이 잘 된다.

와인의 아로마는 음식에 높은 영향을 미치기 때문에 향신료가 많이 들어간 음식에

는 와인을 선택할 때도 이를 충분히 고려해야 한다. 담백한 요리는 가볍고 상큼한 맛의 화이트 와인과 조화가 잘 맞다. 신맛이 강하고 향료가 많은 음식에는 부드러운 와인이 적절하다. 새콤달콤한 음식은 묵직하면서도 신선하고 향이 풍부한 와인과 잘 어울린다.

음식과 와인의 적절한 조화는 음식문화의 차이에 따라 다를 수 있다. 프랑스 사람들은 음식과 와인의 기본적인 규칙에 따라 와인을 마시는 경향이 강하다. 그러나 미국인들은 이런 규칙에 따라 와인을 마시지 않고 자신의 선호도에 따라 마시는 경향이 강하다.

Chapter 11

와인과 건강

제 1 절 | 와인의 성분

1. 와인의 성분

와인은 여러 가지 성분으로 구성되어 있는데, 물이 차지하는 비율은 80~85% 정도이며 알코올은 10~15% 정도 함유되어 있다. 이외에도 다른 많은 성분들이 있어 와인의 품질과 맛을 결정하게 한다.

포도에 있는 천연 타닌은 안토시아닌(anthocyanine)과 반응하여 레드 와인의 색에 영향을 미친다. 와인에는 페놀성 화학성분이 함유되어 있어 색, 맛, 바디감에 영향을 미친다. 화이트 와인은 포도의 껍질이나 씨를 넣어 만들지 않기 때문에 타닌이나 색소에 거의 영향을 주지 않는다.

와인에서 타닌은 포도의 껍질, 줄기 및 씨에 포함되어 있지만 오크통 발효과정에서 타닌이 함유될 수 있다. 와인의 타닌은 와인을 마시면서 드라이한 느낌과 쓴맛을 인지하게 한다.

와인의 타닌은 고단백음식(붉은 육질의 고기)
과 함께 먹으면 떫은맛이 줄어들고 바디(Body)를
잘 느끼지 못한다. 와인 초보자들은 떫은맛이 강
하면 좋아하지 않을 수 있지만 와인 애호가들은
타닌이 함유되어 있는 바디감이 있는 와인을 즐
겨 마시기도 한다.

포도에서 당분은 발효과정을 통해 알코올이 되
고 특유한 향미를 낸다. 포도에 신맛은 0.4~1%
정도 함유되어 있어 균형감을 느끼게 한다. 담백하고 드라이한 와인에는 보통 소량의
당분이 남아 있다.

2. 알코올의 양

와인에는 여러 알코올 성분이 함유되어 있는데 그중에 에틸알코올 성분이 많은 편
이다.

표 11-1 알코올 함유량

일반적인 알코올 함유량		식사별 알코올 함유량	
화이트 와인	9~13%	식전용 와인	16~20%
레드 와인	9~15%	식탁용 와인	10~14%
로제 와인	8~11%	식후용 와인	17~20%
샴페인	9~13%		

제**2**절 | 와인과 건강 관계

1. 와인과 건강

와인은 포도를 원료로 사용해서 만들기 때문에 거의 다른 물질이 들어가지 않는다. 와인에 따라 설탕을 넣는 경우도 있지만 포도 그 자체의 성분에 의해 작용된다.

기원전 4세기경 의학의 아버지로 불리는 히포크라테스(Hippocrates)는 일반 질환이 없을 때는 와인을 하루에 1~2잔 마시는 것이 건강관리에 효능이 있다고 했다.

와인의 성분에는 수분이 85%, 알코올이 10~15% 정도 함유되어 있고 나머지는 비타민, 당분, 폴리페놀, 유기산 및 각종 미네랄 등이 있다.

국내의 한 병원 내에 와인 바를 설치하여 치료를 전후해 긴장된 심신을 이완시켜 주는 효과를 내는 등 웰빙 고객을 위한 서비스 개선을 위한 노력을 하는 곳도 있다. 와인이 건강의 어떤 부분에서는 긍정적인 효과가 있다는 것을 말하는 것이다. 와인에 함유된 성분의 건강과의 관계를 보면 다음과 같다.

첫째, 와인과 심장의 관계이다. 레드 와인은 심장병에 좋다고 한다. 이는 씨에서 나오는 폴리페놀(Polyphenol)이라는 성분 때문이라고 한다. 바로 프렌치 패러독스 (French Paradox)의 이유이기도 하다. 와인은 혈관확장제 역할을 해서 협심증과 뇌졸중을 포함한 심장병 예방에 효과가 있다.

둘째, 와인과 폴리페놀과의 관계이다. 와인에는 폴리페놀 성분이 항산화제로서 작용한다. 또한 폴리페놀의 항산화 효과는 비타민 C나 비타민 E보다 3~5배 강하다. 레드 와인의 페놀 화합물은 항산화 작용으로 동맥경화의 원

인인 콜레스테롤(LDL)의 산화를 억제해 심장질환 발병의 위험을 줄여준다고 한다.

셋째, 와인과 항암과의 관계이다. 포도의 껍질에 있는 안토시아닌(Anthocyanin)은 항방사능물질을 보유하고 있어서 세포의 독성을 감소시키는 역할을 한다. 포도에 '갈산' 성분이 함유되어 항암 예방효과가 있다.

넷째, 와인과 콜레스테롤의 관계이다. 레드 와인은 유용한 콜레스테롤(High-density lipoprotein)이 있으며, 동맥기관에 나쁜 영향을 미치는 것을 제거하여 혈청의 콜레스테롤을 낮추어주는 역할을 한다.

다섯째, 와인과 비타민과 미네랄의 관계이다. 와인은 칼륨(K), 나트륨(Na), 마그네슘(Mg), 칼슘(Ca), 철분(Fe), 인(P), 비타민 B 등을 함유하고 있다.

여섯째, 와인과 당뇨병의 관계이다. 최근 미국과 영국의 연구진이 합동으로 조사한 바에 의하면 하루에 와인을 2~3잔 마시는 사람은 그렇지 않은 사람보다 당뇨병에 걸릴 위험이 40% 더 낮다는 보고를 한 적이 있다.

이와 같이 와인과 건강의 관계에서 알 수 있듯이 와인은 매우 다양한 질병이나 건강효과에 영향을 미치고 있다. 물론 이외에도 피부미용, 스트레스 해소, 노화방지 등에 많은 영향을 미치는 것으로 알려져 있다.

2. 건강한 음주방법

인간은 본능적으로 건강한 삶을 영위하려는 욕망으로 가득 차 있다. 건강은 육체적·정신적·지적·감성적 건강 등을 포함한 것을 말한다.

적당한 음주는 건강에 유익하다는 연구보고서가 발표되고 있다. 특히 레드 와인의 효능에 대한 연구가 많은 편이다. 프랑스 사람들이 지방섭취량이 많고 운동량이 비교적 적은데도 다른 서양인들에 비해 심장병으로 인한 사망률이 낮은 이유를 찾다 발견된 것이다.

음주를 지나치게 하면 건강을 해치고 인생을 망치는 것을 주변에서 가끔 보기도 한다. 일반적으로 간은 1시간에 8~10g의 알코올을 분해하며 이것은 와인 한 잔에 해당

되는 양이다. 따라서 1시간 이내에 와인을 1잔 이상 마시면 그만큼 더 많이 마신 분량에 대하여 간이 부담을 느끼게 된다.

간장을 고려한 건강한 음주량은 9시간 수면을 가정하면 약 80g의 알코올이 한계이다. 80g 알코올의 양은 맥주의 경우 2,000cc, 위스키는 200ml 정도이다.

적당한 양의 음주는 필요하지만 너무 많은 양의 음주는 자신과 사회에 부정적인 영향을 미친다. 음주는 건강에 유익할 정도의 양으로 마셔서 건강을 유지하고, 또한 이를 위한 강한 신념이 필요하다.

WINETRAVEL

PART
04

와인
소믈리에

Chapter 12

와인 소믈리에 이해

제 1 절 | 소믈리에의 일반적 개요

1. 소믈리에의 유래

중세 유럽에서 식품보관을 담당하는 솜(somme)이라는 직업이 있었다. 솜에서 일하는 사람은 그의 집주인이 식사하기 전에 음식의 안전성 여부를 감별하는 일을 했다. 솜에 종사는 감별사는 귀족이 담당하였으며, 19세기경 프랑스 파리의 한 음식점에서 와인을 전문으로 담당하는 사람이 생겼다. 이것에서 유래되어 지금과 같이 와인과 관련된 전문적인 일을 수행하는 전문가로 발전하게 되었다.

19세기에는 고급식당과 호텔이 발전하면서 와인에 대한 수요와 공급이 증가하여 와인 전문가가 요구되었다. 제2차 세계대전 이후 와인의 소비가 유럽 및 개발도상국가에서도 증가하면서 와인에 대한 전문가가 필요해졌다.

이것은 소믈리에의 인원 증가를 가져오게 했으며 현재와 같이 와인에 대한 총체적인 업무를 수행하는 전문가가 등장하게 되었다.

2. 소믈리에의 어원

소믈리에의 어원은 고대 프로방스어의 소믈리에(saumalier)라는 단어에서 파생된 소몰이꾼이란 뜻이다. 고대 프랑스의 프로방스에서는 '소'를 이용하여 식음료를 운반하던 시기에 운반자를, 즉 동물에게 짐을 나르게 하는 사람(Bete de Somme)을 불렀다. 이것을 영어로 'Beast of Burden(동물을 이용해서 짐을 나르는 사람)'에서 소믈리에(Sommelier)라는 단어를 사용한 것이 '소믈리에'가 된 것이다. 즉 소몰이꾼이 지금의 와인 감별, 저장, 판매하는 사람을 가리키는 단어로 변화하였다.

3. 소믈리에의 개념

소믈리에(Sommelier)는 레스토랑이나 와인 바 등에서 주로 와인을 보관 및 관리하고 추천하는 전문가를 말한다. 소믈리에는 고객에게 와인과 알코올성 음료 및 기타 음료를 판매하는 것뿐만 아니라 와인을 저장하고 관리하면서 이를 추천하고 올바르게 서비스를 제공하는 사람을 지칭한다.

소믈리에는 와인 목록을 작성하고 와인 구매 및 저장관리, 마케팅 및 서비스능력이 있는 전문가를 말한다. 소믈리에(Sommelier)의 좁은 의미는 레스토랑 등에서 주로 와인만을 전문적으로 서비스하는 사람을 말하고, 넓은 의미는 레스토랑이나 바에서 각종 알코올 및 비알코올을 서비스하는 전문가를 말한다.

소믈리에의 핵심 업무는 소비자의 기대 및 욕구를 충족시킬 수 있도록 와인을 추천하거나 제공하는 것이다. 또한 소믈리에의 주된 업무는 와인과 관련된 여러 가지 일들, 즉 포도 재배환경에 대한 지식, 와인의 시음, 와인 설명력, 와인 관리 등이다.

소믈리에는 레스토랑, 와인 바, 카페에서 와인 구입, 재고관리, 고객에게 서비스 제공 등에 대한 전반적인 업무를 수행하는 사람이다.

제2절 | 소믈리에의 역할과 태도

1. 소믈리에의 역할

소믈리에는 와인 지식이나 서비스를 바탕으로 고객으로부터 신뢰성을 인정받아 효율적인 상호작용을 통해 관계만족을 형성하는 것이 중요하다.

소믈리에는 와인에 대한 전문적인 지식을 습득한 와인 전문가로서 와인의 관리나 평가를 할 수 있으면서 와인 교육과 마케팅 능력을 갖춘 사람이라고 할 수 있다. 즉 소믈리에는 와인에 대한 지식, 저장 및 보관관리, 품질 감별, 와인 교육, 판매능력, 영업장의 운영능력, 서비스요원으로서의 자세 등을 갖춘 사람이다.

소믈리에가 와인 전문가로서의 역할을 분류하면 크게 6개의 영역이 있다. 첫째, 포도 재배 및 포도품종 영역 둘째, 와인 양조 영역 셋째, 와인의 저장 및 관리 영역 넷째, 와인의 지식 영역 다섯째, 와인 마케팅 영역 여섯째, 와인 서비스 영역으로 역할을 분류할 수 있다.

① 포도 재배 및 포도품종의 영역

포도를 주원료로 사용하고 와인에 대한 가장 기본적인 지식의 습득은 포도 재배에서부터 시작된다고 하겠다. 물론 소믈리에가 포도 재배에 대한 구체적인 과정을 이해하는 것보다 포도의 성장이 와인에 미치는 부분 정도는 파악하고 있어야 한다.

소믈리에가 와인을 이해하려면 첫째, 포도나무의 성장과 관련된 환경에 대해 파악하고 있어야 한다. 즉 기후, 토양, 일조량, 강수량 등에 대한 충분한 정보나 지식이 요구된다. 둘째, 포도품종에 대한 이해가 필요하다. 포도품종에 따라 와인이 다른 맛을 낼 수 있기 때문이다.

따라서 소믈리에의 역할에서 가장 기본적인 영역이 바로 포도 재배나 포도품종과 관련된 부분이다. 이에 대한 이해력의 정도가 소믈리에의 역할에 높은 영향을 미칠 수 있다.

② 와인 양조의 영역

와인을 양조하는 데 사용하는 기물이나 도구, 양조방법, 숙성기간 등에 따라 와인의 맛과 품질이 다르다. 소믈리에는 와인 양조에 대한 충분한 지식을 습득해야 그의 역할을 잘 수행할 수 있다.

③ 와인 저장 및 관리의 영역

와인은 우수한 포도나 양조법으로 와인을 만들어도 저장 및 관리를 잘 못하게 되면 고품질 와인을 생산하기 어렵다. 소믈리에는 와인의 저장 및 관리에 대한 지식을 습득하여 구입한 혹은 생산된 와인이 변질되지 않도록 하는 것이 그의 역할이다.

④ 와인 지식의 영역

와인은 수많은 종류가 있으며 와인을 마시는 상황이나 적정 온도 등에 따라 와인의 향미(Flavor)가 다를 수 있다. 와인은 개인의 기호나 선호도에 따라 느끼는 것이 다를 수 있다. 와인의 일반적인 기준에 의해 평가하고 감별한 정보나 지식을 습득하는 것은 소믈리에에게는 매우 중요한 부분이다.

다른 사람들에게 추천할 때 음식과 어울리는 것이 무엇인지를 설명할 수 있도록 와인에 대한 지식이나 정보를 가지고 있어야 한다. 소믈리에는 소비자들에게 와인의 가치를 높여줄 수 있는 능력이 필요하다. 이것 또한 소믈리에의 역할에서 핵심적인 부분이라 할 수 있다.

⑤ 와인 마케팅의 영역

와인을 판매하는 모든 곳, 즉 레스토랑이나 와인 하우스 등의 운영이 잘 되어야 영속적으로 존재할 수 있다. 다시 말하면, 와인을 잘 판매해야 한다. 영업장 운영을 잘하기 위해 다양한 마케팅 전략을 수립할 수 있어야 한다. 특히 고려해야 할 사항은 가격, 상품, 유통경로, 판매촉진 등에 대한 기획능력이 있어야 한다.

와인 영업장의 운영은 소믈리에의 역할이나 능력에 따라 결과가 다르게 나타난다. 와인 소비자의 욕구분석, 기획, 마케팅 방법 등의 능력은 소믈리에의 역할에서 매우 큰 부분을 차지한다.

⑥ 와인 서비스의 영역

소믈리에는 와인 전문가이면서 서비스요원이다. 소믈리에는 와인에 대한 전문적인 지식이나 서비스를 판매하는 사람이다. 소믈리에는 자신의 지식 및 정보, 서비스 등을 고객에게 잘 전달하고 제공하는 역할을 한다. 고객의 입맛에 맞는 와인, 즉 고객의 선호할 수 있는 와인을 서비스하는 것이 소믈리에의 역할이다.

오늘날과 같은 시장 상황에서 소믈리에의 역할은 소비자가 행복감이나 자아실현의 욕구를 충족시킬 수 있는 수준까지 제공했을 때 비로소 그의 역할을 충실히 수행한 것이라고 할 수 있다.

따라서 소믈리에의 역할은 더욱더 진화되어 단순히 고객에게 와인을 추천하고 설명하고 친절하게 판매를 잘하는 수준에서 그치는 것이 아니다. 고객 감성의 가치를 극대화하는 것까지 제공해야 한다는 것이다. 고객이 와인의 향긋하고 상쾌한 향미를 온몸으로 느껴 삶이 행복하고 감사하다는 감정이 들 수 있도록 하는 것이 진정한 소믈리에의 역할일 것이다.

2. 소믈리에의 태도

고객은 고품질의 서비스를 제공받기를 원하며 그 품질에 따라 기업이나 영업장이 평가된다. 즉 소믈리에의 태도는 기업 및 영업장의 평가나 이미지에 영향을 미치게 된다. 이는 고객의 구매나 방문에 영향을 미치게 된다는 것이다.

소믈리에는 고객과의 접점에서 어떤 태도로 접객활동을 하느냐가 매우 중요하다. 소믈리에는 와인에 대한 전문지식, 업무의 숙련도, 예의바른 태도, 단정한 용모 등의 정도를 고객으로부터 평가받게 된다.

와인 전문가 및 서비스요원으로서의 역할을 수행해야 하는 소믈리에는 와인에 대한 지식이나 경험을 바탕으로 업무를 수행하거나 고객을 접객하게 된다. 소믈리에는 지속적으로 자기개발을 통해 조직의 활성화와 경쟁력을 갖춘 구성원이 되겠다는 마음가짐이나 태도가 필요하다.

소믈리에의 태도에 영향을 미치는 것에는 여러 가지 요인이 있을 수 있다. 이들을 살펴보면 첫째, 소믈리에의 마음가짐이 태도에 영향을 준다. 고객과의 접점에서 역지

사지의 마음가짐을 가지고 있는가에 따라 태도가 다르다.

둘째, 업무에 대한 전문적인 지식이 태도에 영향을 미친다. 업무에 대한 지식이 높다고 해서 반드시 긍정적인 태도를 창출하는 것은 아니다. 그러나 대부분 업무에 대한 충분한 지식이 있을 경우 접객태도가 다를 수 있다.

셋째, 서비스정신이 서비스태도에 영향을 미친다. 고객이 소믈리에게 어떤 존재인지에 대한 이해도가 높을수록 고객을 위한 서비스정신이 높게 생성된다.

이들 외에도 소믈리에의 태도에 영향을 미치는 요인은 있을 수 있지만 큰 테두리에서 보면 이런 요인들이 있다.

소믈리에는 자신이 하는 일에 자긍심과 자신감을 갖고 고객을 대응하는 태도가 고객만족과 영업장의 발전에 기여도가 높다고 할 수 있다. 소믈리에는 고객의 가치를 가장 최우선으로 하는 마음가짐과 태도가 가장 기본적인 요소라고 할 수 있다.

소믈리에가 고객의 가치를 우선하는 태도는 첫째, 고객의 욕구를 정확히 파악하고 충족시켜 주려는 태도 둘째, 고객에게 진정으로 만족을 제공하려는 태도 셋째, 고객의 입장에서 이해하고 도와주려는 태도, 지속적으로 고객에게 유익한 정보를 제공하려는 태도 넷째, 고객을 존중하고 자존심을 손상시키지 않으려는 태도의 전환이 필요하다.

소믈리에는 고객의 입장에서 서비스제공의 태도가 무엇보다 중요하다. 그런 태도나 정신 자세의 바탕에서 와인의 주문, 보관이나 재고관리, 고객에 대한 친절성, 와인에 대한 풍부한 지식을 기반으로 한 설명력, 추천 등 모든 것이 이루어져야 진정한 소믈리에의 태도라고 할 수 있다.

3. 소믈리에의 업무

레스토랑, 와인 바 및 와인 숍을 방문하거나 구매하려는 고객의 요구나 욕구는 정체하는 것이 아니라 끊임없이 변한다. 고객은 지속적으로 더 편리하고 높은 감성적인 가치를 제공받기를 원한다. 소믈리에는 고객 가치를 최대한 높일 수 있도록 항상 주의 깊게 관찰하면서 업무를 수행해야 한다.

소믈리에의 업무를 보면 첫째, 청결한 영업장 관리이다. 고객의 안전관리에는 경제적인 안전과 신체적 안전이 있다. 영업장의 청결성은 고객의 신체적 안전을 관리하는 부분이다. 소믈리에는 영업장의 청결상태를 유지하는 것이 고객의 안전을 잘 관리하는 것이다.

둘째, 친절성 및 서비스성이다. 친절은 마음가짐에서 시작된다고 하겠다. 즉 고객을 존중하는 마음가짐, 배려하는 마음가짐, 경청과 대화의 자세와 마음가짐 등에서 출발된다고 하겠다. 고객의 기호와 취향을 파악하여 와인을 제공하는 것이다.

셋째, 와인에 대한 충분한 지식이 있어야 한다. 와인에 대한 충분한 지식을 가져야 고객의 욕구를 충족시킬 수 있고 원활하게 업무를 수행할 수 있다. 소믈리에의 업무에서 와인에 대한 지식의 범주는 와인의 향미, 와인의 특성, 생산지, 가격대와 추천, 음식과의 조합, 와인의 감별력 등이 있다.

넷째, 물리적인 환경의 가치를 높여야 한다. 물리적인 환경은 유형적인 요소를 말한다. 즉 물리적인 환경은 영업장의 분위기, 시설, 각종 집기, 인테리어, 직원들의 단정함 등이 있다. 고객은 물리적인 환경에 대한 평가는 쉽게 할 수 있기 때문에 이들의 가치를 높이면 고객의 만족도는 높아질 수 있다. 소믈리에는 물리적인 환경을 높일 수 있는 능력이 필요하다.

다섯째, 영업장 경영업무이다. 소믈리에가 영업장을 얼마나 효율적으로 관리하느냐에 따라 영업성과는 차이가 있다. 특히 예측할 수 없는 상황이 발생될지라도 효율적인 영업장경영을 통해 높은 성과를 창출할 수 있도록 하는 것이 가장 핵심적인 업무라고 할 수 있다.

4. 소믈리에의 전망

와인은 고가격이나 고급식당에서 마시는 것에서 벗어나고 있다. 최근에는 와인에 대한 정보를 쉽게 얻을 수 있어서 기존에 가지고 있던 와인에 대한 인식이 바뀌고 있다. 이제 와인은 누구나 혹은 어떤 장소에서도 즐길 수 있는 '술'이라는 것으로 인식의 변화를 가져왔다.

와인에 대한 인식의 변화로 국내 와인 시장의 규모가 증가하고 와인을 즐기려는 문화로 성숙되어 가고 있다. 와인은 건강에 나쁘지 않은 '술'이라는 인식과 감성이 풍부한 젊은 층의 기호를 충족시켜 주는 '술' 등으로 변화되면서 소비량은 늘어나고 있다.

따라서 소믈리에의 영역은 확대되고 있으며 와인 시장과 소비자를 연결하는 연결자의 역할이 더욱 활발해질 것이다. 국내에서 와인의 소비량이 증가하게 되면 와인관련 산업이 발전하게 될 것으로 전망된다. 또한 소믈리에의 업무와 역할의 중요성은 확대될 것이다.

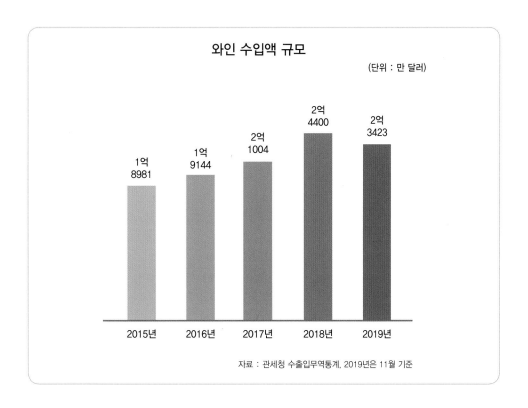

와인 수입액 규모

(단위 : 만 달러)

- 2015년 : 1억 8981
- 2016년 : 1억 9144
- 2017년 : 2억 1004
- 2018년 : 2억 4400
- 2019년 : 2억 3423

자료 : 관세청 수출입무역통계, 2019년은 11월 기준

Chapter 13

W I N E T R A V E L

소믈리에 와인 서비스

제1절 | 소믈리에의 와인 서비스 개요

1. 와인 서비스

서비스는 가치지향적인 것을 통해 심리적 만족을 갖는 독특한 부분을 지니고 있다. 서비스는 타인에 대한 편익이나 도움을 제공하는 기능성을 가지고 있으면서 경제적·문화적 가치를 창출한다.

서비스는 타인의 이익을 도모하기 위해 행동하는 정신적 및 육체적 운동이라 하여 인적 서비스와 타인을 위한 봉사적 행위이다. 와인 서비스는 소믈리에의 희생을 통해 상대방에게 만족감을 갖도록 하는 것이다. 소비자가 와인의 서비스를 제공받으면서 즐겁고 유쾌한 감정을 창출할 수 있도록 만들어야 고품질 서비스라고 할 수 있다.

와인 서비스는 소비자의 심리적인 만족을 느끼게 하는 것이다. 소믈리에의 따뜻한 마음을 느낄 수 있도록 하는 것이 와인 서비스의 본질일 것이다. 와인 서비스에는 소비자의 입장에서 정성이 담긴 마음이 우러나는 서비스를 해야 한다.

와인 서비스는 생산과 소비가 동시에 이루어지고 있기 때문에 고객과의 접촉에서 가치를 높여야 한다. 소비자와 접점에서 만족도를 높일 수 있도록 와인 추천, 설명력, 음식과의 조화, 친절성 등에서 기대 이상으로 평가할 수 있도록 해야 한다.

소믈리에가 와인을 제공할 때의 마음가짐이 그 와인이 가지고 있는 특성 이상으로 맛과 즐거움을 줄 수 있다. 소믈리에는 고객들이 단순히 와인만 즐기는 것으로 인식하면 안 된다. 그들은 와인을 통해 인생을 즐기는 중이라고 해석해야 할 것이다.

고객은 와인에서 느낄 수 있는 향미보다 소믈리에가 제공한 서비스향기에 취할 수 있도록 고객에 대한 깊은 이해와 배려의 정신이 요구된다. 소믈리에는 고객과 함께하는 새로운 미래를 창조하는 와인 서비스를 제공할 때 고객의 가치와 와인의 가치를 동시에 향상시킬 수 있을 것이다.

고객에 대한 진정한 마음가짐은 매혹적인 와인의 향미보다 더 감동적일 수 있다. 소믈리에는 항상 고객과 와인에 대해 더 깊이 숙고해야 할 것이다.

2. 와인 서비스의 특성

인간은 행복하고 즐겁게 생활하려고 끊임없는 노력과 자원을 집중적으로 투자한다. 인간의 행복에 영향을 줄 수 있는 요소에는 여러 가지가 있지만 감성적인 자극이 행복감을 높여주는 데 많은 영향을 줄 수 있다.

와인은 인간의 감성적 가치의 향상에 좋은 대상물이 될 수 있다. 즉 와인은 시각적으로, 후각적으로, 미각적으로 감성의 가치를 느낄 수 있게 하는 대상물이다. 소믈리에는 와인에 숨어 있는 향과 색의 모든 미묘한 차이를 감별하고 고객들에게 설명할 수 있어야 한다. 소믈리에는 음식과 와인의 조화를 제안하여 고객들이 최상의 음식과 와인을 즐기도록 하는 것이다.

와인은 다른 술과 달리 식사 전·중·후와 음식에 따라 다르게 마시게 된다. 와인 서비스를 제공할 때는 음식 맛의 인식도와 서비스의 품질을 높여주도록 한다.

제2절 소믈리에의 와인 서비스 순서

와인은 서비스 제공방법에 따라 소비자가 느낄 수 있는 만족감은 매우 차이가 있을 수 있다. 식사는 생리적인 욕구를 충족하기 위해 먹기도 하지만 사람의 품격이나 분위기를 높여주기도 한다.

소믈리에는 소비자의 식사가 생리적인 욕구충족이 아니라 품격과 자신의 가치를 충족할 수 있도록 음식과 와인에 대한 충분한 지식과 서비스를 제공할 수 있는 능력을 갖추어야 할 것이다.

1. 와인 주문 서비스

1) 식전 와인 주문

와인 바에서는 주요리(Main Dish)를 제공하지 않는 형태로 대부분 운영되고 있다. 고객이 자리에 앉으면 와인을 주문받고 제공하는 것이 일반적인 서비스방법이다.

레스토랑에서는 고객이 자리에 앉으면 식사 메뉴를 제공하고 식사 메뉴를 주문받게 된다. 고객으로부터 식사 메뉴를 먼저 주문받은 후 식사를 제공하기 전에 식욕촉진을 위해 식전 음료나 와인을 주문받는다.

식전 와인으로 적절한 것은 신맛과 쓴맛이 함유되면서 알코올 도수는 높지 않은 것이 좋다. 식전 와인에 취하면 주요리의 맛을 잘 느끼기 어려우므로 알코올 도수가 높지 않은 것이 적절하다. 즉 식전 와인은 주요리(Main Dish)의 맛을 북돋우려는 역할이 크다는 것을 의식해야 한다.

2) 식사 중에 마시는 와인 주문

식사 전에 마시는 와인과 식사 중에 마시는 와인을 구분하지 않고 마시는 경우가 많다. 이런 경우 소믈리에는 처음부터 주요리와 잘 어울리는 와인을 추천해야 한다.

식사 전 와인과 식사 중에 마시는 와인을 다르게 할 경우 식사 전의 와인은 식욕촉진을 위한 것이고 식사 중에 마시는 와인은 주요리와 잘 어울리는 와인을 마시게 된다.

식사 중에 마시는 와인은 음식의 맛이나 분위기를 돋우는 역할을 하는 것이다. 소믈리에는 고객이 메뉴를 선택하면 그 메뉴와 조합이 잘 되는 와인을 추천하거나 선택할 수 있도록 알려주어야 한다.

음식에는 없지만 와인의 성분에는 담겨 있는 요소들에 의해 음식의 맛을 증진시킬 수 있다. 또는 와인의 색깔이나 거품 등을 통해 즐겁게 식사를 할 수도 있다. 와인이 고객의 소화를 촉진시켜 건강의 가치를 높일 수 있고 감성가치를 높여줄 수 있다는 것이다.

3) 와인 리스트를 통한 주문

소믈리에는 와인 리스트(Wine List)를 이용하여 고객에게 와인 주문을 받게 되는데 주문 순서는 다음과 같다.

첫째, 와인을 마실지 여부나 의향을 여쭈어 본다.

둘째, 와인을 마시길 원한다면 와인을 주문받는다. 고객 스스로 와인을 선택할 경우 주문한 와인을 제공하면 된다.

셋째, 고객이 와인 추천을 요청하면 추천한다. 와인을 추천할 때는 주문한 요리와 잘 어울리는 와인을 추천하는 것이 중요하다. 와인을 추천할 때는 와인의 가격, 특성, 생산지, 생산연도 등을 간단히 설명한다.

2. 주문된 와인 제시

소믈리에는 고객이 주문한 와인을 와인 셀러(Wine Cellar)에서 가져와서 와인의 온도가 적정하게 유지될 수 있도록 운반해야 한다. 운반할 때 와인 병이 흔들리지 않도록 주의해야 한다. 와인 병이 흔들리면 와인 병 속에 있는 침전물로 인해 와인의 맛을 제대로 느끼지 못할 수 있다. 발포성 와인을 운반할 때는 더욱 흔들림이 없도록 운반해야 한다. 와인에 기포가 발생되면 와인 병마개를 열 때 '펑' 소리가 나거나 흘릴 수도 있다.

3. 와인 오프닝 방법

와인 코르크 마개는 능숙하고 숙련된 모습으로 열어야 한다. 와인 마개를 열 때 약간의 흥미적인 요소가 들어 있는 것도 좋다. 와인에는 코르크 마개가 있는 것과 없는 것이 있다. 코르크 마개를 열기 위해 오프너를 사용할 때 주의해야 할 요소들은 다음과 같다.

첫째, 병목을 둘러싼 호일(Foil)을 나이프를 이용하여 밑부분을 도려낸다. 만일 호일 커터를 사용하게 되면 병 마개를 둘러싼 호일을 호일 커터로 돌리면서 호일을 자른다.

둘째, 오프너의 칼을 이용하여 호일(Foil)을 자른다. 오프너에 있는 칼을 사용해서 와인 병 입구를 감싸고 있는 호일(Foil)을 자르고 벗긴다.

셋째, 벗겨진 코르크 위에 곰팡이가 끼어 있을 경우 깨끗한 서비스 타월로 코르크와 병 입구의 주변을 닦는다. 코르크나 병 입구에 곰팡이가 끼어 있을 경우가 있다. 이때는 깨끗한 타월이나 천으로 닦아야 한다.

넷째, 오프너 스크루를 코르크 중앙에 수직으로 돌리면서 꽂는다. 스크루를 돌려서 코르크 끝 지점까지 넣는다.

다섯째, 오프너에 기역자(ㄱ) 모양이 된 것을 병 입구에 걸친다. 오프너에는 기역자 (ㄱ) 모양으로 된 것이 2개 있다. 그중 위쪽에 있는 것을 병 입구에 걸친다. 왼손으로 병을 잡고 오른손으로 오프너 손잡이를 들어 올리면 지렛대 원리로 코르크 마개가 반 정도 올라오게 된다.

여섯째, 오프너 아랫부분에 있는 작은 기역자(ㄱ) 모양으로 된 것을 병의 입구에 걸치고 코르크 마개를 다시 올린다. 코르크 마개를 완전히 올리는 것이 아니라 손으로 돌리면 뽑을 수 있을 정도까지 올린다.

일곱째, 다시 왼손으로 병을 잡고 오른손으로 손잡이를 들어 올리면 코르크 마개가 끝까지 빠져나온다.

4. 와인 제공방법

소믈리에의 와인 제공방법은 다음과 같다. 레드 와인은 와인 바구니나 와인 크레들 (Cradle)에 넣어 서비스하고 화이트 와인은 쿨러(Cooler)에 얼음물을 채워서 제공한다.

소믈리에는 고객이 주문한 와인이 정확한지 여부를 확인하기 위해 라벨을 고객에게 보여주어야 한다. 특히 빈티지의 정확성 여부를 확인할 수 있도록 해야 한다. 고객이 주문한 부분과 모두 일치한 와인일 경우 오픈한다.

소믈리에가 와인을 오픈한 후에 코르크 마개의 냄새를 먼저 맡는다. 코르크 마개에 이상이 없을 때는 호스트의 오른쪽 상단에 와인과 접촉되는 부분을 위로 향하게 해서 놓는다.

호스트가 다시 냄새를 맡은 다음 코르크에 이상이 없을 때 호스트가 시음을 원하면 시음할 수 있도록 한다. 호스트는 시음할 때 색, 향, 맛을 음미하게 된다. 색이 탁한지, 향이 어떤지, 맛에 이상이 없는지 등에 대해 평가해야 한다.

와인을 시음할 때의 양은 잔의 1/4 정도 제공하고 호스트가 시음할 때 상표를 볼 수 있도록 놓는다. 호스트가 테이스팅(Tasting)한 뒤에 제공해도 좋다는 표현이 있을 때 제공하게 된다. 만일 시음을 원하지 않으면 와인을 바로 제공하도록 한다. 와인을 제공하는 방법은 다음과 같다.

① 와인을 시계방향으로 제공한다. 시계방향으로 제공하면서 여성 고객과 고령자에게 먼저 제공한다. 와인을 제공할 때는 고객의 오른쪽 뒤에서 오른손으로 제공한다. 와인을 제공할 때 병 입구가 잔에 닿지 않도록 잔 위에서 약 2.5㎝ 정도 제공

한다. 와인 잔은 식탁 위에 놓고 제공해야 한다. 와인 잔을 들고 제공하면 안 된다. 레드 와인은 잔의 1/2 이하를 제공하고 화이트와 스파클링 와인은 잔의 2/3 정도를 제공한다. 발포성(Sparkling & Champagne) 와인은 한 번에 잔의 2/3를 제공하는 것이 아니라 두 번의 동작으로 제공한다. 처음 제공할 때는 거품이 잔에 가득 찰 때까지 제공하고, 두 번째는 적당한 높이가 되면 제공하는 것을 멈춘다. 와인을 제공하고 난 다음 와인이 식탁에 떨어지지 않도록 병을 약간 돌리면서 들어올린다.

② 와인을 추가적으로 제공할 때는 호스트의 요청에 의해 이루어진다. 만일 특별한 요청이 없을 때는 소믈리에가 와인 잔에 추가로 더 제공해야 한다.

③ 호스트를 마지막으로 와인을 제공한다. 와인을 제공하고 남은 와인은 와인 병을 와인 버켓(Wine Bucket)에 넣어둔다.

④ 와인을 제공할 때 와인의 양을 고려하면서 제공한다. 알코올 도수가 높은 주정강화 와인은 작은 잔에 제공한다.

⑤ 와인을 제공할 때 고객이 상표를 볼 수 있도록 잡고 제공한다.

⑥ 와인이 남아 있을 경우 고객에게 추가적인 서비스를 원하는지 여부를 확인하고 추가적인 와인 서비스를 제공해야 한다.

⑦ 와인을 제공할 때 냅킨을 휴대해야 한다. 와인 병을 냅킨으로 감싸거나 흘리는 것을 방지하기 위해 냅킨은 항상 휴대해야 한다.

⑧ 고객이 추가적으로 와인을 더 마실 의향이 없을 때를 제외하고 와인 잔은 채워져 있어야 한다.

⑨ 와인을 마시는 도중에 다른 와인을 마시게 될 경우 와인 잔도 함께 바꾼다.

⑩ 디캔팅이 필요한 경우 레드 와인을 제공할 때 디캔팅을 한다.

⑪ 음식과 함께 와인을 마시게 될 경우 음식이 제공되는 시간에 맞추어 와인 잔을 셋팅한다.

⑫ 식사가 끝나고 디저트까지 끝났을 때 디저트 와인을 마실지 여부를 여쭈어 본다.

⑬ 전체 와인을 한 번 제공한 다음에 레드 와인의 경우 바구니에 담은 채로 식탁 위에 올려둔다. 호스트가 상표를 볼 수 있도록 놓아두어야 한다. 화이트 와인은 쿨러에 담고 서비스 타월을 그 위에 걸쳐놓는다.

제**3**절 **와인 서비스 준비사항**

1. 와인 글라스 이해

1) 와인 글라스

와인을 제공할 때 다양한 모양과 크기의 글라스를 사용하게 된다. 와인 글라스 (Wine Glass)는 와인의 특성들을 고려하여 디자인된 것이다. 와인의 종류에 따라 적절한 와인 글라스를 선택해서 마시는 것이 좋다.

레드 와인은 화이트 와인 글라스보다 크다. 레드 와인 글라스는 공기와 접촉면이 넓어 와인의 향과 풍미가 잘 느낄 수 있게 큰 글라스를 사용한다. 화이트 와인과 로제 와인은 신선한 과일향을 글라스 윗부분에 모이게 하기 위해 중간 정도 크기의 글라스를 사용한다.

발포성 와인은 기포가 글라스 위쪽으로 올라와서 터지도록 하려고 긴 모양의 글라스를 사용한다. 기포가 일어나는 발포성 와인은 기포의 효과를 최대한 높이기 위해 잔이 길다.

와인 글라스로 가장 적합한 것은 투명하여 와인의 색깔이나 거품이 올라가는 모습을 즐길 수 있도록 무색투명한 글라스가 좋다. 와인 글라스의 두께는 얇고 와인이 가지고 있는 특성을 잘 나타낼 수 있는 것이 적절하다. 와인 글라스는 손의 온도가 전달되지 않도록 글라스에 스템(Stem, 손잡이)이 있는 것이 좋다.

와인은 향미를 즐기는 술이기 때문에 향을 더 오랫동안 즐길 수 있도록 만들어져 있다. 또한 투명한 글라스는 와인의 색깔을 즐기기 위해 만들어진 것이다.

2) 와인 글라스의 기본적인 요건

와인 글라스의 용도는 와인을 채워서 와인 고유의 특성을 잘 느끼면서 마시도록 하는 것이 가장 기본적인 것이다. 또한 와인 글라스는 와인의 가치를 최대한 높일 수 있는 것을 준비해야 한다. 와인을 마실 때는 여러 이유나 사연이 있지만 단순히 감정적인 향미만을 위해 마시는 경우도 있다. 또한 와인이 가진 정보를 제대로 느끼기 위해 마시는 경우도 있다.

와인 글라스가 와인의 정보를 보다 더 정확하게 파악하고 혹은 더 즐길 수 있는 요건들을 보면 다음과 같다.

첫째, 투명하고 얇은 크리스탈이 좋다. 와인은 시각, 후각, 미각으로 마시는 술이다. 와인을 시각으로 마시기 위해 와인 잔은 투명하고 얇은 것이 글라스의 생명이다. 머그컵처럼 두꺼울 경우 입술과의 거리감이나 색을 제대로 감상할 수 없게 된다.

둘째, 무늬가 없고 무색이어야 한다. 와인은 시각적으로 즐거움이나 가치를 제공하는 것이 매우 크다. 와인 글라스에 조각된 무늬가 있거나 색상이 있을 경우 시각적인 즐거움을 빼앗기는 기분일 것이다.

셋째, 넓은 몸통을 가진 글라스여야 한다. 와인 글라스는 몸통 부분이 다른 부분에 비해 넓기 때문에 와인의 향을 많이 머물게 한다. 향이 풍성하게 표출되도록 넓은 몸통이 적절하다.

2. 와인 글라스의 종류

와인 글라스(Wine Glass)의 종류는 레드 와인, 화이트 와인, 로제 와인, 발포성 와인(스파클링, 샴페인 포함), 쉐리 및 포트 와인 등이 있다. 와인은 스타일에 따라 아로마가 다르기 때문에 글라스는 아로마의 향미를 잘 느낄 수 있는 것이 좋다.

1) 레드 와인 글라스

레드 와인의 적당한 음용온도는 실내온도 정도로 차갑게 마시는 화이트 와인보다 와인 글라스로 인한 맛의 영향은 적다. 와인 글라스를 기울일 때 지름의 크기는 와인이 입안에 떨어지는 부위에 영향을 미친다. 와인은 입안에 닿은 부위에 따라 맛의 지각이 다르다.

레드 와인의 복합적인 향을 더욱 풍성하게 즐기기 위해 와인 글라스의 지름이 큰 것이 좋다. 그래서 레드 와인의 글라스는 다른 글라스에 비해 크다. 레드 와인 글라스도 두 종류로 구분할 수 있다. 하나는 보르도 유형의 와인 글라스이며, 다른 하나는 부르고뉴 유형의 와인 글라스로 구분할 수 있다.

① 보르도 유형의 와인 글라스

보르도 유형은 볼이 크고 입구가 넓으며 글라스의 경사각이 완만하다. 즉 와인이 혀끝에서 안쪽으로 넓게 퍼지도록 디자인되어 있다. 보르도의 와인 글라스는 향이 글라스에서 오래 머물도록 하는 데 중점을 두고 디자인한 것이다.

보르도의 레드 와인 글라스는 볼이 크고 길쭉하고 튤립 모양으로 풍부한 아로마와 부케를 느낄 수 있도록 디자인되어 있다.

② 부르고뉴 유형의 와인 글라스

부르고뉴 유형의 글라스는 볼이 좀 더 볼록하고 넓고 글라스의 위쪽 방향으로 갈수록 점점 좁아지는 모양이다. 부르고뉴 지방의 와인 특성을 최대한 잘 음미하면서 마실 수 있도록 만들어졌다.

글라스의 볼이 넓게 되어 있어서 공기와 접촉 면적이 넓다. 이는 와인의 향을 더욱 풍부하게 낼 수 있어 섬세하고 복합적인 향을 잘 느낄 수 있도록 만들어진 것이다.

2) 화이트 와인 글라스

화이트 와인은 차갑게 마셔야 신맛과 단맛을 잘 느낄 수 있다. 화이트 와인 글라스는 온도의 상승을 막기 위해 담는 용량을 적게 한다. 즉 글라스에 와인을 적게 담기 위해 글라스 볼의 넓이를 적게 한다.

레드 와인 글라스는 림(입술이 닿는) 부분이 오목하지만 화이트 와인 글라스의 림 부분은 덜 오목하고 지름이 짧다. 또한 공기의 접촉을 최소화하려고 표면적이 적게 디자인되어 있다. 공기와의 접촉이 많을 때는 온도 상승으로 와인의 풍미를 떨어뜨릴 수 있어 와인의 가치를 낮추는 결과를 가져올 수 있다.

화이트 와인 글라스의 입구가 덜 오목한 것은 와인이 혀 앞부분에 떨어지게 하기 위해서이다. 또한 와인이 혀에 떨어지는 폭을 좁히기 위한 것이다.

3) 로제 와인 글라스

로제 와인의 글라스는 로제 와인의 아름다운 색상을 잘 느낄 수 있는 잔이 좋다. 림이 피어나는 꽃처럼 되어 있는 잔이 로제 와인의 색상을 잘 느낄 수 있다.

4) 발포성 와인 글라스

발포성 와인(스파클링 및 샴페인)의 잔은 입구가 좁고 길쭉한 튤립과 같은 모양으로 되어 있다. 발포성 와인의 끊임없이 솟아오르는 수많은 아름다운 기포를 즐길 수 있도록 고안되어 있다. 몸통의 중간부분은 아로마 향기를 풍성하게 하고 아름다운 거품이 글라스에 응집될 수 있도록 만들어져 있다.

5) 쉐리 및 포트 와인 글라스

알코올 함유량이 많은 쉐리나 포트 와인 글라스(Sherry & Port Glass)는 다른 와인 글라스보다 작은 편이다. 글라스의 입구가 좁고 몸통의 아랫부분이 약간 볼록하다. 글라스에 향이 오래 머물도록 하고 천천히 즐기기 위해서 만들어진 것이다.

쉐리나 포트 와인의 깊은 향미를 잘 음미할 수 있도록 고안되어 있다. 주로 크기가 작은 디저트 와인 잔을 사용하여 마신다.

6) 스위트 와인 글라스

스위트 와인 잔(Sweet Wine Glass)은 안쪽으로 각도가 심하게 구부려져 있고 잔의 입구가 좁게 되어 있다. 스위트 와인 잔의 입구가 좁고 각도가 안쪽으로 구부려진 것은 와인이 혀의 앞쪽에 떨어져 단맛을 잘 느끼도록 설계된 것이다.

입구가 넓은 잔은 와인의 신맛을 잘 느낄 수 있도록 설계된 것이다. 혀의 양쪽 편에서 신맛을 감지하는 기능을 가지고 있기 때문이다. 와인의 잔은 과학적으로 설계되어 보다 정확한 풍미를 즐길 수 있도록 만든 것이다.

3. 와인 서비스 온도

와인을 제대로 마시기 위해서는 와인 향미의 균형감 유지가 매우 중요하다. 온도는 와인의 균형감에 크게 영향을 미친다. 와인은 똑같은 생산지나 지방일지라도 마시는 온도가 다르다.

예를 들면, 레드 와인이 너무 차가우면 부케나 텁텁한 맛이 없어질 수 있으므로 적절한 온도에서 마시는 것이 좋다. 화이트 와인은 너무 온도가 높으면 밋밋함이 느껴진다.

소믈리에의 업무 중에 와인을 제공하는 온도를 적절하게 유지하는 것이 매우 중요한 일이다. 와인을 제공할 때 온도가 적절한지 여부를 확인하고 제공해야 한다. 와인을 마시는 이유 중에 섬세한 향미를 즐기려는 것이 크기 때문에 와인을 제공할 때는 적절한 온도에서 서비스할 수 있도록 주의해야 한다.

├〜 표 13-1 **와인 제공의 적정온도**

구분	온도	구분	온도
드라이 화이트 와인	8~12℃	조기 숙성한 레드 와인	10~12℃
미디엄 드라이 화이트 와인	5~10℃	미디엄 바디 레드 와인	13~15℃
스위트 화이트 와인	5~8℃	풀 바디 레드 와인	15~18℃
로제 와인	5~8℃	스파클링 와인	5~8℃

자료 : 박영배(2017), 식음료 서비스관리론, 백산출판사, p.119.

4. 디캔팅 서비스

1) 디캔팅의 의미 및 생성

(1) 디캔팅의 의미

와인의 영혼을 일깨우는 매력적인 도우미의 역할을 하는 디캔터는 와인을 즐기는 데 있어 매우 유익한 도구이다. 디캔팅(Decanting)은 병에 든 와인을 다른 용기에 부어서 "숨쉬게" 해주는 과정이다.

디캔터(Dacanter)는 밑바닥이 넓고 좁은 유리관 형태의 길고 투명한 유리나 크리스탈 병을 말한다. 디캔팅은 디캔터에 옮겨 담는 과정을 말하는데 가끔 디캔터 브리딩(Dacanter Breathing)하는 행위까지의 의미로 사용하는 경우도 있다.

디캔터 브리딩은 디캔팅을 한 다음에 디캔터에서 산소와의 활발한 접촉을 통해 맛과 향의 풍미를 증가시키기 위한 행위이다. 이것을 우리나라에서는 주로 브리딩(Breathing)이라고 말한다.

(2) 디캔팅의 생성

와인은 장기간 숙성과정(보통 8~10년 정도)을 통해 와인에 함유된 타닌과 안토시아닌(색소)이 화학적으로 결합해서 침전물이 생성된다. 또한 낮은 온도에서 와인을 오래 보관할 경우 와인 속의 주석산이 칼륨 등과 결합해서 주석산염 등에 의해 생긴다. 와인의 양조과정이나 병입한 상태에서도 침전물이 생성된다. 물론 침전물에는 인체에 해가 없지만 함께 마실 경우 쓴맛의 원인이 되어 와인에서 분리시킨다.

2) 디캔팅의 목적

와인 병에 있는 침전물은 건강에는 해로운 것이 아니지만 와인의 찌꺼기처럼 생각하는 경우가 있다. 와인 글라스에 와인과 함께 침전물이 따라졌다고 보면 좋은 기분이 아닐 수 있다. 와인을 시각적으로 기분 좋게 마시기 위해 디캔팅(Decanting)을 하게 된다. 디캔팅의 목적을 보면 다음과 같다.

첫째, 침전물이 가라앉은 것을 분리시켜 맑은 와인을 마시기 위한 것이다. 침전물을 디캔터(Dacanter)로 옮긴 후 맑은 와인만 글라스에 따라 마신다.

둘째, 와인의 향미를 증진시키기 위한 것이다. 숙성과정에서 거칠게 느껴진 향이 공기와 접촉하면서 부드러운 향으로 바뀌게 하여 맛을 좋게 하려고 하는 것이다.

셋째, 부드러운 맛을 내게 하려고 한다. 와인은 산화되면서 과도한 산과 타닌이 줄어들고 와인 맛이 부드러워지게 하려고 한다.

와인에 따라 다르지만, 만일 디캔팅을 할 경우 타닌이 강한 와인은 식사 1~2시간 전에 하는 것이 좋다. 과일향이 풍부한 레드 와인이나 섬세한 화이트 와인은 신선한 맛이 줄어들 수 있으므로 마시기 직전에 디캔팅 브리딩하는 경향이 있다.

오래된 와인은 디캔팅하여 마시는 것보다 오히려 잔 브리딩(Breathing)하여 마시는 것이 좋다. 브리딩으로 오랜 시간의 악취나 불순물의 냄새를 날려 보내고 숙성에 의한 부케를 즐기는 것이 더 낫다고 할 수 있다.

와인 글라스를 회전시켜 마시는 것을 스월링(Swirling)이라고 한다. 스월링을 통해 와인이 공기와 접촉해서 잠자고 있는 향기와 성분이 증발해 올라오게 하여 마시기도 한다.

스월링(Swirling)	와인 글라스를 돌리면서 산소와 접촉하므로 향기와 다른 성분들을 증발하여 올라 오게 하는 것
	스월링이나 디캔터 브리딩은 공기와 접촉을 촉진한다는 점에서 브리딩 유형

3) 디캔팅 방법

와인에 침전물이 있을 경우 디캔팅을 통해 맑고 깨끗한 와인을 즐겁게 마시는 것이 좋을 듯하다.

디캔팅하는 방법은 와인 병에 있는 침전물을 가라앉힌 후 디캔터에 따르면서 침전물을 분리시킨다. 그리고 디캔터에 있는 와인을 와인 글라스에 다시 따르면서 남아 있는 침전물을 분리시키면 된다.

모든 와인이 디캔팅을 할 필요는 없다. 오래된 와인의 부케는 민감해서 디캔팅으로 인해 산화될 수 있지만 이상한 냄새가 나지 않으면 디캔팅을 할 필요가 없다. 디캔팅을 하지 않고 마시는 것이 오히려 와인의 오묘한 맛을 잘 느낄 수 있다.

와인 테이스팅

제 **1** 절 **와인 테이스팅의 개요**

일반적으로 와인에 대한 정보를 획득하는 방법에는 두 가지 유형이 있다. 하나는 와인의 라벨이고, 다른 하나는 와인 테이스팅(Wine Tasting)이다.

와인의 시음(Tasting) 전에도 병에 붙은 라벨을 읽으면 그 와인에 대한 많은 정보를 얻을 수 있다. 즉 와인의 포도 재배지역, 포도품종, 수확연도, 알코올 도수, 생산지 등을 알 수 있다. 라벨에서 얻은 정보만으로 부족하기 때문에 시음(Tasting)을 하게 된다. 시음(Tasting)을 하면 라벨을 통해 얻은 정보보다 더 정확하게 알 수 있다.

1. 와인 테이스팅의 목적

일반 레스토랑, 바, 카페 등에서 와인 서비스 목적으로 시음(Tasting)하는 것은 와인의 상태에 대한 정보를 파악하기 위한 것이다.

와인의 외관으로만 와인의 상태를 정확하게 파악하는 것은 한계가 있으므로 시음을 통해 와인의 정보를 보다 더 정확하게 알기 위해서 한다.

소믈리에가 고객에게 와인을 제공하기 전에 호스트에게 먼저 와인 시음(Wine Tasting)을 하도록 하는데 이는 와인 상태에 대한 정보를 파악하기 위한 것이다.

와인 시음 시 고객의 동의를 얻어 시음을 하게 된다. 만일 고객이 시음하지 않아도 된다고 하면 시음할 필요가 없다.

와인 품질을 평가할 목적의 시음(Tasting)은 와인의 상태, 품질 수준, 향미, 와인의 스타일, 바디(Body) 등의 정도에 대한 정보를 알기 위한 것이다.

2. 와인 테이스팅 환경

와인은 인간의 감각기관을 이용하여 와인의 품질을 평가하는 것으로 시음(Wine Tasting)환경이나 시음하는 사람의 상태가 매우 중요하다. 시음(Wine Tasting)환경이나 시음하는 사람에 따라 와인의 섬세함이나 특성들이 다르게 평가될 수 있기 때문이다.

와인을 시음하려면 제대로 여건을 갖추었을 때 와인의 특성을 올바르게 파악할 수 있다. 와인은 매우 복잡하고 다양한 향미 등을 가지고 있어 시음에 주의를 기울여야 한다. 와인 테이스팅의 환경요건은 다음과 같다.

첫째, 밝은 장소가 좋다. 시음 장소에 햇빛을 이용한 와인의 색상, 점도, 기포 등의 평가를 위해서 밝은 장소여야 한다.

둘째, 와인 온도가 적정해야 한다. 와인은 온도에 매우 민감하게 반응을 나타내기 때문에 적절한 실내온도(16~18℃)를 유지하는 것이 좋다. 드라이 화이트 와인은 10~12℃, 스위트 와인은 7~8℃가 적당하다. 레드 와인은 실내 온도(18℃ 전후)에서 시음 1~2시간 전에 미리 병을 열어 두어야 한다.

셋째, 시음할 때 약간 배고픈 상태가 좋다. 와인 시음할 때의 시간이나 배고픈 상태가 평가에 영향을 미친다. 약간 배고픈 상태인 식사 전이나 식후 2~3시간 정도 지난 상태가 좋다.

넷째, 시음 장소에 냄새가 없어야 좋다. 시음 장소에서 다른 냄새가 나면 감각기관이 마비될 수 있어 올바른 평가가 어렵다. 즉 후각기관이 제대로 작동하지 못할 수 있으므로 다른 냄새가 없고 통풍이 잘 되는 곳이 좋다.

다섯째, 시음자의 마음이 평온한 상태가 좋다. 와인의 시음은 시음자의 주관적인 감각으로 평가하게 된다. 시음자도 인간이기 때문에 감정에 따라 평가결과가 다를 수 있으므로 평온한 상태에서 시음하는 것이 좋다. 즉 시음자의 마음이 평온한 상태와 불편한 상태에 따라 평가가 다르게 나타날 수 있다.

여섯째, 시음자의 몸에서 향이 나지 않는 것이 좋다. 와인의 섬세한 향까지도 평가하기 위해서는 시음자의 화장, 향수, 루즈, 담배 연기 등 매우 미세한 부분까지 주의를 기울여야 한다.

3. 와인 테이스팅 준비사항

첫째, 와인 종류에 따라 시음할 수 있도록 준비해야 한다. 시음할 때는 와인에 따라 적정 온도가 다르기 때문에 그에 따른 준비사항들이 있다. 레드 와인과 같이 실내온도에서 시음할 때는 특별한 준비가 요구되지 않지만 차게 해서 시음해야 할 와인에는 그에 따른 준비가 요구된다.

둘째, 규격화된 시음 잔을 준비해야 한다. 일반적으로 규격화된 튤립형의 잔이 적절하며 와인 종류별로 1개씩 준비되어야 한다.

셋째, 시음 장소의 온도나 밝기가 적당한 곳을 마련해야 한다. 시음 장소의 밝기나 온도 등이 적당한 곳을 선정해 두어야 한다. 시음 장소는 밝으면서 약간 서늘한 곳이 좋다. 또한 시음장 주변에서 다른 향이 나지 않는 곳으로 쾌적한 환경이 좋은 시음장이다.

넷째, 시음을 위한 좋은 글라스를 준비해야 한다. 와인은 색깔과 선명도를 평가하기 때문에 깨끗한 글라스를 준비해야 한다.

다섯째, 시음 내용을 기록할 노트나 평가 시트(Tasting Sheet)를 준비해야 한다.

제2절 와인 테이스팅 방법

와인의 상태나 정보를 얻기 위해 시음(Wine Tasting)을 하게 된다. 여기에는 주로 세 가지 방법, 즉 시각 테이스트(Sight Taste), 후각 테이스트(Smell Taste), 미각 테이스트(Palate Taste)를 한다. 와인의 색, 향, 맛을 테이스트하게 된다.

1. 시각 테이스트

와인을 눈으로 평가하는 것을 시각 테이스트(Sight Taste)라고 하는데 시각(Sight)적인 평가 시 4가지 영역으로 나누어 평가하게 된다. 즉 와인의 색깔(Color), 선명도(Clarity), 채도(Depth of Color), 점도(Viscosity)를 평가하는 것이다.

와인의 시각적인 평가를 위해 뒷면이 흰색이거나 테이블 위에 흰 천을 깔고 잔을 45도 정도로 기울여 선명도를 평가한다. 와인은 일정기간 보관하는 과정에서 결점이 발생될 수 있다. 와인에서 결점을 찾기 위해 먼저 빛깔을 테이스트하게 된다.

첫째, 와인의 색깔(Color)을 평가한다. 레드 와인의 생산 초기의 색깔은 보랏빛을 띤 적색, 루비색, 주홍빛 적색, 적갈색, 황갈색으로 연한 색조로 변한다. 화이트 와인의 초기 색깔은 초록빛을 띤 연한 노란색, 연한 황금색, 황금색, 호박색, 갈색 등 점점 진한 색상으로 변화된다. 레드·화이트 와인 색깔의 변화를 먼저 이해하고 시음할 와인의 색깔 정도를 평가하게 된다.

둘째, 선명도(Clarity)를 평가한다. 색깔의 선명도는 탁한 색, 조금 탁한 색, 흐린 색, 맑은 색, 아주 맑은 색

으로 평가한다. 와인의 빛깔이 옅고 선명해야 좋은 와인이다. 와인의 빛깔이 흐릿할 경우 보관과정에 이상이 있는 것으로 볼 수 있다.

셋째, 채도(Depth of Color)를 평가한다. 채도는 묽음, 엷음, 중간, 진함, 아주 진함을 평가한다.

넷째, 점도(Viscosity)를 평가한다. 약발포성, 묽음, 보통, 진함, 유질 등을 평가한다. 와인에 당분과 알코올 함유량이 많으면 와인 글라스 벽의 표면장력에 의해 천천히 흐른다. 고급 와인은 더 천천히 흐르고 섬세하다. 물은 빨리 흘러내린다.

다섯째, 기포의 크기와 지속성을 평가한다. 좋은 발포성 와인은 기포가 작고 지속적으로 생성된다. 발포성 와인의 글라스가 청결해야 기포의 생성에 영향을 덜 준다.

2. 후각 테이스트

후각 테이스트(Smell Taste)는 코를 이용해 와인의 다양한 향을 평가하는 것이다. 사람의 코는 수많은 냄새를 맡을 수 있다. 와인의 향을 코를 이용해 평가하는 것으로 향은 아로마와 부케로 나눌 수 있다. 아로마는 포도의 고유향이나 풀향 등이 나며 부케는 와인이 숙성되면서 나는 향으로 버섯, 동물, 가죽 냄새 등이 난다.

와인의 품질이 낮을수록, 저장기간이 짧을수록 향이 단순하고 깊지 않다. 와인의 품질이 우수하고 저장기간이 오래된 와인의 향과 부케는 복잡하고 다양한 향의 조화가 탁월하다.

후각 테이스트할 때는 와인 잔을 잘 흔든 다음에 아로마나 부케를 맡게 되는데 잔 속에서 나오는 와인 향을 코로 들이켜 후각으로 확인한다.

와인의 후각 테이스트 방식은 첫째, 포도품종이 가지고 있는 향을 평가하는 것이다. 포도 자체가 가진 천연향, 맑은 향, 매력적인 향, 특별히 우수한 향을 평가한다.

둘째, 포도품종의 블렌딩(혼합)으로 인한 향을 평가하는 것이다. 블렌딩 와인은 향이 전혀 없음, 미미한 함, 약간 뚜렷한 향을 평가한다.

셋째, 와인의 방향을 평가한다. 와인의 방향이 전혀 없다. 기분 좋은 향이나 복잡

미묘한 향, 강렬한 향 등을 평가한다. 와인의 발효나 숙성에 의해 생성되는 향을 평가한다. 보통 삼목향, 코르크향, 꽃향, 레몬, 곰팡이 냄새, 유황향, 버섯 냄새 등이 난다.

와인을 마시는 것은 곧 향기를 음미하는 것이라는 말이 있을 정도로 향기는 와인의 생명과도 같다. 와인의 향기는 정확히 그 와인의 품질을 나타낸다. 은은하고 좋은 냄새가 나는 것은 좋은 와인이라는 뜻이다.

3. 미각 테이스트

맛있는 것을 즐기려는 것은 인간의 욕구가 아닌가 싶다. 와인은 미각을 즐기는 데 좋은 대상물이 될 것이다. 미각 테이스트(Palate Taste)는 혀가 맛을 평가하는 것이다. 혀가 맛을 감지하는 부위, 즉 단맛은 혀의 앞쪽, 신맛은 혀 중앙의 바깥부분, 쓴맛은 혀의 제일 안쪽 부위에 있다. 동일한 와인이라도 처음 혀에 닿는 부위에 따라 느끼는 맛이 다르다.

와인을 마실 때 와인의 맛을 제대로 느끼기 위해 와인을 바로 삼키지 않고 입안에서 돌리면서 마시는 경우가 있다. 이것은 혀의 맛 감지 부위에 고루고루 닿도록 하려는 것이다.

와인에는 떫은맛, 신맛, 단맛, 쓴맛 등이 있으며 와인의 맛을 시음하는 과정에서 이들의 맛을 구별해 내야 한다. 레드 와인은 떫은맛, 감미, 질감의 농도를 평가하고, 화이트 와인은 상큼한 맛과 감미 혹은 신맛을 평가한다. 고급 와인일수록 더 다양한 맛을 지니고 있어서 향미의 미묘한 변화를 감지할 수 있다.

단맛은 매우 드라이, 드라이, 미디엄 드라이, 미디엄 스위트, 매우 스위트로 평가한다. 신맛은 상큼함, 꽤 신맛이 있음, 시큼함 등의 정도를 평가한다. 밀도(Body)는 가볍고 엷음, 가벼움, 미디엄, 진함, 아주 진함 등으로 평가한다.

와인에서 무게감을 느낄 경우 맛의 여운이 오래 남게 된다. 와인을 삼킨 후에 입안에 남은 뒷맛을 평가한다. 여운이 짧음, 괜찮음, 오래 남음, 아주 오래 남음 등을 평가한다. 와인은 알코올 함유량에 따라 와인의 풍미가 달라진다. 알코올을 평가할 때는 알코올이 없음, 조금 낮음, 낮음, 적절함, 조금 높음, 높음 등으로 구분한다. 균형감 (Balance)은 불균형, 좋음, 균형이 잘 잡힘, 완전함 등으로 평가한다.

Chapter 15

와인 종류에 따른 서비스

제 1 절 ┊ 스틸 와인 서비스 방법

1. 스틸 와인 개념

와인은 발효할 때 알코올과 탄산가스가 함께 생성되는데 탄산가스를 제거한 와인을 스틸 와인(Still Wine)이라 한다. 무발포성 와인으로 발포성 와인을 제외한 대부분 와인이 스틸 와인으로 분류된다.

와인의 양조방법에 따라 스틸 와인, 발포성 와인, 주정강화 와인으로 분류할 수 있다. 스틸 와인(Still Wine)은 당분의 함유량이 많을 경우 디저트 와인으로 마시기도 한다.

2. 스틸 와인의 제공방법

소믈리에는 고객에게 와인을 충분히 설명할 수 있는 지식을 갖추고 와인을 제공해야 한다. 스틸 와인을 제공하는 방법은 다음과 같다.

① 코르크 마개를 오픈한 다음 먼저 소믈리에가 냄새를 맡는다. 특별한 냄새가 없는 경우 호스트에게 냄새를 맡도록 한다. 만일 와인이 미미한 상태의 이상이 느껴지면 소믈리에는 목에 걸고 있는 컵에 조금 따라 맛을 본다. 아주 작은 이상이 느껴지면 고객에게 제공해서는 안 된다.

② 산화된 와인을 제공해서는 절대 안 된다. 코르크 마개가 말랐거나 곰팡이가 있을 경우는 와인이 산화되었을 수 있다. 와인이 산화되면 와인이 가지고 있는 고유의 향미는 없어지고 알코올만 마시는 것과 같을 수 있다.

③ 색깔이 변색된 경우 제공하면 안 된다. 와인의 색깔이 약간이라도 흐릿할 경우 반드시 시음한 후 제공여부를 결정해야 한다. 대다수의 경우 와인의 색깔이 변했다면 마실 수가 없다. 또한 와인을 제공할 때에는 색, 향, 맛을 잘 관찰해야 한다. 와인의 색이 좋아야 한다(Looks Good). 향이 좋아야 한다(Smells Good). 맛이 좋아야 한다(Tastes Good).

④ 적당한 온도에서 와인을 제공해야 한다. 레드 와인은 실내온도인 18℃ 정도에서 제공한다. 화이트 와인(White Wine), 발포성 와인(Sparkling Wine), 로제 와인(Rosé Wine), 드라이 쉐리(Dry Sherry) 와인은 제공할 때 6~8℃ 정도가 적정 음용온도이다.

⑤ 고객 앞에서 와인을 따야 한다. 고객이 라벨이나 코르크 상태를 확인하고 오픈하는 것을 원칙으로 하고 있다. 그러나 연회행사를 할 때에는 다수의 고객 앞에서 와인을 오픈할 필요는 없다.

⑥ 온도 유지를 위해 쿨러(Cooler)에 담아서 와인 스탠드와 함께 식탁 옆에 세워둔다. 차게 마시는 와인은 식사 중에도 냉각온도의 유지를 위해 쿨러(Cooler)에 담아두어야 한다.

⑦ 와인을 저장보관할 때 온도, 습도, 빛, 진동 등에 주의해야 한다. 와인의 저장보관을 잘못하면 와인이 변질될 수 있거나 품질이 떨어질 수 있다.

⑧ 식사의 메뉴가 제공되는 순서에 적합한 와인을 추천한다. 식전 와인은 드라이 와인(Dry Wine)이나 라이트 와인(Light Wine)을 추천한다. 식사 중의 와인(Table Wine)이나 주요리 때 제공되는 와인은 미디엄 드라이 와인(Medium Dry Wine)을 추천하는 것이 적절하다.

⑨ 디저트 와인은 스위트 와인(Sweet Wine)을 추천한다. 디저트 와인은 단맛이 있는 와인을 추천하는 것이 적절한데, 이는 식후에 소화를 촉진시키고 입안이 깨운한 느낌을 가질 수 있기 때문이다.

⑩ 여러 가지 요리를 주문한 경우 로제 와인(Rosé Wine)을 추천하는 것이 바람직하다. 로제(Rosé Wine) 와인은 모든 음식과 잘 어울리므로 여러 요리를 주문할 때는 어떤 특정한 요리에 어울리는 와인을 추천하는 것은 바람직한 서비스라고 보기 어렵다.

⑪ 고객의 인원에 맞춰 충분히 제공될 수 있도록 주문되어야 한다. 와인 한 병은 보통 25온스이고 7~8잔을 제공할 수 있는 용량이다.

⑫ 와인을 병 단위, 글라스, 디캔터(Decanter)로 판매할 수 있다. 와인은 병 단위로 판매하는 것이 원칙이지만, 혼자 레스토랑을 방문하는 고객이 증가하므로 다양한 형태로 판매하는 것이 고객의 욕구를 충족시키는 것이다. 고객의 입장에서 서비스하는 것이 바로 고객지향적인 서비스라고 할 수 있다.

제2절 | 발포성 와인 서비스 방법

1. 발포성 와인 개념

발포성 와인(Sparkling Wine)은 일반적으로 3~5기압 정도의 가스를 가진 와인을 말한다. 발포성 와인은 탄산가스가 들어 있는 와인, 즉 기포(거품)가 있는 와인을 말한다.

발포성 와인(Sparkling Wine)은 제조방법에 따라 두 가지가 있는데 하나는 프랑스 샹파뉴(Champagne) 지방에서 만드는 방식이고, 다른 하나는 단순히 인위적으로 이산화탄소를 주입하여 만드는 방식이 있다.

프랑스 샹파뉴(Champagne) 지방의 방식은 발효가 끝난 와인에 효모와 당을 첨가하여 병에서 2차 발효시켜 탄산가스가 있는 와인을 말한다. 샴페인(Champagne)은 프랑스 샹파뉴 지방에서 생산한 발포성 와인을 말한다. 프랑스어로 샴페인을 발음하면 샹파뉴(Champagne)가 되고 영어로 발음하면 샴페인(Champagne)이 된다.

프랑스는 샹파뉴 지방에서 만든 발포성 와인만 샴페인(Champagne)이라고 지칭하고 샹파뉴 이외의 지방에서 만든 발포성 와인은 크레망(Crement)이라고 한다. 발포성 와인을 이탈리아는 스푸만테(Spumante), 스페인은 까바(Cava), 독일은 젝트(Sekt)라고 한다.

이를테면, 다른 지방이나 국가에서 샹파뉴 지방과 같은 방식으로 만들어도 샴페인이라 칭하지 않는다. 발포성 와인은 대부분 화이트 와인이거나 로제 와인이지만 일부 지역에서는 레드 와인을 발포성 와인으로 만든다. 발포성 와인의 당도는 매우 드라이한 것에서부터 아주 단맛의 와인까지 다양한 유형의 와인이 있다.

발포성 와인도 일반 와인과 같이 포도에 당도가 풍부해야 좋은 와인을 만들 수 있다. 포도가 익는 기간에 일조량이 풍부해야 당도가 높아진다. 프랑스는 샴페인을 1~3년 이상 숙성시킨다.

2. 발포성 와인의 제공방법

17세기 말엽부터 전 세계에서 축제의 술로 위치를 굳힌 발포성(스파클링, 샴페인) 와인은 각종 행사에 즐거움과 환호를 창조하는 술의 이미지가 형성되었다. 발포성 와인의 글라스는 길쭉한 모양으로 되어 있다. 와인을 따르면 와인 속에서 수많은 영롱한 물방울이 끊임없이 피어오르는 기포에 잠시 빠져들게 한다.

샴페인은 주로 행사 때 마시는 경향이 많으므로 과음은 거의 하지 않는다. 즉 발포성 와인은 특별하고 예의 있는 자리에서 우아하게 마시는 술의 이미지로 형성되어 많이 마시지 않는 경향이 있다.

영국의 서리(Surrey) 대학에서 동일한 알코올 함유량이 있는 발포성 와인을 마신 후와 일반 와인을 마신 후 알코올 섭취가 어느 집단이 높은가를 실험했다. 음주 후 약 5분이 지나 혈중 알코올 농도를 측정했을 때, 발포성 포도주를 섭취한 집단의 피에는 리터당 54mg의 알코올이, 반대 집단의 경우 39mg의 알코올이 측정되었다.

발포성 와인을 음주한 경우가 훨씬 빨리 취할 수 있으므로 예의나 품위를 지킬 수 있는 정도로 마셔야 된다. 발포성 와인은 레스토랑이나 카페 등에서도 고객에게 적당한 양을 제공하는 것이 바람직한 서비스이다.

발포성 와인의 서비스 방법은 첫째, 운반과정에서 심하게 흔들리지 않도록 해야 한다. 발포성 와인은 보통 3~5기압 정도가 들어 있다. 운반과정에서 심하게 흔들리면 탄산가스에 의해 펑하는 소리뿐만 아니라 제대로 제공하지 못할 수 있으므로 항상 유의해야 한다.

둘째, 발포성 와인의 병을 고객에게 먼저 보여주고 마개를 오픈한다. 일반 와인과 같이 발포성 와인도 고객이 주문한 와인인지를 확인하게 하고 오픈해도 좋다는 말이 있을 때 마개를 오픈해야 한다.

셋째, 병목을 둘러싼 호일(Foil)을 벗겨내고 코르크 마개를 고정한 철망을 푼다. 일반 와인과 같이 병목을 둘러싼 호일을 벗겨낸 뒤 철망을 풀고 코르크 마개가 튀어나가지 않도록 엄지손가락으로 눌러준다.

넷째, 병 바닥을 허리에 고정하고 주로 많이 사용한 손으로 병의 몸체를 잡고 천천히 돌려주면 내부의 압력에 의해 코르크가 밀려오게 한다.

다섯째, 음용 온도는 6~8℃ 정도의 차가운 상태에서 마신다. 발포성 와인은 화이트 와인과 같이 차가운 상태에서 마시며 샴페인 글라스를 제공한다.

　여섯째, 서비스 순서는 먼저 호스트에게 글라스의 1/3 정도를 제공하고 거품이 가라앉으면 다시 2/3 정도 제공한다.

| 참고문헌 |

고종원 외 4명(2013). 세계와인과의 산책. 대왕사. p.334.

김건휘 외 3명(2019). 와인의 모든 것. 대왕사. p.121.

김영한(2004). 웰빙마케팅. 다산북스.

김준철(2009). 와인. 백산출판사. p.81.

김진익(1996). 순간의 고객감동 비결. 깊은사랑. p.31.

김 혁(2000). 김혁의 프랑스와인기행. 세종서적. p.27.

문성준(2017). 와인. 예술. 철학. 새잎. p.344.

박영배(2017). 식음료 서비스관리론. 백산출판사. p.126.

박인규(2007). 소믈리에 실무. 대왕사. pp.163-164.

박한표(2007). 와인 아는 만큼 즐겁다. 대왕사. pp.304-305.

서진우(2009). 와인 바이블. 대왕사. pp.174. 192

원융희(1999). 와인이야기. 학문사. p.44.

원홍석 외 2명(2012). 와인과 소믈리에. 백산출판사. p.25.

이순주(2004). 와인입문교실. 백산출판사. pp.40. 85.

이순주 · 고재윤(2001). 와인 · 소믈리에 경영실무. 백산출판사. p.11.

이응백 감수(1989). 국어대사전. 교육도서. p. 1771.

이준재 외 2명(2017). 와인의 세계와 소믈리에. 4판. 대왕사. p.24.

차승은 역(2020). 와인 폴리. 영진닷컴. p.37.

최 훈(2007). 와인과의 만남. 자원평가연구원. p.147.

하종명(2019). 서비스산업론. 백산출판사. p.11.

Robinson & Fielden(2005). Exploring the world of wines and spirit. Wines and Spirits Education Trust. London.

Robinson, J.(1999). Wine, 2nd. Oxford University Press Inc.. New York.

Seln, P.(2000). The Complete Idiot's Guide to Wine. Alpha books.

WINE REVIEW(2011). SEPTEMBER. p.28.

Yamakoshi, J., Kataoka, S., Koga, T., & Arigam T.(1999). Procyanidin-rich Extract from Grape Seeds Attenuates the Development of Aortic Atherosclerosis in Cholesterol Fed Rabbit. Aterosclerosis, 142. pp.139-149.

https://ko.wikipedia.org/wiki/%EB%B0%9C%ED%8F%AC%EC%84%B1_%ED%8F%AC%EB%8F%8
4%EC%A3%BC

https://roseprince.tistory.com/entry

그 외 이미지

- 와인 잔의 모양, 와인 잔의 구조 사진, 와인지도 : 이자윤, 와인과 소믈리에론, 백산출판사
- 독일 와인 라벨 : https://lh3.googleusercontent.com/proxy/G1r4vZYj_LJbKuAqGuFQaD80U0F−hanS0JiyRkn8yroFM8WR0m7rrk5Y9Huwm−eyLkBYUX2cJKBwmyhwgX_Lmn61xIl4UPKjZ7nEaD8VQbvwxW1lDNRqA6veyaHdor1BlMKWU6aEax2badj8gvVtqVugnOTdhutvfGZtxA1Ul−xYKqIbo9BWzq2RC3ef7evuzcAvivHN14khEn44pjb6inkvnxK5dbyYZ3vzcAbJkK7r
- 미국 와인 라벨 : https://lh3.googleusercontent.com/proxy/vDKP7f2qtea6VbC9I0evNcsWzMkc−qA9zaQa0nOSrFNx5HrLmvdFU−7L2E5WiUS−sNqBC5AglXmGy5YouQJYvLLgY−0qov−xwNdQEZ3yROO−OcjqRmH7aWL4LTbyEhaGLV9z2EzB4TU
- 보르도 와인 라벨 : https://post−phinf.pstatic.net/MjAxNjExMTNfNDkg/MDAxNDc5MDIyNDg4NTgy.tj3−bdRz7WDfFB5xmPCAGwsD2tRMP−Nnpmbuyiz−M2Yg.iAL7tpPOiF7mMHQUwkevyo9d−b_W6jZiuCdanyChbhIg.JPEG/image_4580612661479021670815.jpg?type=w1200
- 부르고뉴 와인 라벨 : https://lh3.googleusercontent.com/proxy/dko83jZkjX7YCApL8P0−7rH7VFvB6hSUCFCTxQxVA5Mp7−MjGMMJBBqdriCjnO0M3KMUHgS_5−_xTwKCtqTraYyhovLo5Rstj4TtdnOo−−eCbmWkrCqhH_meH−RR26kqG7pgyvM1FShrVIxEqHRrYHSXtw
- 이탈리아 와인 라벨 : https://pds.joins.com/news/component/htmlphoto_mmdata/200806/htm_2008061908375310001010−002.JPG
- 칠레 와인 라벨 : https://t1.daumcdn.net/cfile/tistory/23422C4D50EF6D021C

저자소개

하종명(Ha Jong Myong)

경남대학교 대학원 경영학과 박사과정 수료(경영학 박사)
몽골국립대학교 명예박사학위 취득(명예박사)
경희대학교 경영대학원 관광경영학과 졸업(경영학 석사)
한국관광식음료학회 회장
대한관광경영학회 부회장
한국관광학회 이사
관광경영학회 이사
한국국제경영학회 이사
한국관광평가연구원 책임연구위원
한국식음료경연대회 조직위원장
관광종사원자격시험 면접위원
중국 Hebei College 명예교수
몽골 Monos University 명예교수
현) 호텔업 등급결정 평가요원
    한국국제대학교 호텔관광학과 교수

저서 및 논문
서비스산업론(백산출판사), 호텔객실관리론(백산출판사)
관광호텔영어회화(백산출판사), 항공여행영어회화(백산출판사)
관광과 서비스(대왕사), 식음료경영실무(대왕사)
관광호텔 노사관계의 안정성과 영향요인에 관한 실증적 연구 외 다수

저자와의
합의하에
인지첩부
생략

와인 여행

2020년 8월 25일 초판 1쇄 발행
2022년 8월 10일 초판 2쇄 발행

지은이 하종명
펴낸이 진욱상
펴낸곳 (주)백산출판사
교　정 성인숙
본문디자인 신화정
표지디자인 오정은

등　록 2017년 5월 29일 제406-2017-000058호
주　소 경기도 파주시 회동길 370(백산빌딩 3층)
전　화 02-914-1621(代)
팩　스 031-955-9911
이메일 edit@ibaeksan.kr
홈페이지 www.ibaeksan.kr

ISBN 979-11-6567-151-8 13570
값 27,000원